北大社·"十四五"普通高等教育本科规划教材
高等院校机械类专业"互联网+"创新规划教材

工程制图
（第 2 版）

主　编　孙晓娟　刘春香
副主编　马武学
参　编　李荣丽　张　波

内 容 简 介

根据国家教材委员会办公室《关于做好党的二十大精神进教材工作的通知》，本书以党的二十大精神为引领，深化课程思政教学改革，根据课时要求，强化应用性、实用性技能训练。全书共 9 章，主要内容包括工程制图的基本知识和技能、正投影法基础、组合体、机件图样的表达方法、标准件与常用件、零件图、装配图、AutoCAD 二维绘图基础、SolidWorks 三维软件入门。每章重点内容配有例题讲解视频，并配有讲解视频和课件可供下载使用。

本书适用于材料、交通、电子等近机械类专业使用。参考教学学时为 30~60 学时。

图书在版编目（CIP）数据

工程制图 / 孙晓娟，刘春香主编. — 2 版. — 北京：北京大学出版社，2024.6. — （高等院校机械类专业"互联网+"创新规划教材）. — ISBN 978-7-301-35185-7

Ⅰ. TB23

中国国家版本馆 CIP 数据核字第 2024FC6380 号

书　　　名	工程制图（第 2 版）
	GONGCHENG ZHITU（DI-ER BAN）
著作责任者	孙晓娟　刘春香　主编
策 划 编 辑	童君鑫
责 任 编 辑	关　英
数 字 编 辑	蒙俞材
标 准 书 号	ISBN 978-7-301-35185-7
出 版 发 行	北京大学出版社
地　　　址	北京市海淀区成府路 205 号　100871
网　　　址	http://www.pup.cn　新浪微博：@北京大学出版社
电 子 邮 箱	编辑部 pup6@pup.cn　总编室 zpup@pup.cn
电　　　话	邮购部 010-62752015　发行部 010-62750672　编辑部 010-62750667
印 刷 者	三河市北燕印装有限公司
经 销 者	新华书店
	787 毫米×1092 毫米　16 开本　17.5 印张　422 千字
	2011 年 8 月第 1 版
	2024 年 6 月第 2 版　2024 年 6 月第 1 次印刷
定　　　价	49.80 元

未经许可，不得以任何方式复制或抄袭本书之部分或全部内容。
版权所有，侵权必究
举报电话：010-62752024　电子邮箱：fd@pup.cn
图书如有印装质量问题，请与出版部联系，电话：010-62756370

前 言

本书依据教育部《普通高等院校工程图学课程教学基本要求》，结合应用型本科人才培养目标，以国家一流专业建设为依托，落实教育部关于高等学校课程思政建设的要求，全面推进课程思政建设，深化课程思政教学改革；以党的二十大精神为引领，落实立德树人根本任务。本书严格贯彻国家制图规范并采用最新国家标准，理论联系实际，培养学生严谨求实、一丝不苟的工作态度与工作作风，以及创新思维、开拓进取的精神。编者在认真总结近几年教学与教改成功经验和教学发展要求的基础上，对本书第1版进行了修订。

本书主要有以下特点。

(1) 重视基础理论。本书针对"工程制图"课程课时少的特点，在现有学时下，较全面、系统、准确地论述基本投影理论，立足于培养学生形象思维能力、空间想象力和表达创新设计思想的能力。

(2) 贯彻"少而精"的原则，加强基础，突出重点，注重实用性。在编写本书的过程中，编者按照培养本科应用型人才的特点，特别注重实用性。书中的举例多数来自生产实践，实用性较强。

(3) 在便于学生自学的前提下，力求表述简练。编者精心设计和选用图例，将文字说明和图例紧密结合，使描述突出重点、条理分明、难度适中。

(4) 编写严谨、规范。全书内容科学准确、语言流畅、逻辑性强、图例丰富、插图清晰。书中涉及的标准全部采用我国最新的技术制图和机械制图相关的国家标准及其他标准。

本书由孙晓娟、刘春香担任主编，马武学担任副主编，李荣丽、张波参编。本书具体编写分工如下：孙晓娟编写第6章、附录C、附录D、附录E，刘春香编写前言、绪论、第4章、第5章、第8章、第9章，马武学编写第1章、第2章、第3章、第7章，李荣丽编写附录A，张波编写附录B。

编者在编写本书的过程中参考了一些文献，在此向其作者表示衷心的感谢。

由于编者水平有限，书中难免有疏漏之处，恳请广大读者批评指正。

编 者
2024年1月

资源索引

目 录

绪论 …………………………………… 1

第 1 章 工程制图的基本知识和技能 …………… 4
- 1.1 国家标准有关制图的规定 …… 4
- 1.2 手工绘图工具和仪器的使用方法 …………………………… 14
- 1.3 几何作图方法 ………………… 17
- 1.4 平面图形的分析与尺寸标注 …… 21
- 1.5 绘图方法和步骤 ……………… 24
- 习题 …………………………………… 27

第 2 章 正投影法基础 …………… 29
- 2.1 投影的基本概念 ……………… 29
- 2.2 三视图的形成及其投影规律 …… 33
- 2.3 立体的投影 …………………… 40
- 2.4 平面与立体相交 ……………… 46
- 2.5 立体与立体相交 ……………… 51
- 习题 …………………………………… 54

第 3 章 组合体 …………………… 55
- 3.1 组合体的构成形式及其分析方法 …………………………… 55
- 3.2 组合体视图的画法 …………… 58
- 3.3 组合体的尺寸标注 …………… 62
- 3.4 读组合体视图 ………………… 68
- 习题 …………………………………… 77

第 4 章 机件图样的表达方法 …… 79
- 4.1 视图 …………………………… 79
- 4.2 剖视图 ………………………… 82
- 4.3 断面图 ………………………… 94
- 4.4 局部放大图及简化画法 ……… 96
- 习题 …………………………………… 103

第 5 章 标准件与常用件 ………… 104
- 5.1 螺纹 …………………………… 104
- 5.2 螺纹紧固件 …………………… 111
- 5.3 齿轮 …………………………… 117
- 5.4 键与销 ………………………… 121
- 5.5 滚动轴承 ……………………… 125
- 5.6 弹簧 …………………………… 129
- 习题 …………………………………… 132

第 6 章 零件图 …………………… 134
- 6.1 零件图的作用和内容 ………… 134
- 6.2 零件的结构表达和分析 ……… 137
- 6.3 零件图的尺寸标注 …………… 142
- 6.4 零件图的技术要求 …………… 146
- 6.5 读零件图 ……………………… 155
- 习题 …………………………………… 158

第 7 章 装配图 …………………… 160
- 7.1 装配图的作用和内容 ………… 160
- 7.2 装配图的表达方法 …………… 162
- 7.3 装配图的尺寸标注和技术要求 … 167
- 7.4 装配图中的零件序号、标题栏和明细栏 ……………… 169
- 7.5 装配结构的合理性 …………… 171
- 7.6 部件测绘和装配图的画法 …… 176
- 7.7 识读装配图和由装配图拆画零件图 ……………………… 181
- 习题 …………………………………… 188

第 8 章 AutoCAD 二维绘图基础 … 189
- 8.1 AutoCAD 2023 中文版的操作 … 189
- 8.2 二维绘图命令 ………………… 199
- 8.3 图形编辑 ……………………… 201

8.4　尺寸标注 …………………… 203

8.5　综合应用 …………………… 207

习题 …………………………………… 210

第 9 章　SolidWorks 三维软件入门 … 212

9.1　SolidWorks 软件的基本操作 …… 212

9.2　绘制草图 …………………… 217

9.3　创建零件三维模型 …………… 223

9.4　生成装配体 ………………… 227

9.5　生成工程图 ………………… 229

习题 …………………………………… 234

附录 …………………………………… 236

附录 A　螺纹 …………………… 236

附录 B　标准件 ………………… 239

附录 C　极限与配合 …………… 258

附录 D　零件倒圆与倒角 ……… 269

附录 E　砂轮越程槽 …………… 270

参考文献 ……………………………… 271

绪 论

1. 本课程的研究对象

在工程技术中，依据投影原理和方法，遵照国家标准绘制的用以表达工程对象的大小、形状和技术要求的图样称为工程图样。它是表达设计意图、进行技术交流和指导生产的重要工具，也是生产中重要的技术文件。图样被喻为"工程界共同的技术语言"，作为语言，它必须是统一、规范的。它是联结工程师的设计思想和生产加工的重要纽带，正确且规范地绘制和阅读工程图是一名工程技术人员必备的基本技能。

"工程制图"是体现工科特点的入门课程，也是工科学生必修的专业基础课程，后续还要学习"机械原理""金属工艺学""机械设计"等专业课程，这些课程都与图样有密切的联系。工程制图在培养学生作为创造性思维基础的空间想象力、构思能力和促进工业化进程等方面发挥了重要的作用。无论从事何种技术工作都离不开图样，图样已经成为工程技术人员交流技术思想的重要文件。

本课程主要研究投影的基本理论与方法，完成"由物到图"和"由图到物"的转换过程，即研究空间与平面间物体的转换规律。

"工程制图"课程对工科学校学生来说是一门十分重要的、必修的技术基础课程。学习本课程的主要任务如下。

(1) 培养学生应用正投影原理。

(2) 培养学生空间图形的想象力、分析能力及相应的绘图能力。

(3) 培养学生正确使用绘图仪器和工具、徒手绘图及计算机绘图的方法及技能，掌握读图和绘图的技巧。

(4) 培养学生严格遵守技术制图和机械制图相关国家标准的意识，以及认真细致、吃苦耐劳的工作态度和严谨踏实的工作作风。

(5) 培养学生自学能力、分析问题和解决问题的能力及审美能力。

(6) 培养学生合作意识、团队合作能力。

(7) 培养学生爱国主义情怀和社会主义核心价值观。

2. 本课程的性质、内容及课程目标

本课程是一门理论严谨、实践性强、与工程实践密切相关的基础课程。它研究绘制和阅读工程图样的原理及方法，培养学生的空间想象力和空间分析能力；也是普通高等学校本科理工科专业重要的技术基础课程。

本课程的内容分为两大部分：工程图学基础和工程图样绘制与阅读。具体内容可分为以下三个方面。

（1）学习技术制图和机械制图相关国家标准的有关规定及制图的基础知识和技能。

（2）研究用正投影法图示空间形体和图解空间几何问题的基本理论及方法。

（3）学习标准件和常用件的规定画法、代号及标记方法，典型零件的视图选择、尺寸注法、技术要求，装配图的表达方法、装配工艺结构、机器或部件的测绘等。

3. 本课程的学习方法

本课程既有理论又重实践，是一门实践性很强的技术基础课。因此，学习本课程需做到以下四个方面。

（1）掌握投影分析和形体分析法。由物到图，逐步提高图示能力；由图到物，逐步提高空间想象力和空间分析能力。

（2）严格遵守国家标准规定。技术制图和机械制图相关的国家标准是绘制工程图样的重要依据，是规范性的制图标准。要严格执行国家标准规定，做到符合国家标准、制图规范。

（3）勤于练习，多看多画多想。在学好基本理论和方法的基础上，通过大量的作业练习和绘图、读图及上机实践，加深对课程知识的理解。只有多读图、多画图才能培养扎实的绘图基本功，提高自己的读图、绘图能力。

（4）绘图要耐心细致、一丝不苟。图样是生产加工的依据，读图和绘图过程中的任何一点疏忽都可能带来严重的经济损失。因此，在学习中一定要注意培养认真负责、耐心细致、一丝不苟的工作作风。

4. 我国工程图学的发展概况

工程图学起源于人们的生产劳动，其发展历程大致分为以下三个阶段。

（1）古人积累了许多经验，留下了丰富的历史遗产。我国在工程图学方面有着悠久的历史，可从出土的陶器、骨板和铜器等文物上的花纹进行考证。早在 3000 多年前的殷商时期，我们的祖先就具备简单的绘图能力，掌握了绘制几何图形的技能。在 2000 多年前的春秋时期，我国劳动人民就创造了"规""矩""绳""墨""悬""水"等绘图工具。宋代是我国古代工程图学发展的全盛时期，建筑制图以李诫的《营造法式》（公元 1100 年成书，公元 1103 年刊行）为代表，共 36 卷，其中建造房屋的内容达 13 卷之多，对建筑制图的规格、营造技术、工料等阐述详尽，有很高的水平。机械制图以北宋时曾公亮和丁度的《武经总要》为代表，书中已采用透视投影、平行投影等投影法绘制物体形状，其中图样绘制、线型采用及文字技术说明等都明显反映了制图的规范化和标准化情况。明代宋应星所著《天工开物》中的大量图例正确运用了轴测图表示工程结构。清代程大位所著《算法统宗》中有丈量步车的装配图和零件图。

（2）中华人民共和国成立以后，制图技术重新得到了快速发展。由于当时我国长期处于封建制度统治下，工农业生产发展迟缓，近代又经历了鸦片战争、抗日战争等，因此制图技术的发展受到阻碍。中华人民共和国成立以后，我国各行各业处于百业待兴状态，党和国家及时把工作重心转移到经济建设上来，先后制定了十个"五年计划"及"十一五"规划。在此期间，我国各行各业得到了快速发展，我国工程图学也有了较快的发展，在理论图学、应用图学、计算机图学、制图技术、制图标准、图学教学等方面都有相应的发展。《机械制图》建立在投影理论的基础上，很大程度上依附于国家机械制图标准。1956年，中华人民共和国第一机械工业部（现中华人民共和国机械工业部）发布了第一个部颁标准《机械制图》，共21项；1959年中华人民共和国国家科学技术委员会（现中华人民共和国科学技术部）发布了第一套《机械制图》国家标准，共19项，从而结束了我国没有统一工程制图标准的局面。1970年及1974年，我国又分别对机械制图标准作了修订。为适应改革开放的需要，1983—1984年，由国家标准局批准发布了国际标准的17项机械制图国家标准，并于1985年开始实施，当时达到国际先进水平，其中部分标准一直沿用到今天。

（3）电子技术时代使制图技术产生革命性的飞跃。随着科学技术的突飞猛进，制图理论与技术等得到很大的发展。人们把数控技术应用于制图领域，在20世纪中叶产生了第一台绘图机，从原来的手工绘图开始逐步走向半自动化乃至实现制图技术自动化。现在的一些企业、设计院中已很少摆放过去用的图板，取而代之的是计算机、打印机和绘图机。随着计算机辅助设计（CAD）、计算机图学（CG）等技术的发展，计算机绘图在工业生产的各个领域得到了广泛的应用，人们在进行产品设计时，越来越多地使用三维软件，在得到直观形象的同时，还可将计算机内部自动生成的数据文件传输给数控机床，从而加工出合格的零件。可见，随着各种先进的绘图软件的推出，工程制图技术为我国现代化建设作出贡献。工程图样在各技术领域中广泛使用，为推动现代工程技术和人类文明发挥出重要作用。

素养提升

回顾历史，我国古代图学家创造了人类文明史上的奇迹，先秦制图奇特、魏晋图学理论丰富、宋元图样绘制精湛，无论是图学理论还是技术都取得了客观的科学成就，闪烁着华夏文明的奇光异彩。

如今的中国，科技日新月异，在神舟飞天、中国天眼、蛟龙探海、山东舰服役、C919大飞机及港珠澳大桥等举世瞩目的建设成果中，工程图学都发挥了不可磨灭的作用。我国已踏上实现中华民族伟大复兴的中国梦的历史征程，飞天梦、探海梦不断地激励着我们的莘莘学子，我们要铸大国重器，育科创英才。通过本课程的学习，学生们可以掌握扎实的理论知识，勇于创新，更好地适应新时代社会发展的需要。

建议同学们搜索观看节目《大国工匠》《大国重器（第一季）》《大国重器（第二季）》。

第1章 工程制图的基本知识和技能

由于机械工程图样的质量将直接影响产品的质量和经济性，因此，掌握绘制机械图样的基本知识和技能是学习本课程的目的之一。技术制图和机械制图相关国家标准是我国基本技术标准，它起着统一工程界"共同语言"的重要作用。为了准确地交流技术思想，绘图时必须严格遵守技术制图和机械制图相关国家标准的有关规定。

制图基本知识和技能（一）

通过学习本章内容，要求学生理解国家标准的作用；了解绘图工具和仪器的使用方法；掌握并严格遵守技术制图和机械制图相关国家标准的有关规定；掌握几何作图的方法，在绘制平面图形的过程中，能正确进行线段分析；掌握正确的绘图步骤及尺寸注法；掌握手工绘图的基本技能。

1.1 国家标准有关制图的规定

制图基本知识和技能（二）

为了规范各项技术工作，便于管理和交流，国家市场监督管理总局发布了技术制图和机械制图等一系列国家标准。对图样的内容、格式、表达方法等作出统一规定。工程技术人员必须严格遵守这些规定。

国家标准简称国标，其代号是"GB"，而代号"GB/T"表示推荐性国家标准。例如，国家标准 GB/T 14689—2008《技术制图 图纸幅面和格式》，各字母、数字表示的意义如下。

GB——"国标"二字汉语拼音首字母。

T——"推"字的汉语拼音首字母。

14689——标准的编号。

2008——标准发布的年份。

下面主要介绍图纸幅面、图框格式、比例、字体、图线、尺寸注法等。

1.1.1 图纸幅面、图框格式和标题栏

1. 图纸幅面（GB/T 14689—2008）

图纸幅面是指图纸宽度和长度组成的图面。图纸幅面有基本幅面和加长幅面两类。绘制技术图样时，优先选用表1-1所规定的基本幅面。

表1-1 基本幅面　　　　　　　　　　　　　　单位：mm

幅面代号	A0	A1	A2	A3	A4
尺寸 $B×L$	841×1189	594×841	420×594	297×420	210×297

必要时，可以选用加长幅面。加长幅面是按基本幅面的短边成整数倍增大后得出的。

2. 图框格式（GB/T 14689—2008）

图框是图纸上限定绘图区域的线框。在图纸上，必须用粗实线画出图框，将图样画在图框内部。图框格式分为留有装订边的图框格式和不留装订边的图框格式两种，分别如图1.1和图1.2所示。

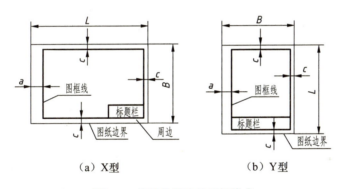

（a）X型　　　　　　　　　　（b）Y型

图1.1 留有装订边的图框格式

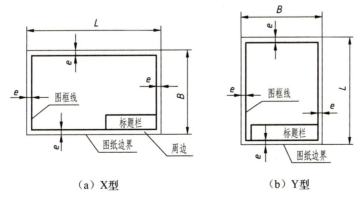

（a）X型　　　　　　　　　　（b）Y型

图1.2 不留装订边的图框格式

3. 标题栏（GB/T 10609.1—2008）

标题栏是由名称、代号区、签字区、更改区和其他区组成的栏目。标题栏位于图纸右下角，底边与下图框线重合，右边与右图框线重合。

学生制图作业推荐使用简化的标题栏格式，如图1.3所示；国家标准规定的标题栏格式如图1.4所示。

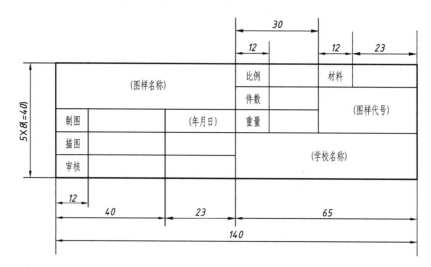

图1.3 简化的标题栏格式（学生使用）

图1.4 标题栏格式（国家标准）

标题栏的文字方向通常为看图方向，有时为了充分利用印刷好的图纸，而不能使文字方向和看图方向保持一致，必须用方向符号指示看图方向，方向符号是用细实线绘制的等边三角形，放置在图纸下端对中符号处。为使图样复制和缩微摄影时定位方便，在图纸各边中点处分别用粗实线绘制对中符号，其长度自边界开始深入图框内5mm，如图1.5所示。

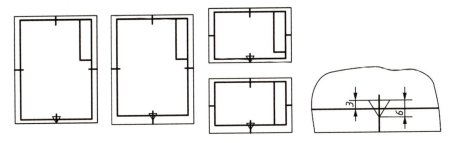

图 1.5 有对中符号的图框格式

1.1.2 比例（GB/T 14690—1993）

比例是图样中图形与其实物相应要素的线性尺寸之比。应尽可能地按机件的实际大小画图，以方便看图。如果机件太大或太小，可采用缩小或放大的比例画图。国家标准中有推荐优先选用的比例，见表 1-2。必要时，也允许采用表 1-3 中的比例。同一机件不同视图应采用相同的比例，并应标在标题栏中。个别视图采用与标题栏不同的比例，应在视图名称的下方或右侧标注比例，例如：

$$\frac{I}{2:1} \quad \frac{A 向}{1:100} \quad \frac{B-B}{2.5:1}$$

无论采用何种比例，图形中标注的尺寸都是机件的实际尺寸，与所选比例无关。

表 1-2 优先选用的比例

种类	优先选用的比例		
原值比例	1∶1		
放大比例	2∶1	5∶1	
	$2\times10^n:1$	$5\times10^n:1$	$1\times10^n:1$
缩小比例	1∶2	1∶5	1∶10
	$1:2\times10^n$	$1:5\times10^n$	$1:1\times10^n$

注：n 为正整数。

表 1-3 允许选用的比例

种类	优先选用的比例				
放大比例	2.5∶1	4∶1			
	$2.5\times10^n:1$	$4\times10^n:1$			
缩小比例	1∶1.5	1∶2.5	1∶3	1∶4	1∶6
	$1:1.5\times10^n$	$1:2.5\times10^n$	$1:3\times10^n$	$1:4\times10^n$	$1:6\times10^n$

注：n 为正整数。

1.1.3 字体 (GB/T 14691—1993)

图样上除有图形外,还有较多汉字、数字和字母,字体是其书写形式。为使图样清晰美观,国家标准对图样中字体的基本要求是:字体工整、笔画清楚、间隔均匀、排列整齐。

字体的号数即字体的高度(h),其公称尺寸系列为 1.8mm、2.5mm、3.5mm、5mm、7mm、10mm、14mm、20mm。

1. 汉字

汉字应写成长仿宋体字,并应采用中华人民共和国国务院正式公布推行的《汉字简化方案》中规定的简化字。汉字的高度 h 不应小于 3.5mm,其字宽一般为 $h/\sqrt{2}$。

长仿宋体汉字的书写要领是横平竖直、注意起落、结构均匀、填满方格。

2. 字母和数字

字母和数字分为 A 型及 B 型。A 型字体的笔画宽度为字高的 1/14;B 型字体的笔画宽度为字高的 1/10。在同一图样上,只允许选用一种字体型式。

字母和数字可写成直体或斜体。斜体字字头向右倾斜,与水平基准线成 75°。阿拉伯数字、大写字母、小写字母、罗马数字的 A 型斜体示例如下:

1234567890
ABCDEFGHIJKLMNOPQRSTUVWXYZ
abcdefghijklmnopqrstuvwxyz
I II III IV V VI VII VIII IX X

用作指数、分数、极限偏差、注脚的数字及字母,一般应采用小一号字体。示例如下:

$R3 \quad 2\times45° \quad T_d \quad \phi 20_{\ 0}^{+0.021}$

1.1.4 图线 (GB/T 17450—1998、GB/T 4457.4—2002)

1. 图线线型

工程制图中常用的基本线型及其应用见表 1-4。绘制图样时,不同的线型起不同的作用,表达不同的内容。

2. 图线宽度

国家标准规定了 9 种图线的宽度。绘制工程图样时,所有图线宽度 d 应在下面系列中选择:0.13mm、0.18mm、0.25mm、0.35mm、0.5mm、0.7mm、1mm、1.4mm、2mm。

3. 图线的画法

如图 1.6 所示,绘制图线时,通常应遵循以下几方面。

表 1-4 工程制图中常用的基本线型及其应用

图线名称	代码	线型	线宽	一般应用
细实线	01.1	———————	$d/2$	过渡线、尺寸线、尺寸界线、指引线和基准线、剖面线、重合断面的轮廓线、短中心线、螺纹牙底线、尺寸线的起止线、表示平面的对角线、辅助线、投射线等
波浪线		 ～～～～	$d/2$	断裂处边界线、视图与剖视图的分界线等
双折线		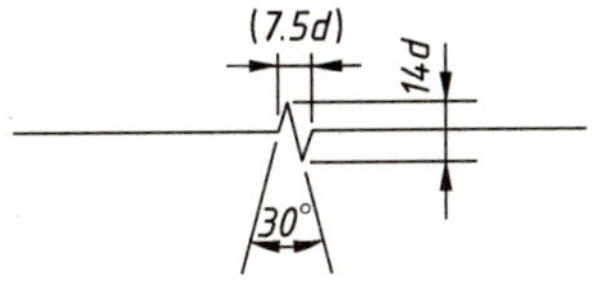 ─╱╲─ (7.5d, 14d, 30°)	$d/2$	
粗实线	01.2	━━━━━━━	d	(1) 可见棱边线 (2) 可见轮廓线 (3) 相贯线 (4) 螺纹牙顶线 (5) 螺纹长度终止线
细虚线	02.1	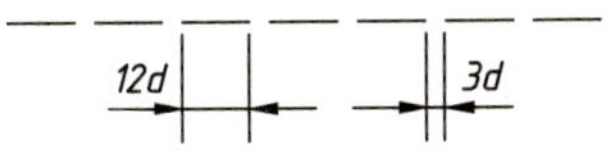 - - - - - - (12d, 3d)	$d/2$	(1) 不可见棱边线 (2) 不可见轮廓线
粗虚线	02.2	▬ ▬ ▬ ▬	d	允许表面处理的表示线
细点画线	04.1	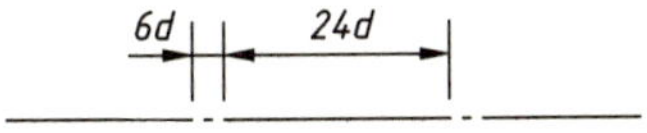 —·—·—·— (6d, 24d)	$d/2$	(1) 轴线 (2) 对称中心线 (3) 分度圆（线）
粗点画线	04.2	━·━·━·━	d	限定范围表示线
细双点画线	05.1	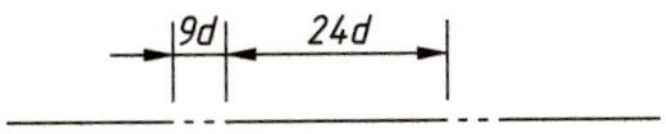 —··—··— (9d, 24d)	$d/2$	(1) 相邻辅助零件的轮廓线 (2) 可动零件的极限位置的轮廓线 (3) 轨迹线

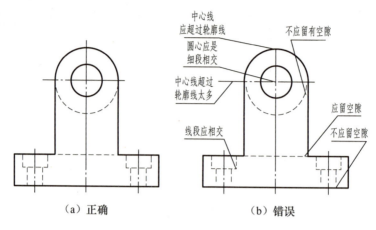

图 1.6 细虚线与细点画线的画法

(1) 同一图样中，同类图线的宽度应一致。细虚线、细点画线及细双点画线的长度和间隔应各自相等。

(2) 两条平行线之间的最小间距不小于 0.7mm（除另有规定外）。

(3) 绘制圆的对称中心线时，点画线两端应超出圆的轮廓线 2～5mm；细点画线、细双点画线的首末两端应是长画，而不是间隔和点。细点画线、细双点画线的点不是点，而是一个约 1mm 的短画；圆心应是长画的交点。在较小的图形上绘制细点画线有困难时，可用细实线代替。

(4) 细虚线、细点画线或细双点画线和实线相交或它们自身相交时，应以画相交，而不应以点或间隔处相交；细虚线、细点画线或细双点画线为实线的延长线时，不得与实线相连。

(5) 当图线与文字、数字或符号重叠、混淆不可避免时，应断开图线，以保证文字、数字或符号清晰。

(6) 当有两种或两种以上图线重合时，其重合部分的线型优先选择顺序为可见轮廓线—不可见轮廓线—尺寸线—各种用途的细实线—轴线—对称中心线—细双点画线。

1.1.5 尺寸注法（GB/T 4458.4—2003）

图纸上的图样除描述物体形状外，还应说明物体的大小，物体的大小应通过标注尺寸来确定。无论图样的比例如何，尺寸都应标注物体的实际尺寸，机械图纸中的尺寸单位是 mm。

1. 基本规则

(1) 机件的真实大小应以图样上所注尺寸数值为依据，与图形的大小及绘图的准确度无关。

(2) 图样中的尺寸以 mm 为单位时，无须标注计量单位的代号或名称，如采用其他单位，则必须注明相应的计量单位的代号或名称。

(3) 图样中所标注的尺寸为该图样所示机件的最后完工尺寸，否则应另加说明。

(4) 机件的每一尺寸，一般只标注一次，并应标注在反映该结构最清晰的图形上。

2. 尺寸组成

一个完整的尺寸由尺寸界线、尺寸线及其终端和尺寸数字组成，如图1.7所示。

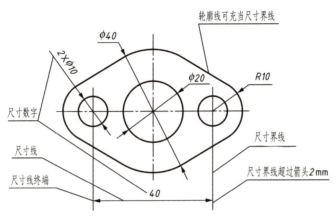

图1.7 尺寸组成

(1) 尺寸界线。

尺寸界线用细实线绘制，一般由图形的轮廓线、轴线或对称中心线处引出，也可利用轮廓线、轴线或对称中心线作尺寸界线。尺寸界线超出尺寸线外2～3mm，尺寸界线一般应与尺寸线垂直，必要时允许倾斜，如图1.8所示。

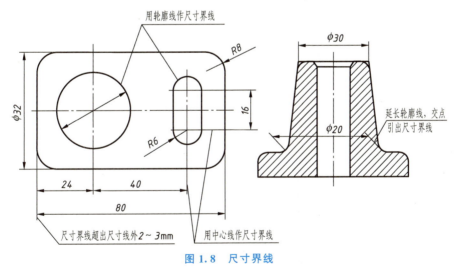

图1.8 尺寸界线

(2) 尺寸线及其终端。

尺寸线必须用细实线单独绘制，不得由其他任何线代替，也不得画在其他图线的延长线上，并应避免尺寸线之间相交，如图1.9所示。

线性尺寸的尺寸线应与所标注的线段平行。相互平行的尺寸线，大尺寸在外，小尺寸在内，并尽量避免尺寸界线与尺寸线相交，平行尺寸线间的间距尽量保持一致，一般为5～10mm。

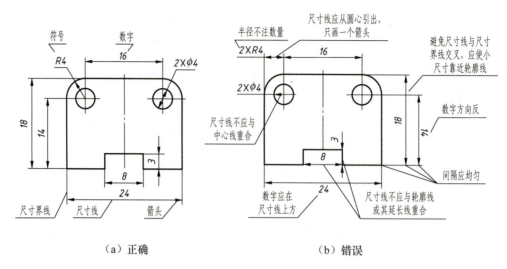

图 1.9 尺寸线

尺寸线终端有两种形式：箭头和斜线，同一张图样中只能采用一种尺寸线终端。机械图样一般用箭头形式，箭头尖端与尺寸界线接触，如图 1.10 所示。

(3) 尺寸数字。

尺寸数字按标准字体书写，且同一张纸上的字体高度要一致。线性尺寸数字一般注写在尺寸线的上方，也允许注写在尺寸线的中断处，字头朝上；垂直方向的尺寸数值应注写在尺寸线的左侧，字头朝左；倾斜方向的尺寸数字，应保持字头向上的趋势。尺寸数字不能被任何图线通过，否则应将该图线断开，如图 1.11 所示。

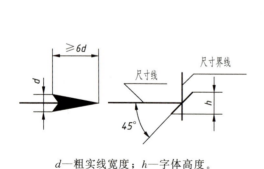

d—粗实线宽度；h—字体高度。

图 1.10 尺寸线终端

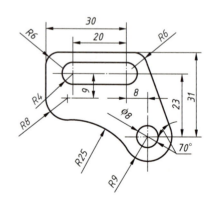

图 1.11 尺寸数字注写位置

线性尺寸数字方向按图 1.12（a）所示方向标注，并尽量避免在图示 30°范围内标注尺寸，无法避免时，按图 1.12（b）的形式标注。

3. 尺寸标注示例

尺寸标注示例见表 1-5。

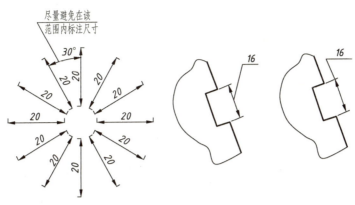

(a) 尽量避免在图示30°范围内标注尺寸　　(b) 无法避免的标注形式

图 1.12　线性尺寸数字的标注形式

表 1-5　尺寸标注示例

类别	示例	说明
直线尺寸的注法	(a) 正确　　(b) 错误	同一方向的连续尺寸，保证尺寸线在一条线上
	(a) 正确　　(b) 错误	同一方向的不同大小尺寸，遵循"内小外大"原则，避免尺寸线与尺寸界线相交
直径尺寸的注法	φ20　φ10　φ10　Sφ8　φ24　φ18　φ10	(1) 标注直径，应在尺寸数字前加注符号"φ"。 (2) 直径尺寸线应通过圆心或平行直径。 (3) 直径尺寸线圆周或尺寸界线接触处应画箭头终端。 (4) 不完整圆的尺寸线应超过半径。 (5) 标注球面的直径或半径，在符号"R"或"φ"前加注符号"S"

续表

类别	示例	说明
小尺寸注法		(1) 对于小图形，没有足够的地方标尺寸时，箭头可放在尺寸界线外面，尺寸数字可写在尺寸界线外面或引出标注，也允许用圆点或斜线代替箭头。 (2) 标注小直径或小半径时，箭头和数字都可布置在尺寸界线外面，但尺寸线一定要过圆或圆弧的中心，或箭头指向圆心
角度尺寸的注法		(1) 角度的数字一律水平书写。 (2) 角度的数字一般注写在尺寸线的中断处，也可注写在上方或引出标注。 (3) 角度的尺寸线为圆弧，尺寸界线沿径向引出
其他结构尺寸的注法	(a) 倒角　(b) 弧长　(c) 板厚	(1) 倒角。 (2) 弧长的尺寸线是该圆弧的同心圆，尺寸界线平行于弦长的垂直平行线。 (3) 板状零件的厚度，在尺寸数字前加符号"t"

1.2　手工绘图工具和仪器的使用方法

　　图样绘制的质量与速度取决于绘图工具和仪器的质量，同时取决于其能否被正确使用。因此，要能够正确挑选绘图工具和仪器，并养成正确使用及经常维护、保养绘图工具和仪器的良好习惯。下面介绍常用的绘图工具和仪器的使用方法。

1.2.1　图板、丁字尺和三角板的用法

　　图板是用来铺放图纸的木板，要求表面光滑、平整。图板的左边是工作边，必须平直。

　　丁字尺由尺头和尺身组成，尺身的上边有刻度，是工作边。画图时，要使尺头的内侧

靠紧图板的左边，上下移动丁字尺由尺身的工作边从左向右画水平线，如图1.13（a）所示。

三角板有45°等腰直角三角板和30°、60°组成的直角三角板两块，与丁字尺配合可以画垂直线和与水平线成15°、30°、45°、60°、75°的斜线，如图1.13（b）所示。两块三角板配合可以画任意角度水平线。

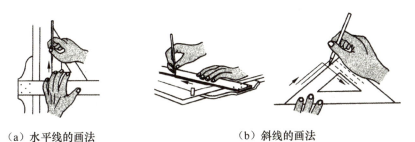

（a）水平线的画法　　　　　　（b）斜线的画法

图1.13　水平线和斜线的画法

1.2.2　圆规和分规的用法

圆规用来画圆和圆弧。圆规有两只脚，其中一只脚上有活动钢针，钢针一端为圆锥，另一端为带有台阶的针尖，针尖是画圆或圆弧时起定心作用的，圆锥端作分规用；另一只脚上有活动关节，可随时装换铅芯插脚、鸭嘴插脚或作分规用的锥形钢针插脚。

画圆或圆弧前，调整针脚使针尖略长于铅芯。画图时，针尖插入纸面，铅芯与纸面接触，向前方稍微倾斜按顺时针方向画。画较大圆时，要使用延长杆，并使针尖和铅芯均垂直于纸面，如图1.14（c）所示。

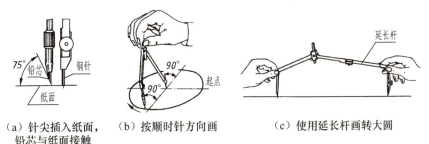

（a）针尖插入纸面，　（b）按顺时针方向画　（c）使用延长杆画转大圆
铅芯与纸面接触

图1.14　圆规的使用方法

分规用来量取和等分线段。为了准确地度量尺寸，分规两脚均装有钢针，两脚并拢时，两针尖要平齐。等分线段时，将分规的两针尖调整到所需距离，然后用拇指、食指捏住分规手柄，使分规两个针尖沿线段交替做圆心旋转前进，如图1.15所示。

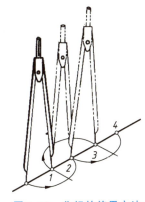

图1.15　分规的使用方法

1.2.3 比例尺的用法

比例尺是用来按一定比例量取长度的专用量尺,可放大或缩小尺寸,如图 1.16 所示。常用的比例尺有两种:一种外形成三棱柱体,有六种(1∶100、1∶200、1∶300、1∶400、1∶500、1∶600)比例,称为三棱尺;另一种外形像直尺,有三种比例,称为比例直尺。画图时,可按所需比例,用比例尺上标注的刻度直接量取而无须换算。如按 1∶100 比例画出实际长度为 3m 的图线,可在比例尺上找到 1∶100 的刻度边,直接量取相应刻度即可,此时图上画出的长度是 30mm。

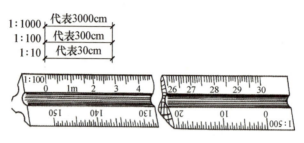

图 1.16 比例尺

1.2.4 曲线板的用法

曲线板用来画非圆曲线。画线时,先徒手将各点连成曲线,再在曲线板上选取曲率相当的部分,分几段逐次将各点连成曲线,但每段都不要全部描完,至少留出后两点间的一小段,使之与下段吻合,以保证曲线的光滑连接,如图 1.17 所示。

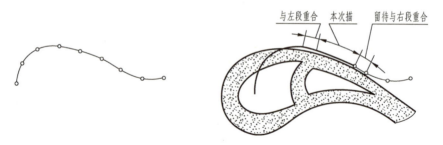

图 1.17 曲线板的使用方法

1.2.5 铅笔的用法

绘图铅笔用 B 和 H 代表铅芯的硬度。B 前面的数字越大,铅芯越软;H 前面的数字越大,铅芯越硬。HB 表示硬度适中的铅芯。

画图时,用 H 或 2H 铅笔画细实线(打底稿),用 HB 或 H 铅笔写字,用 B 或 HB 铅笔画粗实线。画圆的铅芯要比画线的铅芯软一些。

画粗实线的铅芯要削成四棱柱或扁铲形,画细实线或写字的铅芯要削成圆锥形,如图 1.18 所示。

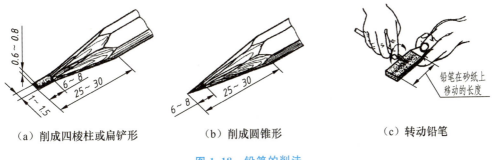

（a）削成四棱柱或扁铲形　　（b）削成圆锥形　　（c）转动铅笔

图 1.18　铅笔的削法

1.3　几何作图方法

虽然机件的轮廓形状多种多样，但它们基本都是由直线和曲线组成的几何图形。掌握几何作图方法是正确绘制机械图样的基础，必须熟练运用。

1.3.1　等分直线段

用平行线法对直线段进行等分，如图 1.19 所示。

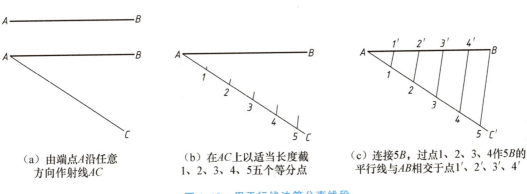

（a）由端点A沿任意　　　　（b）在AC上以适当长度截　　（c）连接5B，过点1、2、3、4作5B的
　　方向作射线AC　　　　　　　1、2、3、4、5五个等分点　　　平行线与AB相交于点1′、2′、3′、4′

图 1.19　用平行线法等分直线段

1.3.2　等分圆周

可用圆规等分圆周，也可用三角板配合丁字尺等分圆周。

1. 圆周的三等分和六等分

圆周的三等分和六等分方法如图 1.20 和图 1.21 所示。

2. 圆周的五等分

五等分圆周画正五边形如图 1.22 所示。

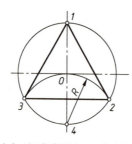 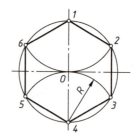

(a) 以4点为圆心、R为半径画弧，交圆于2、3点，连接12、23、31即得正三角形

(b) 分别以1点和4点为圆心、R为半径画弧，交圆于2、6点和3、5点，依次连接12、23、34、45、56、61即得正六边形

图 1.20　用圆规三等分、六等分圆周画正多边形

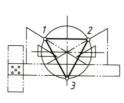 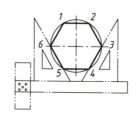

(a) 正三边形　　　　　　(b) 正六边形

图 1.21　用三角板和丁字尺配合画正多边形

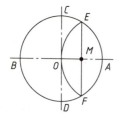 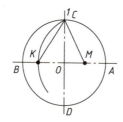 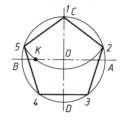

(a) 以A为圆心、OA为半径画弧，交圆于E、F，连接EF得中心点M

(b) 以M为圆心、CM为半径画弧，交OB于K，CK为正五边形边长

(c) 以CK为长，自C截圆周，得1、2、3、4、5点，依次连接12、23、34、45、51即得正五边形

图 1.22　五等分圆周画正五边形

1.3.3　斜度与锥度

1. 斜度

斜度是指一条直线（或平面）对另一条直线（或平面）的倾斜程度，即

$$斜度 = H/L = \tan\alpha = 1:n$$

其值以直角三角形两直角边之比表示，如图 1.23 所示。斜度注成 $1:n$ 的形式，标注斜度时用符号"∠"表示，符号倾斜方向与轮廓线方向一致。

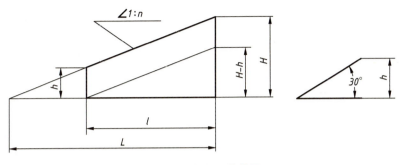

图 1.23 斜度及其符号

斜度的画法如图 1.24 所示。

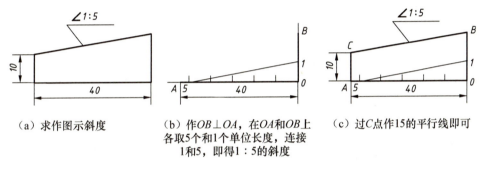

（a）求作图示斜度　　（b）作 $OB \perp OA$，在 OA 和 OB 上各取5个和1个单位长度，连接1和5，即得1∶5的斜度　　（c）过 C 点作15的平行线即可

图 1.24 斜度的画法

2. 锥度

锥度是指正圆锥的底圆直径和圆锥高度之比，或正圆锥台上下底圆直径之差与圆锥台高度之比，即

$$1：n = D/L = (D-d)/l = 2\tan(\alpha/2)$$

在图样上标注 1∶n 时，在 1∶n 前加注符号◁，符号倾斜方向与锥度方向一致，如图 1.25 所示，符号的线宽为 $h/10$。

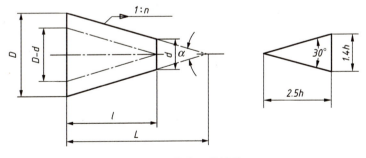

图 1.25 锥度及其符号

锥度的画法如图 1.26 所示。

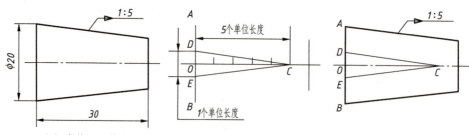

(a) 求作图示锥度

(b) 作$AB \perp OC$，在OC和AB上各取5个和1个单位长度，连接CD和CE，即得1:5的斜度

(c) 分别过点A和B作CD和CE的平行线，即得1:5的锥度

图 1.26 锥度的画法

1.3.4 圆弧连接

绘制机件图样时，经常遇到用直线或圆弧光滑连接已知直线或已知圆弧的情况，这就是圆弧连接。光滑连接的实质是圆弧与圆弧或圆弧与直线相切，连接点就是切点。圆弧连接的关键是准确定出连接圆弧的圆心和切点。

圆弧连接类型见表1-6。

表 1-6 圆弧连接类型

类型	图例	作图步骤
圆弧与直线连接	(图示：R、O、1、2)	① 作与已知两条直线分别相距为R的平行线，交点O即连接弧圆心；② 过点O分别作已知两条直线的垂线，垂足1、2即切点；③ 以O为圆心、R为半径，在两切点1、2之间画连接圆弧
两圆弧连接（内切）	(图示：O_1、O_2、O_3、O_4、n_1、n_2，$R_内 - R_1$、$R_内 - R_2$、$R_内$)	① 分别以O_1、O_2为圆心，$R_内 - R_1$和$R_内 - R_2$为半径作圆弧，两圆弧交点O_3即连接圆弧的圆心；② 分别作连心线O_3O_1和O_3O_2并延长，得切点n_1、n_2；③ 以O_3为圆心、$R_内$为半径作连接圆弧，从n_1画至n_2即所求
两圆弧连接（外切）	(图示：O_1、O_2、O_3、m_1、m_2，$R_1 + R_外$、$R_2 + R_外$)	① 分别以O_1、O_2为圆心，$R_1 + R_外$、$R_2 + R_外$为半径作圆弧，两圆弧交点O_3即连接圆弧的圆心；② 分别连接O_1O_3和O_2O_3，得切点m_1、m_2；③ 以O_3为圆心、$R_外$为半径作圆弧，连接m_1、m_2即所求

1.3.5 椭圆的画法

椭圆是常见的非圆曲线。已知椭圆长轴、短轴，常采用四心椭圆和同心圆两种方法画椭圆，如图 1.27 所示。

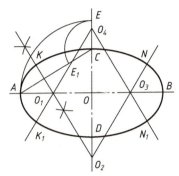
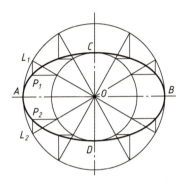

① 连接 AC，以 O 为圆心、OA 为半径画圆弧，交 OC 于 E，以 C 为圆心、CE 为半径画圆弧，交 AC 于 E_1；
② 作 AE_1 的中垂线，分别交长轴 OA 和短轴 OD 于点 O_1 和 O_2，并取其对称点 O_3 和 O_4；
③ 分别以 O_1、O_2、O_3、O_4 为圆心，O_1A、O_2C、O_3B、O_4D 为半径画圆弧，即得近似椭圆，切点分别为 K、N、N_1、K_1

① 分别以 O 为圆心，OA 与 OC 为半径作两个同心圆；
② 由 O 作一系列射线与两同心圆相交；
③ 由大圆和小圆上的各交点分别作短轴和长轴的平行线，每两对应平行线的交点即椭圆上的一系列点；
④ 依次光滑连接各点，即得椭圆

（a）采用四心椭圆方法　　　　　　　（b）采用同心圆方法

图 1.27　椭圆的画法

1.4　平面图形的分析与尺寸标注

平面图形是由若干直线和曲线连接而成的，必须根据给定的尺寸关系画出这些线段。所以，要想正确、迅速地画出平面图形，就必须先对图形中标注的尺寸进行分析。通过分析，我们可以了解平面图形中各种线段的形状、大小、位置及性质。

1.4.1　平面图形的分析

1. 平面图形的尺寸分析

标注平面图形的尺寸时，要求正确、完整、清晰。要达到此要求，就需要了解平面图形应标注的尺寸。平面图形中的尺寸按作用分为定形尺寸和定位尺寸两类；而在标注和分析尺寸前，必须确定尺寸基准。

（1）尺寸基准。

尺寸基准是定位尺寸起始位置的点或线。平面图形是二维图形，每个组成部分一般都需要标注两个方向的定位尺寸，每个方向标注尺寸的起点即尺寸基准。一般以对称中心线、较大圆中心线、较长的直线等为尺寸基准。通常一个平面图形需要 X、Y 两个方向的尺寸基准。确定尺寸基准后，就可以标注定形尺寸和定位尺寸。

(2) 定形尺寸。

定形尺寸是确定平面图形中几何元素的形状和大小的尺寸，如圆的直径、直线段的长度、圆弧的半径及角度的大小等，如图 1.28 中的 $\phi 20$、$\phi 27$、$R3$、$R40$、$R32$、$R27$ 等。

(3) 定位尺寸。

定位尺寸是确定平面图形中几何元素相对位置的尺寸。一般来说，平面图形有两个方向的定位尺寸，如图 1.28 中的尺寸 60 和 6 分别用于确定 $\phi 20$ 和 $R32$ 的圆心位置；尺寸 10 用于确定 $R27$ 圆心垂直方向的位置。

2. 平面图形的线段分析

根据平面图形的线段（直线、圆或圆弧）尺寸是否完全给出，线段分为以下三种。

(1) 已知线段。

已知线段是指定形尺寸、定位尺寸齐全，可以直接画出的线段，如图 1.28 中的 $\phi 20$、$\phi 27$ 和 $R32$。

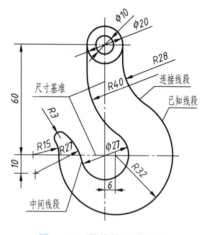

图 1.28　吊钩的尺寸分析

(2) 中间线段。

中间线段是指有定形尺寸和一个方向的定位尺寸，另一个方向的定位尺寸通过与已知线段的连接关系确定的线段，图 1.28 中的 $R27$ 为定形尺寸，10 为垂直方向的定位尺寸，通过与圆弧 $R32$ 的外切关系定出圆心、连接点（切点）后，即可画出该圆弧。

(3) 连接线段。

连接线段是指只标出定形尺寸而未标出定位尺寸的线段，图 1.28 中的 $R28$ 和 $R40$ 为定形尺寸，无定位尺寸。$R28$ 通过与直线连接及与圆弧 $R32$ 的外切关系定出圆心、连接点（切点）；$R40$ 通过与直线连接及与圆弧 $\phi 27$ 的外切关系定出圆心、连接点（切点）后，即可画出两段圆弧。

1.4.2　平面图形的绘制步骤

下面以图 1.28 所示的吊钩为例，介绍平面图形的绘制步骤。

1. 准备工作

(1) 分析平面图形上线段和尺寸的性质，确定作图步骤。

(2) 选取图纸幅面和作图比例，固定图纸。

2. 绘制步骤

(1) 选定尺寸基准，画基准线，合理布置平面图形的各基本图形的相对位置，如图 1.29（a）所示。

(2) 画已知圆弧和已知线段。画已知圆 $\phi 10$、$\phi 27$、$\phi 20$，已知圆弧 $R32$ 及两条直线，如图 1.29（b）所示。

（3）画中间线段。求中间弧 $R15$、$R27$ 的圆心及切点，如图 1.29（c）所示。

（4）画连接线段。求连接弧 $R3$、$R28$、$R40$ 的圆心及切点，如图 1.29（d）所示。

（5）检查图形，若无问题，则加深图形，画尺寸线和尺寸界线，如图 1.29（e）所示。

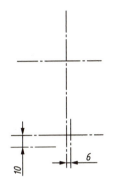

（a）画基准线

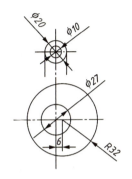

（b）画已知圆弧和已知线段

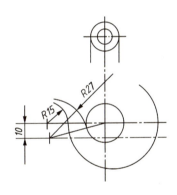

（c）画中间线段——求中间圆弧的圆心及切点

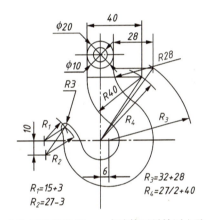

（d）画连接线段——求连接圆弧的圆心及切点

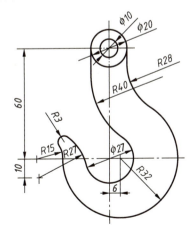

（e）检查图形，加深图形，画尺寸线和尺寸界线

图 1.29　吊钩平面图形的绘制步骤

1.4.3　平面图形的尺寸标注

平面图形的尺寸标注要求正确、完整、清晰。正确是指标注尺寸严格遵守国家标准规定；完整是指标注尺寸齐全、不遗漏、不重复；清晰是指标注尺寸排列整齐，小尺寸在内、大尺寸在外，尺寸线应尽量避免与尺寸界线相交等。

尺寸标注步骤如下：分析平面图形的组成，确定尺寸基准；标注定形尺寸；标注定位尺寸（如已知线段或已知圆弧的两个定位尺寸都要标注，中间圆弧只需标注确定圆心的一个定位尺寸，连接圆弧圆心的两个定位尺寸都不标注）；检查图形。

以垫板为例（图1.30），其尺寸标注步骤如下：

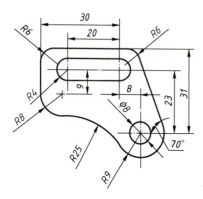

图1.30　垫板的尺寸标注

（1）分析平面图形的组成，确定尺寸基准。

平面图形由一个外线框、一个内线框和一个圆组成。外线框由五段圆弧和三条直线组成，内线框由两段圆弧和两条直线组成。图形不对称，外线框的水平直线、$\phi 8$圆的水平中心线和外线框的垂直直线分别是纵向尺寸基准和横向尺寸基准。

（2）标注定形尺寸。

① 外线框需标注出$R6$、$R8$、$R25$、$R9$。

② 内线框需标注出$R4$、20。

③ 小圆需标注出$\phi 8$。

（3）标注定位尺寸。

① 外线框和小圆的定位尺寸，需标注出31。圆弧$R8$为中间弧，需标注出一个方向的定位尺寸9。外线框的斜直线定位尺寸需标注出70°。

② 内线框和外线框及小圆的定位尺寸，需标注出小圆的圆心定位尺寸8。内线框的定位尺寸需标注出30、20、23。

（4）检查图形。

外线框的斜直线由70°定位。中间弧$R8$和$R9$为已知弧，由9和31定位。31和8是小圆两个方向的定位尺寸。圆弧$R6$、$R6$、$R25$为连接弧，不需要标注定位尺寸。内线框标注出$R4$的定位尺寸23、20，两圆弧段为连接线段，不需要标注定位尺寸。确保以上标注尺寸符合线段连接规律，标注尺寸正确、完整、清晰。

1.5　绘图方法和步骤

1.5.1　用绘图工具和仪器绘图

为了保证绘图的质量、提高绘图的速度，除了正确使用绘图工具和仪器，熟练掌握几何作图方法和严格遵守国家标准，还应注意以下绘图方法和步骤。

1. 准备工作

(1) 收集阅读有关文件资料，了解绘图内容及要求。在学习过程中，了解清楚作业的内容、目的、要求，在绘图之前做到心中有数。

(2) 准备好必要的绘图工具和仪器及其他用品。

(3) 用胶带将图纸固定在图板上，位置要适当。一般将图纸粘贴在图板左下方，图纸左边距图板边缘 3~5cm，图纸下边至图板边缘的距离略大于丁字尺的宽度。

2. 画底稿

(1) 按制图标准的要求，画好图框线及标题栏的位置。

(2) 根据图样的数量、大小及复杂程度选择比例，安排图形位置，定好图形的中心线。

(3) 画图形的主要轮廓线，再由大到小、由整体到局部，直至画出所有轮廓线。

(4) 画尺寸界限、尺寸线及其他符号等。

(5) 进行仔细检查，用橡皮擦去多余的底稿线。

3. 用铅笔加深图形

(1) 当直线与曲线相连时，先画曲线后画直线。加深后的同类图线，其粗细和深浅要保持一致。加深同类图线时，要按照水平线从上到下、垂直线从左到右的顺序完成。

(2) 各类图线的加深顺序是中心线—粗实线—虚线—细实线。

(3) 加深图框线、标题栏及表格，并填写其内容及说明。

4. 描图

为了满足生产需要，常常要用墨线把图样描绘在硫酸纸上作为底图，再用来复制成蓝图。

描图步骤与铅笔加深步骤基本相同。但描墨线图时，画完线条后要等一段时间，使墨线干透。因此，要注意画图步骤，否则容易弄脏图面。

5. 注意事项

(1) 用 H、2H 或 3H 铅笔画底稿，线条要轻且细。

(2) 用 HB 或 B 铅笔加深粗实线，用 H 或 2H 铅笔加深细实线。用 H 或 HB 铅笔写字。加深圆弧时，所用的铅芯应比加深同类型直线所用的铅芯软一号。

(3) 加深或描绘粗实线时，要以底稿线为中心线，以保证图形的准确性。

(4) 如果用绘图墨水绘制，修图时则应等墨线干透后用刀片刮去需要修整的部分。

1.5.2 徒手绘图

徒手绘图是用眼睛来估计物体的形状和大小，不借助绘图工具，从而徒手画出图样的方法。

徒手绘图的基本要求是：画线要稳，图线要清晰；目测尺寸要准，各部分比例准确；绘图快；标注尺寸无误，字体工整。

1. 直线的徒手画法

徒手画直线时，握笔的手要放松，用手腕抵着纸面，沿着画线方向移动，眼睛要瞄着线段的终点。画出的直线大致近似于直线。

画水平线时，图纸可放斜一点，不要将图纸固定死，以便随时转动图纸到最顺手的位置。画垂直线时，自上而下运笔。直线的徒手画法如图 1.31 所示。

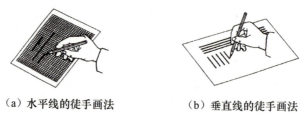

（a）水平线的徒手画法　　　　（b）垂直线的徒手画法

图 1.31　直线的徒手画法

2. 圆的徒手画法

徒手画圆时，先定出圆心的位置，过圆心画出相互垂直的两条中心线，再在中心线上按半径大小目测定出四个点，分两半画成。对于直径较大的圆，可在 45°方向的两中心线上目测增加四个点，分段逐步完成，如图 1.32 所示。

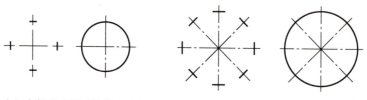

（a）直径较小的圆的徒手画法　　　　（b）直径较大的圆的徒手画法

图 1.32　圆的徒手画法

3. 角度的徒手画法

画 30°、45°、60°时，先根据两直角边的比例关系近似确定两端点，再徒手连成直线，如图 1.33 所示。

（a）30°的徒手画法　　（b）45°的徒手画法　　（c）60°的徒手画法

图 1.33　角度的徒手画法

4. 椭圆的徒手画法

（1）画法一：已知椭圆长轴、短轴画椭圆。

徒手画椭圆时，先目测定出其长轴、短轴上的四个端点，将它们连成矩形，再分段画出四段圆弧，四段圆弧要与矩形相切，如图1.34所示。画图时应注意图形的对称性。

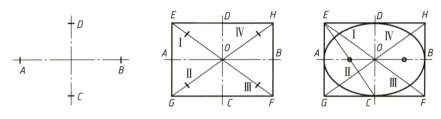

图1.34 椭圆的徒手画法一

（2）画法二：已知共轭直径画椭圆。

先目测共轭直径上四个端点，将它们连成平行四边形，再分段画出四段圆弧，四段圆弧要与平行四边形相切，如图1.35所示。

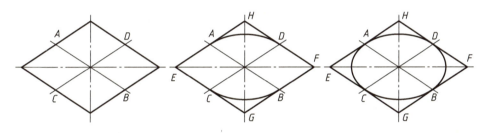

图1.35 椭圆的徒手画法二

素养提升

党的二十大报告指出："要实施产业基础再造工程和重大技术装备攻关工程，支持专精特新企业发展，推动制造业高端化、智能化、绿色化发展。""千里之行，始于足下"，学生必须清醒地认识到只有打下牢固的根基才能更上一层楼，所以在工程技术领域，学生必须全面熟练掌握本章的制图基本知识和技能。他们毕业后所面临的是一个科学技术更加突飞猛进的时代，若仅仅把教育的着眼点放在传授知识和技能训练上，则他们无论是在今后的工作中还是学习中都难以适应新形势的需要。教师不仅要向他们传授知识，而且要注意开发他们的智力和培养他们的思维品质，使他们在夯实的基本知识基础之上具有进一步获取新知识的本领，以适应时代的需要。授人以鱼不如授人以渔，只要贯彻这样的宏远方针，就能适应科技知识急剧增长的时代，使我国在未来世界民族之林中立于不败之地。

习　　题

1. 图样中字体的基本要求是什么？长仿宋体有什么特点？
2. 图纸幅面是如何规定的？有几种类型？
3. 尺寸标注的基本要求是什么？

4. 图样上的图线和线宽各有几种？绘制各图线时有哪些注意事项？
5. 粗实线的主要用途是什么？
6. 什么是斜度？什么是锥度？
7. 尺寸基准的含义是什么？什么是定性尺寸？什么是定位尺寸？
8. 平面图形尺寸标注的步骤有哪些？
9. 平面图形的线段有几种？它们是根据什么原则分类的？
10. 连接圆弧是什么？连接圆弧的核心要素是什么？

尺寸注法的习题讲解

第 2 章 正投影法基础

虽然在实际生产中使用的机械零件形状多种多样,但生产加工所依据的图样都是通过正投影法绘制的。本章介绍了投影的基本概念、三视图的形成及其投影规律、立体的投影、平面与立体相交、立体与立体相交。

通过学习本章内容,要求学生了解投影的基本概念、工程上常用的投影图、截交线和相贯线的分析与作图方法,掌握正投影的基本性质,点、线、面的三面投影及其特征,基本体的形体分析和投影特性。

正投影法基础

2.1 投影的基本概念

2.1.1 投影法的概念

人们在长期的社会实践中发现物体在某一光源的照射下,会在地面或墙上产生影子。例如,手影、皮影戏中的影像都是投影。人们从这种现象中得到启发,经过科学的抽象后,找出了影子和物体间的几何关系,从而获得投影法。如图 2.1 所示,在空间有一平面 H(通常用平行四边形表示),在平面 H 之外有一点光源 S(用小圆圈表示),它和平面 H 之间有一空间点 A(用小圆圈表示),连接 SA 并延长与平面 H 交于 a(用小圆圈表示),点 a 称为空间点 A 在平面 H 上的投影。其中,射线 SA 称为投射线;平面 H 称为投影面,点光源 S 称为投射中心。

投射线通过物体向投影面投射并在投影面上产生图像的方法称为投影法。由图 2.1 不难看出,投影有如下特点:投射线方向和投影面确定后,空间点在该投影面上的投影是唯一的；反之，已知空间点的一个投影，并不能确定该空间点的位置。如图 2.2 所示，已知投影 a，其投射线上的点 A、A_1、A_2、…、A_n 的投影都是 a。

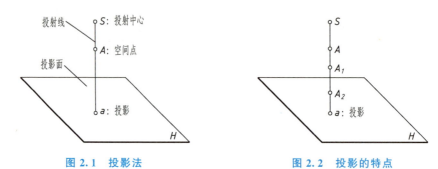

图 2.1　投影法　　　　　　　　　图 2.2　投影的特点

2.1.2　投影法的种类

根据光源特性，投影法有中心投影法和平行投影法。

1. 中心投影法

如图 2.3 所示，投射中心 S 在位于投影面 H 有限远处，△ABC 位于其间。由投射中心 S 可作出△ABC 在投影面 H 上的投影。首先，连接 SA、SB、SC 分别与投影面 H 交于点 a、b、c，则 a、b、c 分别是 A、B、C 的投影。然后，连接 ab、bc、ca、ab、bc、ca 分别为 AB、BC、CA 的投影，△abc 就是△ABC 的投影。这种投射中心位于有限远处且投射线汇交于一点的投影法，称为中心投影法。用中心投影法所得的投影称为中心投影。中心投影立体感强，通常用来绘制建筑物或富有逼真感的产品立体图，故其也称透视图。

2. 平行投影法

如图 2.4 所示，如果把投射中心 S 看作无穷大，当它和投影面 H 之间无限远时。可以认为其发出的光束是相互平行的，那么它照射△ABC 时的投射线也可看作相互平行的。投射线 Aa、Bb、Cc 根据给定的投射方向相互平行，分别与投影面 H 交于点 a、b、c，那么△abc 是△ABC 在投影面 H 上的投影。投射线都相互平行的投影法称为平行投影法。用平行投影法所得的投影称为平行投影。如图 2.4（a）所示，投射方向垂直于投影面的平行投影法称为正投影法。用正投影法所得的投影称为正投影或正投影图，简称投影。因为工程图样通常都用正投影，所以在不做特殊声明时，本书所说的"投影"都是指"正投影"。图 2.4（b）中投影的投射方向倾斜于投影面，这种平行投影法称为斜投影法。

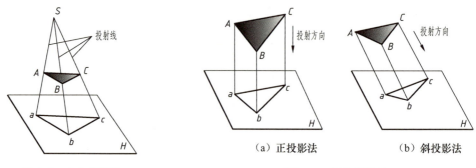

图 2.3　中心投影法　　　　　　　图 2.4　平行投影法

2.1.3　正投影的基本性质

1. 实形性

当直线及平面图形平行于投影面时，其投影反映直线的实长或平面的实形，如图 2.5 所示。

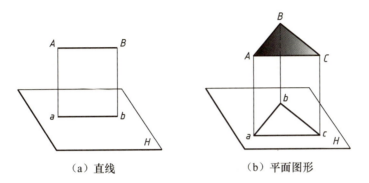

（a）直线　　　　　　（b）平面图形

图 2.5　直线及平面图形平行于投影面时的投影

2. 积聚性

当直线及平面图形垂直于投影面时，直线的投影积聚成点，平面图形的投影积聚成直线，如图 2.6 所示。

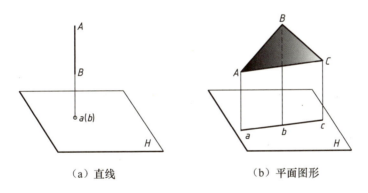

（a）直线　　　　　　（b）平面图形

图 2.6　直线及平面图形垂直于投影面时的投影

3. 类似性

当直线及平面图形倾斜（既不平行又不垂直）于投影面时，直线的投影仍然是直线，平面图形的投影仍然是平面图形；但直线及平面图形的投影小于实长或实形，如图 2.7 所示。

此外，正投影具有平行性（空间相互平行线段的投影仍然相互平行）、定比性（空间平行线段的长度比在投影中保持不变）、从属性（几何元素的从属关系在投影中不会发生改变，如属于直线的点的投影必属于直线的投影，属于平面的点和线的投影必属于平面的投影）。

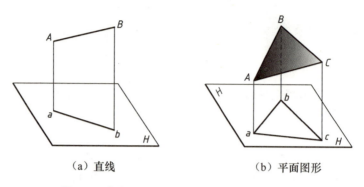

(a) 直线　　　　　　　　　(b) 平面图形

图 2.7　直线及平面图形倾斜于投影面时的投影

2.1.4　工程上常用的投影图

1. 多面正投影图

在实际绘图工作中，常将几何形体放置在相互垂直的两个或两个以上投影面间，向这些投影面作投影，形成多面正投影图，如图 2.8 所示。在相互垂直的两个或两个以上投影面上得到物体的正投影后，将这些投影面旋转展开到同一图面上，使该物体的各正投影图有规则地配置并相互形成对应关系，这样的图形称为多面正投影图。根据多面正投影图能确定几何形体的空间位置和物体形状。多面正投影图有良好的度量性，作图简便；但直观性差。

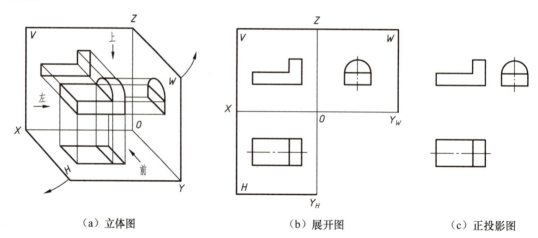

(a) 立体图　　　　　　(b) 展开图　　　　　　(c) 正投影图

图 2.8　多面正投影图

2. 轴测图

轴测图是用平行投影法将物体及其参考直角坐标系沿不平行于任一坐标面的方向投射在单一投影面上所得的具有立体感的图形，习惯上称为立体图，如图 2.9 所示。这种图形有一定的立体感，容易读懂，它能反映长、宽、高，但作图较麻烦。由于轴测图是在单一投影面上绘制的立体图，有时不易准确地表达物体各部分的尺寸，因此在工程上只作辅助图样。

3. 透视图

透视图是根据中心投影法绘制的，如图 2.10 所示。因为这种图与眼睛看见的图形一样，所以看起来很自然，尤其是表示庞大的物体时更具优势。但是，由于透视图不能很明显地把真实形状和度量关系表示出来，而且作图很复杂，因此其只在建筑工程上作辅助图样。

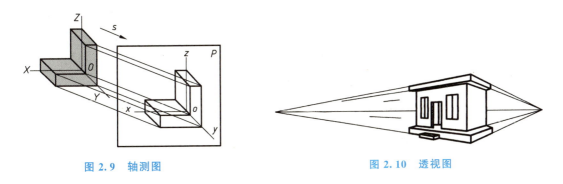

图 2.9　轴测图　　　　　　　　　图 2.10　透视图

4. 标高投影图

标高投影图是利用平行正投影法将物体投影在水平面上得到的，如图 2.11 所示。为了解决高度的度量问题，在投影图上画一系列相等高度的线，称为等高线。在等高线上标出高度尺寸的过程称为标高。标高投影图用于在地形图或土建工程图中表示地形或土木结构。

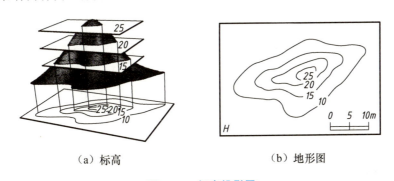

（a）标高　　　　　　　　　（b）地形图

图 2.11　标高投影图

2.2　三视图的形成及其投影规律

2.2.1　三投影面体系的组成

三维空间可以分为八个象限（分角），各象限的位置如图 2.12（a）所示。根据 GB/T 14692—2008《技术制图　投影法》，我国采用第一角投影（第一角画法）绘制图样，必要时（如按合同规定等）允许采用第三角投影（第三角画法）。

在第一角投影中，由正平面 V、水平面 H 和侧平面 W 相互垂直相交的投影面构成的投影面体系称为三投影面体系，如图 2.12（b）所示，三投影面两两相交产生的交线为

OX、OY、OZ，称为投影轴，简称 X 轴、Y 轴、Z 轴。

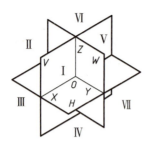
（a）三维空间的八个象限

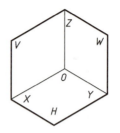
（b）第一角三投影面体系

图 2.12　三投影面体系

2.2.2　点、线、面的三面投影特性

点、线、面的三面投影特性

1. 点的三面投影特性

在三投影面体系中，空间点及其投影的标记规定如下：空间点用大写字母 A、B、C…表示，水平投影用相应小写字母 a、b、c…表示，正面投影用相应小写字母右上角加一撇 a'、b'、c'…表示，侧面投影用相应小写字母右上角加两撇 a''、b''、c''…表示。

图 2.13 所示为三投影面体系点的投影图系，由空间点 A 分别作垂直于 V 面、H 面、W 面的投射线，空间点 A 的正面投影标记为 a'，水平投影标记为 a，侧面投影标记为 a''。

V 面保持不动，将 H 面和 W 面沿 OY 轴分开，将 H 面向下旋转 90°、W 面向右旋转 90°，使 H 面和 W 面旋转成与 V 面位于一个平面，如图 2.13（b）所示。去掉投影面的边框和点 a_X、a_Y、a_Z，就可得到点在三投影面体系中的投影图，如图 2.13（c）所示。展开后，点 $A(x_A, y_A, z_A)$ 的投影与坐标的关系如下。

x 坐标：$x_A(oa_X) = a_Za' = aa_{YH} =$ 点与 W 面的距离 $a''A$；

y 坐标：$y_A(oa_{YH} = oa_{YW}) = a_xa = a_za'' =$ 点与 V 面的距离 $a'A$；

z 坐标：$z_A(oa_Z) = a_Xa' = a_{YW}a'' =$ 点与 H 面的距离 aA。

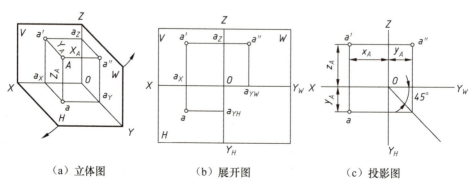

（a）立体图　　　　　　　　（b）展开图　　　　　　　　（c）投影图

图 2.13　三投影面体系点的投影图系

2. 线的三面投影特性

直线与投影面的相对位置分为三类：投影面平行线、投影面垂直线、一般位置直线。其中，前两类统称特殊位置直线。直线和投影面的夹角称为直线对投影面的倾角，通常用 α、β、γ 分别表示直线对 H 面、V 面、W 面的倾角。

（1）投影面平行线。

① 投影面平行线：只平行于一个投影面的直线。投影面平行线分为三种：正平线——只平行于 V 面的直线，水平线——只平行于 H 面的直线，侧平线——只平行于 W 面的直线。

② 三种投影面平行线的投影特性见表 2-1。

表 2-1 三种投影面平行线的投影特性

名称	正平线	水平线	侧平线
立体图	正平线AB	水平线BC	侧平线AC
投影图			
投影特性	(1) 正面投影反映实长，与 OX 轴、OZ 轴的夹角分别是对 H 面、W 面的真实倾角 α、γ。(2) 水平面投影 ab∥OX 轴，侧面投影 a″b″∥OZ 轴且小于实长	(1) 水平面投影反映实长，与 OX 轴、OY_H 轴的夹角分别是对 V 面、W 面的真实倾角 β、γ。(2) 正面投影 c′b′∥OX 轴，侧面投影 c″b″∥OY_W 轴且小于实长	(1) 侧面投影反映实长，与 OZ 轴、OY_W 轴的夹角分别是对 V 面、H 面的真实倾角 β、α。(2) 正面投影 a′c′∥OZ 轴，水平面投影 ac∥OY_H 轴且小于实长

（2）投影面垂直线。

① 投影面垂直线：垂直于一个投影面的直线。投影面垂直线分为三种：正垂线——垂直于 V 面，铅垂线——垂直于 H 面，侧垂线——垂直于 W 面。

② 三种投影面垂直线的投影特性见表 2-2。

表 2-2　三种投影面垂直线的投影特性

名称	正垂线	铅垂线	侧垂线
立体图	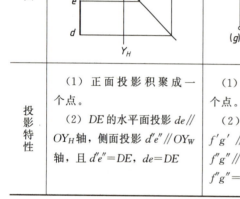 正垂线 DE	铅垂线 FG	侧垂线 EF
投影图			
投影特性	(1) 正面投影积聚成一个点。 (2) DE 的水平面投影 de // OY_H 轴，侧面投影 $d'e''$ // OY_W 轴，且 $d'e''=DE$，$de=DE$	(1) 水平面投影积聚成一个点。 (2) FG 的正平面投影 $f'g'$ // OZ 轴，侧面投影 $f''g''$ // OZ 轴，且 $f'g'=FG$，$f''g''=FG$	(1) 侧面投影积聚成一个点。 (2) EF 的正面投影 $e'f'$ // OX 轴，水平面投影 ef // OX 轴，且 $e'f'=EF$，$ef=EF$

（3）一般位置直线（投影面倾斜线）。

一般位置直线是与三个投影面都倾斜的直线，如图 2.14 所示。其三面投影的长度均减小，AB 的各面投影与投影轴的夹角不反映 AB 与投影面的真实倾角。

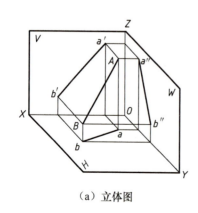

（a）立体图　　　　　　　　　　（b）投影图

图 2.14　一般位置直线

一般位置直线的投影特性如下。
(1) 三个投影都倾斜于投影轴。
(2) 三面投影的长度都小于直线实长。
(3) 投影与投影轴的夹角不反映直线对投影面的倾角。

3. 面的三面投影特性

在三面投影体系中，平面与投影面的相对位置可分为三类：投影面平行面、投影面垂直面、一般位置平面（投影面倾斜面）。其中，前两类统称特殊位置平面。

(1) 投影面垂直面。

① 投影面垂直面：只垂直于一个投影面的平面。投影面垂直面分为三种：正垂面——只垂直于 V 面，铅垂面——只垂直于 H 面，侧垂面——只垂直于 W 面。

② 三种投影面垂直面的投影特性见表 2-3。

表 2-3 三种投影面垂直面的投影特性

名称	正垂面	铅垂面	侧垂面
立体图	正垂面ABCD	铅垂面EFGH	侧垂面IJKM
投影图			
投影特性	(1) 在正面投影积聚成直线，该直线与 OX 轴的夹角反映 α，与 OZ 轴的夹角反映 γ。 (2) 在水平面和侧面的投影具有类似性，且面积减小	(1) 在水平面投影积聚成直线，该直线与 OX 轴的夹角反映 β，与 OY_H 轴的夹角反映 γ。 (2) 在正面和侧面的投影具有类似性，且面积减小	(1) 在侧面投影积聚成直线，该直线与 OY_W 轴的夹角反映 α，与 OZ 轴的夹角反映 β。 (2) 在正面和水平面的投影具有类似性，且面积减小

(2) 投影面平行面。

① 投影面平行面：平行于一个投影面的平面。投影面平行面分为三种：正平面——平行于 V 面，水平面——平行于 H 面，侧平面——平行于 W 面。

② 三种投影面平行面的投影特性见表 2-4。

表 2-4　三种投影面平行面的投影特性

名称	正平面	水平面	侧平面
立体图	正平面 ABCD	水平面 EFGH	侧平面 IJKM
投影图			
投影特性	(1) 在正面的投影反映实形。 (2) 在 H 面的投影积聚成一条直线，平行于 OX 轴；在 W 面的投影积聚成一条直线，平行于 OZ 轴	(1) 在水平面的投影反映实形。 (2) 在 V 面的投影积聚成一条直线，平行于 OX 轴；在 W 面的投影积聚成一条直线，平行于 OY_W 轴	(1) 在侧面的投影反映实形。 (2) 在 V 面的投影积聚成一条直线，平行于 OZ 轴；在 H 面的投影积聚成一条直线，平行于 OY_H 轴

(3) 一般位置平面。

如图 2.15 所示，三棱锥的棱面△SAB 是一般位置平面。由于△ABC 与三个投影面都倾斜，因此△SAB 在 V 面、H 面、W 面的投影都具有类似性，且面积减小。由于一般位置平面具有这样的投影特性，因此其投影度量性差。在实际投影制图中，**应尽量避免物体的表面处于一般位置平面**。

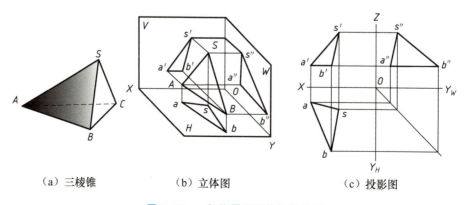

(a) 三棱锥　　(b) 立体图　　(c) 投影图

图 2.15　一般位置平面的投影特性

2.2.3 体的三面投影及三视图的投影规律

1. 体的三面投影

如图 2.16（a）所示，将物体置于三投影面体系，用正投影法分别向三个投影面投影，得到物体的三面投影，它们是物体的多面正投影图。正面投影是光线垂直于正面由前向后照射物体得到的投影，即在 V 面上得到的投影；侧面投影是光线垂直于侧面由左向右照射物体得到的投影，即在 W 面上得到的投影；水平投影是光线垂直于水平面由上向下照射物体得到的投影，即在 H 面上得到的投影。

用正投影法绘制的物体投影图称为视图。由前向后投射所得的视图称为主视图，即物体的正面投影，通常反映物体的主要形状特征，可以尽可能多地表达物体的信息；由左向右投射所得的视图称为左视图，即物体的侧面投影；由上向下投射所得的视图称为俯视图，即物体的水平投影。

2. 三视图的投影规律

如图 2.16 所示，主视图和俯视图共同反映物体的长，主视图和左视图共同反映物体的高，俯视图和左视图共同反映物体的宽。三视图的投影规律如下：主视图和俯视图的长相等且对正，简称长对正；主视图和左视图的高相等且平齐，简称高平齐；俯视图和左视图的宽相等且对应，简称宽相等。这就是通常所说的"三等关系"——长对正、高平齐、宽相等。它不仅适用于物体整体的投影，还适用于物体局部的投影。

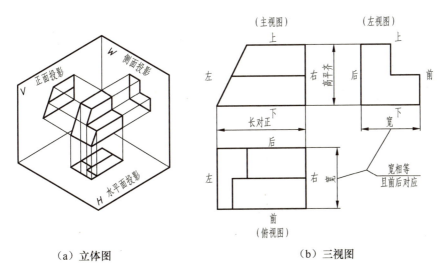

（a）立体图　　　　　（b）三视图

图 2.16　三视图的投影规律

2.3 立体的投影

2.3.1 基本体概述

立体的投影

最基本的单一几何形体称为基本体。任何复杂的立体都可以看作由基本体或形状简单的立体经过叠加或切割组成的。基本体可分为平面立体和曲面立体两大类。

（1）平面立体：由若干平面所围成的几何体。常见的平面立体有棱柱体、棱锥体等。

（2）曲面立体：由曲面或曲面与平面所围成的几何体。常见的曲面立体有圆柱体、圆锥体、球体和圆环体等。

平面立体上两平面之间的交线称为立体的棱线，各棱线的交点称为顶点。平面立体的表示方法是画出平面立体棱线或各顶点的投影图。

曲面立体主要研究回转体。由一条母线（直线或曲线）绕一根固定的轴线旋转而成的曲面称为回转面。回转体是由回转面或回转面与平面所围成的曲面立体，如圆柱体、圆锥体、球体等。回转体的主要表示方法是画出其上各转向轮廓线的投影。

2.3.2 平面立体的投影

由于平面立体的各表面都是平面图形，因此表示平面立体的关键在于画出围成几何体各表面线框的投影或其顶点的投影。

绘制平面立体的投影图时，应注意分析平面立体上各平面和棱线相对投影面的位置，明确它们的投影特性，使绘图过程清晰、简洁，不易出错。由于平面立体的各条棱线都是直线，因此只要画出平面立体各顶点的投影并判别可见性，依次连接即可得到棱线的投影；可见的投影用粗实线表示，不可见的投影用虚线表示，即可得到平面立体的投影。

1. 棱柱

（1）棱柱的形体分析。

棱柱有两个平行的多边形底面，所有侧面均垂直于底面。一般用底面多边形的边数来区分和命名不同的棱柱。如果底面为六边形，则为六棱柱；如果底面为正六边形，则为正六棱柱。

（2）棱柱的投影特性。

以正六棱柱为例，将其置于三投影面体系（注意不同的放置方式会得到不同的投影图），使正六棱柱的上、下两个面平行于 H 面，前、后两个棱面平行于 V 面，如图 2.17（a）所示。得到的正六棱柱的投影图如图 2.17（b）所示。

观察并对比该正六棱柱的空间位置和三面投影，可知其投影特性如下。

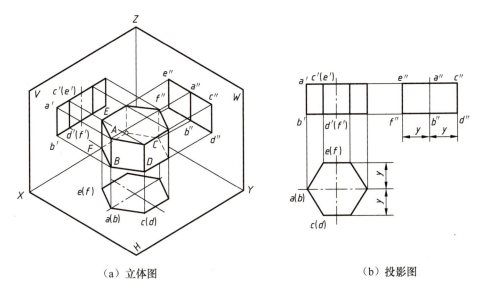

（a）立体图　　　　　　　　（b）投影图

图 2.17　正六棱柱的投影图

① 水平投影。正六棱柱上、下两个底面是水平面，其水平投影反映实形（正六边形），两个底面的投影重合。由于正六棱柱的六个棱面都垂直于 H 面，因此正六边形的六条边又可以表示六个棱面的投影。注意前后两个棱面是正平面，其他四个棱面是铅垂面。

② 正面投影。正六棱柱上、下两个底面的正面投影积聚为上、下两条直线。例如，最左边线段 $a'b'$ 是棱线 AB 的正面投影，最右边有一条棱线与其对应。这两条棱线的侧面投影重合，AB 为可见。$c'd'$ 是棱线 CD 的正面投影，其后面也有一条棱线 EF 与其对应，正面投影相互重合，CD 为可见。

③ 侧面投影。正六棱柱上、下两个底面的侧面投影同样积聚为上、下两条直线。在侧面投影上，最前面与最后面的两条直线（$c''d''$ 和 $e''f''$）既可以代表前后两条棱线（CD 和 EF）的投影，又可以代表前、后两个棱面的投影。

作图时，可先用点画线画出水平投影、正面投影、侧面投影的对称中心线，再画出正六棱柱的水平投影（正六边形），根据正六棱柱的高度画出顶面和底面的正面投影与侧面投影。连接顶面和底面对应顶点的正面投影及侧面投影，即可得到棱线和棱面的投影。可见，棱线用粗实线画，不可见棱线用虚线画，当它们重合时也用粗实线画。

2. 棱锥

（1）棱锥的形体分析。

棱锥有一个多边形底面，所有侧棱线都交于顶点。通常用底面多边形的边数来区分不同的棱锥，若底面为三角形，则为三棱锥；若底面为四边形，则为四棱锥。若棱锥的底面为正多边形且棱锥顶点在底面上的投影与底面的形心重合，则为正棱锥。若用一个平行于底面的平面切割棱锥，则棱锥位于切割平面与底面之间的部分称为棱台。

(2) 棱锥的投影特性。

以正三棱锥为例，将其置于三投影面体系中，使其底面与 H 面平行，棱线 AC 垂直于 W 面，如图 2.18（a）所示，正三棱锥的投影图如图 2.18（b）所示，其投影特性如下。

① 水平投影。棱面 ABC 为水平面，其水平投影 abc 反映实形。棱面 SAB 和 SBC 是一般位置平面，其水平投影为实际图形的类似形。棱线 AC 是侧垂线，该棱线的棱面 SAC 是侧垂面，水平投影 sac 为实际图形的类似形。

② 正面投影。水平面 ABC 的正面投影和侧面投影都积聚为直线。棱面 SAB 和 SBC 的正面投影是实际图形的类似形，都可见。侧垂面 SAC 的正面投影 s'a'c' 同样是实际图形的类似形，但不可见。

③ 侧面投影。由于侧面投影是从左向右投影，因此棱面 SAB 可见，棱面 SBC 不可见，侧垂面 SAC 积聚为直线。

在画正三棱锥的投影图时，可首先从反映底面 ABC 实形的水平投影画起，画出 ABC 的三面投影；然后画出顶点 S 的三面投影；最后分别连接顶点 S 与底面 ABC 各个顶点的同面投影，即可得到正三棱锥各棱面与棱线的投影。

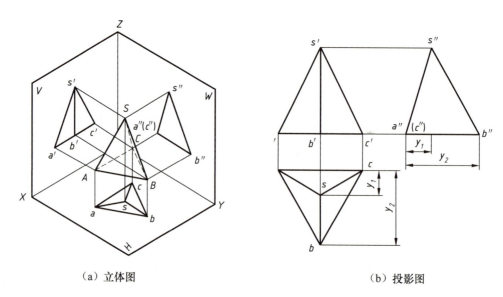

（a）立体图　　　　　　　　　　　　（b）投影图

图 2.18　正三棱锥的投影图

2.3.3　曲面立体的投影分析

曲面立体的投影可以看作曲面立体所有面的投影，常见的曲面立体有圆柱、圆锥、圆球和圆环等。因为这些立体的表面都是由母线（直线或圆）绕某一轴线旋转而成的，所以它们又称回转面。四种常见回转面的形成方式见表 2-5。

表 2–5 四种常见回转面的形成方式

类别	圆柱面	圆锥面	圆球面	圆环面
形成方式	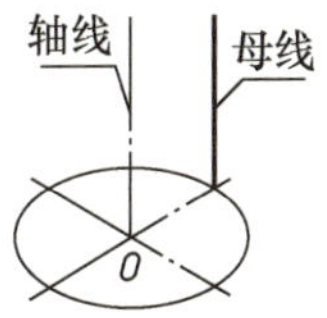 轴线、母线、O	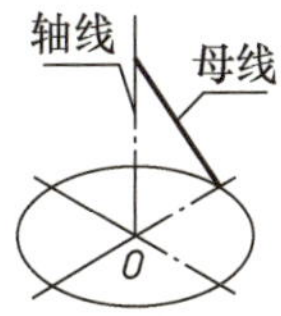 轴线、母线	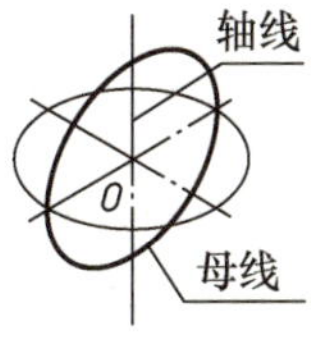 轴线、母线	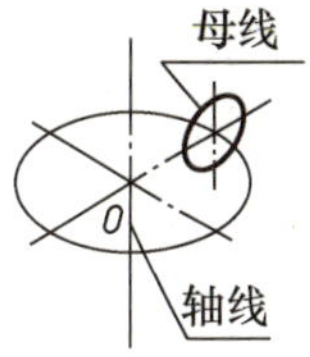 母线、轴线
直观图	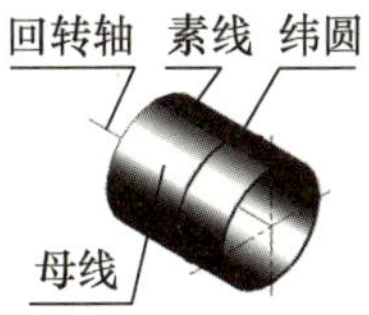 回转轴、素线、纬圆、母线	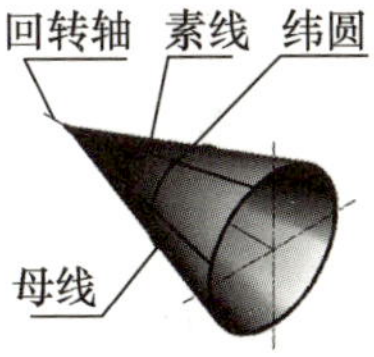 回转轴、素线、纬圆、母线	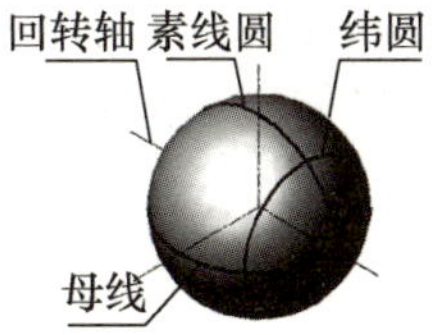 回转轴、素线圆、纬圆、母线	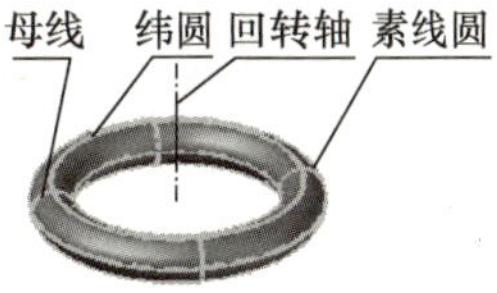 母线、纬圆、回转轴、素线圆

1. 圆柱

(1) 圆柱的形体分析。

如图 2.19 (a) 所示,圆柱由圆柱面及上、下底面围成。其中,圆柱面可以看作由一平行于轴线的直线(母线)绕其轴线旋转而成的。母线在每一时刻的位置称为素线,因此,圆柱面又可看作由无数条平行于轴线的素线围成的。

(2) 圆柱的投影特性。

图 2.19 (b) 所示为一轴线垂直于水平投影面的正圆柱的投影图。其投影特性如下。

① 水平投影。圆柱的上、下两个底面为水平面,其水平投影反映实形(圆平面)。正面投影和侧面投影积聚成直线;圆柱面垂直于 H 面,其水平投影也具有积聚性。

② 正面投影。转向轮廓线 AC、BD 的正面投影为 $a'c'$、$b'd'$,其侧面投影在相应的轴线(点画线)上,无须画出。

③ 侧面投影。转向轮廓线 EG、FL 的侧面投影为 $e''g''$、$f''l''$,其正面投影在相应的轴线(点画线)上,无须画出。

在图 2.19 中,对于正面投影来说,转向轮廓线 AC、BD 为圆柱面的虚实分界线,即前半个圆柱面可见,后半个圆柱面不可见;对于侧面投影来说,转向轮廓线 EG、FL 为圆柱面的虚实分界线,即左半个圆柱面可见,右半个圆柱面不可见;对于水平投影来说,上底面可见,下底面不可见,但圆柱面的水平投影具有积聚性,一般不判别其可见性。

2. 圆锥

(1) 圆锥的形体分析。

如图 2.20 (a) 所示,圆锥由圆锥面及底面围成。其中,圆锥面可以看作由一条与轴线相交的直线(母线)绕该轴线旋转而成的。圆锥面也可以看作由无数条素线围成的,这些素线一端与轴线汇交于一点(锥顶),另一端落在与轴线垂直的圆周上。

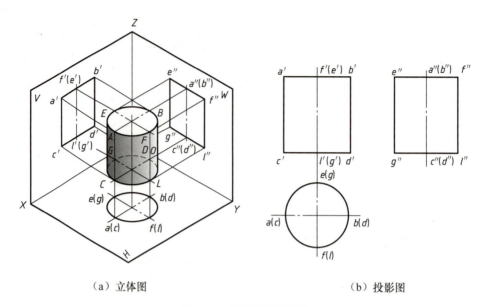

（a）立体图　　　　　　　　　　　　（b）投影图

图 2.19　圆柱的投影特性

（2）圆锥的投影特性。

图 2.20（b）所示为一轴线垂直于水平投影面的圆锥的投影图。其投影特性如下。

① 水平投影。圆锥的底面平行于 H 面，其水平投影为一个圆，它的正面投影和侧面投影为一直线（$a'b'$、$d''c''$），圆锥面的水平投影在圆内。

② 正面投影。转向轮廓线 SA、SB 的正面投影为 $s'a'$、$s'b'$，其水平投影和侧面投影的相对位置无须画出。

③ 侧面投影。转向轮廓线 SC、SD 的侧面投影为 $s''c''$、$s''d''$，其水平投影和正面投影的相对位置无须画出。

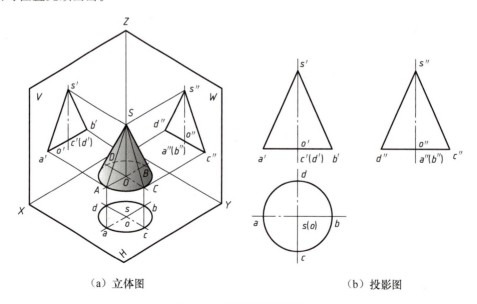

（a）立体图　　　　　　　　　　　　（b）投影图

图 2.20　圆锥的投影特性

圆锥与圆柱相似，对于正面投影来说，转向轮廓线 SA、SB 为圆锥面的虚实分界线，即前半个圆锥面可见，后半个圆锥面不可见；对于侧面投影来说，转向轮廓线 SC、SD 为圆锥面的虚实分界线，即左半个圆锥面可见，右半个圆锥面不可见；对于水平投影来说，底面不可见，而整个圆锥面都可见；对于圆锥面来说，其三个投影面都不具有积聚性。

3．球

（1）球的形体分析。

如图 2.21（a）所示，圆球由圆球面围成。圆球面可以看作一个母线圆绕其通过圆心的轴线（直径）旋转而成的。

（2）球的投影特性。

图 2.21（b）所示为一球体的投影图，其投影特性如下。

① 水平投影。球的水平投影为一圆，该圆反映平行于 H 面的最大素线圆 B 的实形。其水平投影和侧面投影与水平中心线重合，无须画出。

② 正面投影。球的正面投影为一圆，该圆反映平行于 V 面的最大素线圆 A 的实形。其水平投影与水平中心线重合，其侧面投影与直立中心线重合，无须画出。

③ 侧面投影。球的侧面投影为一圆，该圆反映平行于 W 面的最大素线圆 C 的实形。其水平投影和正面投影与直立中心线重合，无须画出。

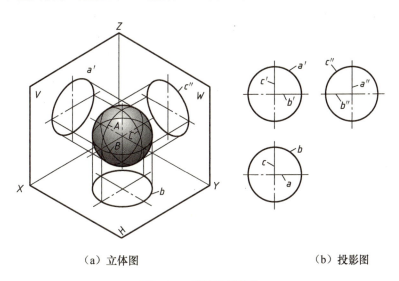

（a）立体图　　　　　　　　（b）投影图

图 2.21　球的投影特性

4．圆环

（1）圆环的形体分析。

如图 2.22（a）所示，圆环由圆环面围成。圆环面由一母线圆绕与该圆共面但不过圆心的轴线旋转而成。

（2）圆环的投影特性。

图 2.22（b）所示为一轴线垂直于水平投影面的圆环的投影图，其投影特性如下。

① 水平投影。圆环的水平投影为一对同心圆，分别反映圆环内、外直径的真实大小。

② 正面投影。圆环的正面投影为两个平行于 V 面的素线圆及内、外圆环面分界圆的投影（上、下两条直线）。因为内圆环面不可见，所以素线圆靠近轴线的一半画为虚线。

③ 侧面投影。圆环的侧面投影为两个平行于 W 面的素线圆及内、外圆环面分界圆的投影（上、下两条直线）。素线圆靠近轴线的一半画为虚线。

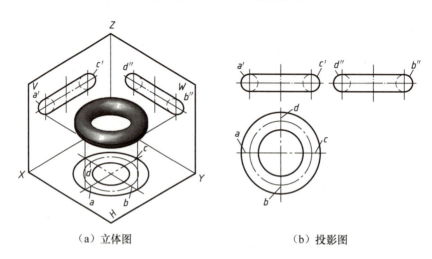

（a）立体图　　　　　　　　（b）投影图

图 2.22　圆环体的投影特性

在图 2.22 中，对于正面投影来说，外圆环面的前半部分可见，外圆环面的后半部分及内圆环面都不可见；对于侧面投影来说，外圆环面的左半部分可见，外圆环面的右半部分及内圆环面都不可见；对于水平投影来说，内、外圆环面的上半部分都可见，下半部分都不可见。

2.4　平面与立体相交

机器零件往往可看作由两个或两个以上基本体组成，或者由某个基本体经一个或多个平面切割而成，其表面上常见的交线有两种：一种是平面（截平面）与立体相交，在立体表面产生的交线，称为截交线；另一种是立体与立体相交，在立体表面产生的交线，称为相贯线。

图 2.23（a）所示为拉杆头，它是一个回转体被前后对称的两个平面截切的结果，其截交线由两条光滑的交线连接而成：一部分是截平面与圆球的交线，另一部分是截平面与圆弧回转面的交线；图 2.23（b）所示为顶尖，其头部可以看作圆锥和圆柱被平面截切的结果。

截交线有如下三个基本性质。

（1）封闭性。由于相交的立体占有一定的空间，因此截交线一般是一个封闭的平面图形，其形状与大小取决于立体的形状及截平面和立体的相对位置。

（2）共有性。截交线是立体与截平面共有点的集合。

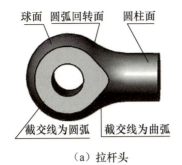
（a）拉杆头

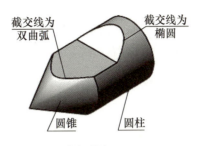
（b）顶尖

图 2.23 拉杆头和顶尖

（3）表面性。截交线既在立体表面上又在截平面上。

求作截交线的投影可归结为先求作立体表面上一系列线段（棱线、纬圆或素线）与截平面的交点，再将其按一定顺序连线。

1. 平面与平面立体相交

平面与平面立体相交的截交线是平面多边形。平面多边形的每条边都是截平面与立体各棱面的交线，而多边形的顶点是截平面与各棱线的交点。因此，求作平面立体上截交线的投影图可视为求棱线与截平面的交点或求棱面与截平面的交线。如图 2.24 所示，三棱锥被一平面截切，截断面是由三条截交线构成的封闭的平面三角形。

【例 2.1】 如图 2.25（a）所示，求作三棱锥的三面投影。

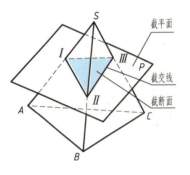

图 2.24 平面与平面立体相交

分析与作图方法：由于截平面为特殊位置平面（正垂面），因此，根据直线与平面求交点的方法，可以直接求出棱线 SA、SB、SC 与截平面的交点的正面投影 1′、2′、3′。根据投影关系，可求出相应的水平投影 1、2、3 及侧面投

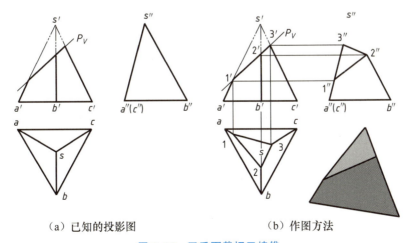

（a）已知的投影图　　　　（b）作图方法

图 2.25 正垂面截切三棱锥

影 1″、2″、3″。依次连接各点的同面投影，即可得到截交线的三面投影，其作图方法如图 2.25（b）所示。求出截交线的三面投影后，还应注意判断截交线的可见性，如果截交线所在的平面可见，则截交线可见，否则不可见。

2. 平面与曲面立体相交

平面与曲面立体相交时，截交线一般是封闭的平面曲线；在特殊情况下，截交线可能由直线和曲线组成，或完全由曲线组成。在求作截交线的过程中，首先判断曲面立体的特性，然后判断截平面与投影面的位置关系，以及截平面和被切割的曲面立体的轴线位置关系，最后根据实际情况使用相应的方法作图。

（1）平面与圆柱相交。

根据平面与圆柱轴线的相对位置，平面与圆柱相交的截交线有三种，见表 2-6。

表 2-6　平面与圆柱相交的截交线

截交线名称	圆	矩形	椭圆
平面位置	与轴线垂直	与轴线平行	与轴线倾斜
立体图	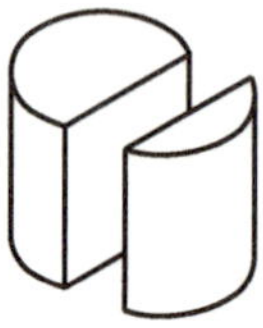	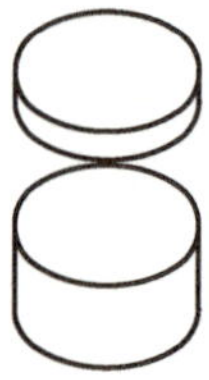	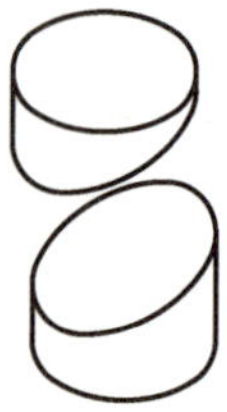
投影图	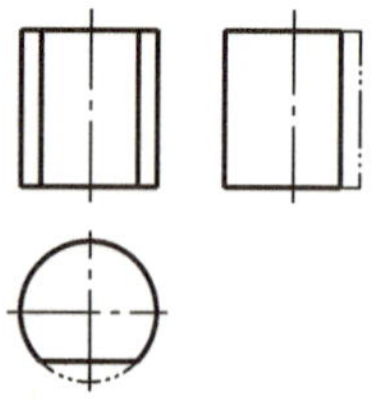	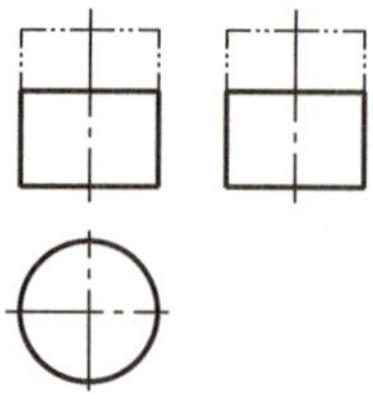	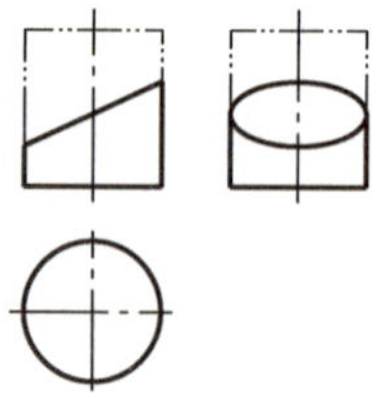

求作圆柱的截交线投影的步骤如下。

① 求特殊点。特殊点包括两类：a. 相交曲线上的特征点，如椭圆长轴、短轴上的端点，抛物线和双曲线上的顶点和两个对称的最低点，等等；b. 相交曲线上的最高点、最低点、最左点、最右点、最前点和最后点，以及回转体转向轮廓线（特殊素线）上的点，这些点往往围成截交线的大致范围。上述特殊点并不是截然分开的，有时一个特殊点同时兼具多种性质。

② 求中间点。求出特殊点后，往往还不能确定截交线的形状，应根据需要在特殊点之间插入一些中间点，以便完成曲线的光滑连接。

③ 判别可见性，光滑连接。

【例 2.2】 如图 2.26（a）所示，圆柱被正垂面截切，求其截交线的三面投影。

分析与作图方法：由于截平面与圆柱的轴线斜交，因此截交线为椭圆。截交线的正面投影积聚为直线，其水平投影则与圆柱面的投影积聚，因此只需求其侧面投影。其侧面投影可根据投影规律和圆柱面上取点的方法求出。作图步骤如下。

① 作出完整圆柱的侧面投影。

② 作特殊点的投影，正面投影上的点 1′、5′、3′、7′ 分别为椭圆长轴、短轴上的端点及上、下、前、后的极限位置点，也是圆柱轮廓线上的点。根据投影关系，可直接作出其侧面投影 1″、5″、3″、7″ 及水平投影 1、5、3、7。

③ 作一般点的投影。在截交线投影为已知的正面投影上定出一般点的位置，如点 4′(6′) 和点 2′(8′)，其水平投影分别为 4、6 和 2、8，且其应在圆柱面积聚性投影圆周上，再根据投影关系求出侧面投影 4″、6″ 和 2″、8″，一般根据作图准确程度要求确定取点数。

④ 连线。在侧面投影上依次光滑连接各点，由于截交线的侧面投影可见，因此采用粗实线连接，得到截交线的三面投影。

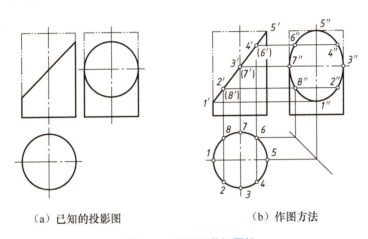

（a）已知的投影图　　　（b）作图方法

图 2.26　正垂面截切圆柱

（2）平面与圆锥相交。

根据平面与圆锥轴线的相对位置，平面与圆锥相交的截交线有五种，见表 2-7。

表 2-7　平面与圆锥相交的截交线

截交线	圆	椭圆	抛物线加直线段	双曲线加直线段	等腰三角形
平面位置	垂直于轴线	倾斜于轴线 φ>α	倾斜于轴线 φ=α	倾斜于轴线 φ<α	通过锥顶
轴测图					

续表

截交线	圆	椭圆	抛物线加直线段	双曲线加直线段	等腰三角形
投影图					

【**例 2.3**】 如图 2.27（a）所示，圆锥被正垂面截切，求作截切后圆锥的水平投影和侧面投影。

分析与作图方法：由于正垂面与圆锥的所有素线都相交，因此截交线为椭圆。对于椭圆，其特征点应该是其长轴、短轴的四个端点。由图 2.27 可明显看出，点 1、2 是长轴上的两个点，也是最高点和最低点，其正面投影为 1′和 2′。椭圆的长轴、短轴之间垂直平分，因此短轴上的两点 3、4 的正面投影 3′和 4′在 1′、2′两点连线的中点处，3、4 两点同时是最前点和最后点。5、6 两点为 W 面转向轮廓线上的点，其正面投影为 5′、6′，为一般位置点。作图步骤如下。

① 求特殊点。特殊点包括 1、2、3、4、5、6。已知这些点的正面投影，对于转向轮廓线上的点，可直接利用投影关系作图。对于其他非转向轮廓线上的点，可利用辅助圆法作图。

② 求中间点。对于 7、8 两点，可利用辅助圆法作图。

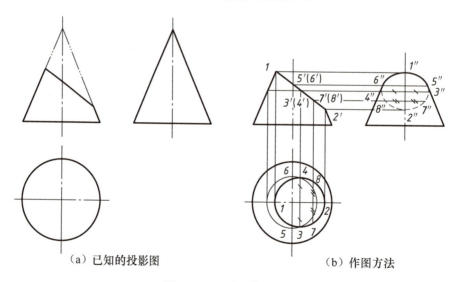

（a）已知的投影图　　　　（b）作图方法

图 2.27　正垂面截切圆锥

③ 判别可见性，光滑连接。对水平投影来讲，圆锥面上的点都可见。对侧面投影来讲，左半个圆锥面可见，右半个圆锥面不可见。因此1、5、6三个点的侧面投影可见，其他点的侧面投影不可见。

④ 整理轮廓线。对于侧面投影来说，从5、6两点往上，圆锥的最前轮廓线和最后轮廓线被截切。

（3）平面与球相交。

平面与球相交，无论平面与球的相对位置如何，其截交线都是圆。但由于截平面对投影面的位置不同，因此得到的截交线（圆）的投影不同。

2.5 立体与立体相交

立体与立体相交时，其表面产生的交线称为相贯线。两立体的组合情况有三类：两平面立体相交［图2.28（a）］、平面立体与曲面立体相交［图2.28（b）］和两曲面立体相交［图2.28（c）］。

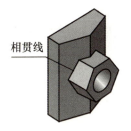
（a）两平面立体相交

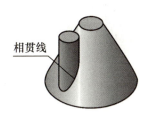
（b）平面立体与曲面立体相交　　（c）两曲面立体相交

图 2.28　两立体的组合情况

由于立体的形状、大小及相对位置不同，因此相贯线的形状不同。但任何形状的相贯线都具有以下三个基本性质。

（1）封闭性。相贯线一般是封闭的空间曲线。

（2）分界性。相贯线是两相交立体表面的分界线。

（3）表面性。相贯线既在立体Ⅰ的表面上，又在立体Ⅱ的表面上。

由图2.28（a）可知，平面立体与平面立体相交的问题最终可归结为平面与平面相交求交线的问题。由图2.28（b）可知，平面立体与曲面立体相交可视为平面立体的各棱面（平面）与曲面立体相交，其相贯线是由若干段平面曲线首尾相接而成的封闭的空间折线，而每段平面曲线都是平面立体上的相关棱面与曲面立体相交所得的截交线，每两条平面曲线（截交线）的交点称为相贯线的结合点，它也是平面立体上相关棱线与曲面立体的交点，故求平面立体与曲面立体相贯线的问题可归结为求每段截交线及各段截交线交点的问题。基于此，本节重点介绍两曲面立体相交的交线问题。

两曲面立体相交，一般情况下相贯线为封闭的空间曲线，特殊情况下会出现平面曲线或直线。由于相贯线上的点为相交两立体表面所共有，因此求作相贯线可归结为求两立体表面一系列共有点的问题。求作相贯线的投影，首先从特殊点出发，所有的特殊点都要找出来；然后求出中间点，并判别可见性；最后光滑连接各点。

求作相贯线的投影一般利用积聚性表面取点法或辅助平面法。积聚性表面取点法实际上是使用前述在基本体表面取点的方法，在两立体共有点的几何条件下，求作相贯线的投影。

辅助平面法的基本原理是三面共点原理，即三面相交必共点。作一个辅助平面与两立体都相交，设辅助平面与立体Ⅰ相交的截交线为 L，辅助平面与立体Ⅱ相交的截交线为 S，那么 L 与 S 的交点既在立体Ⅰ上又在立体Ⅱ上，因此该交点一定是两立体相贯线上的点。如图 2.29（a）所示，圆柱与圆锥相交，用水平面 P 同时截切圆柱和圆锥，它与圆锥面的截交线是水平圆，与圆柱面的截交线是平行于圆柱轴线的两条直线。显然，两截交线的交点 A、B 即为圆锥面与圆柱面的一对共有点，也就是相贯线上的两点。又如图 2.29（b）所示，两圆柱相交，用一平行于两圆柱轴线的辅助平面 P 截切两圆柱，两组截交线（直素线）的交点 C、D 必为相贯线上的两点。

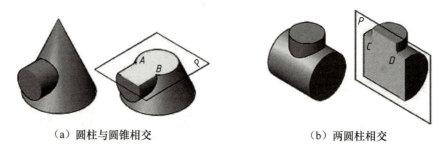

（a）圆柱与圆锥相交　　　　（b）两圆柱相交

图 2.29　辅助平面法求相贯线

使用辅助平面法求相贯线时，一个重要的原则是所取的辅助平面一定是特殊位置平面，而且截切两立体所产生截交线的投影形式最简单，即直线或圆。

【例 2.4】　如图 2.30（a）所示，求作两圆柱的相贯线。

分析与作图方法：两圆柱相交，相贯线为前后、左右均对称的空间曲线。因为其水平投影重影于直立圆柱的水平投影，侧面投影重影于水平圆柱的侧面投影，所以只需求作相贯线的正面投影即可。也就是说，该问题的求解属于已知相贯线的两个投影求作第三个投影的问题。

① 求特殊点。由于两曲面立体相交的相贯线在一般情况下是一条封闭的空间曲线，因此只能根据两相交立体特殊素线（圆）上的点来分析相贯线上的最高点、最低点、最前点、最后点、最左点、最右点。在本例中，两圆柱的 V 面轮廓线的交点 1、1′、1″和 2、2′、2″为相贯线的最左点和最右点，同时是最高点。从侧面投影中可以直接得到最低点 3、3′、3″）和 4、4′、4″，同时是相贯线的最前点和最后点。

② 用辅助平面法求作中间点。由于两圆柱轴线垂直相交且平行于 V 面，因此选择正面作为辅助平面（也可选择水平面或侧面作为辅助平面，其与两圆柱截交线的投影均为直线或圆）。作辅助面 P，其投影为 P_H 和 P_W，求得点 5、5′、5″和 6、6′、6″。

③ 判别可见性，光滑连接。由于相贯线正面投影的可见部分与不可见部分重合，因此用粗实线画，结果如图 2.30（b）所示。

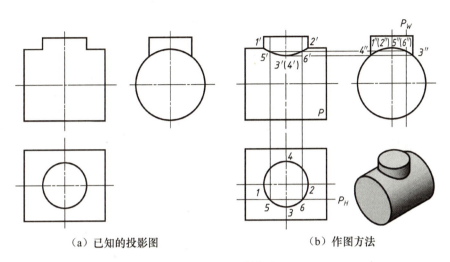

（a）已知的投影图　　　　　　　　（b）作图方法

图 2.30　两圆柱相交

两立体相交可能是外表面，也可能是内表面。图 2.31（a）所示为圆柱通孔，其相贯线仍可看作直立圆柱与水平圆柱的交线，其形状与求法相同，所不同的是用虚线画出直立圆柱孔的轮廓线。图 2.31（b）所示为圆筒通孔，在一水平空心圆柱上钻一个垂直圆柱孔，其中钻孔与外圆柱面的相贯线和钻孔与内圆柱表面的相贯线的性质、形状和求法，实际上与图 2.30（b）中两圆柱外表面相交的情况是完全相同的。

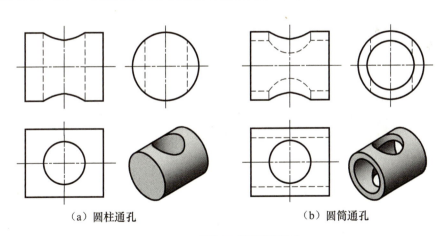

（a）圆柱通孔　　　　　　　　　　（b）圆筒通孔

图 2.31　圆柱通孔与圆筒通孔

素养提升

实施产业基础再造工程是党中央立足国内外形势作出的重大决策部署、推进制造强国建设的必由之路,也是加快制造业高质量发展的重要任务。在提升工程技术基础能力上,首先要提升的是制造业核心竞争力,而制造业核心竞争力体现在人才竞争。在实现制造业加快向中高端迈进的目标过程中,人才的培养是根本,人才的工程技术水平体现在基础理论的掌握和应用,以及与时俱进的提升认知体系,这是产业基础绕不过去的坎。正投影法基础是工程技术人员必备的技术基本理论,在此基础上扎实推进工程技术任务要求,在客观实践中以夯实工程产业基础能力为根本,加快基础领域关键核心技术创新突破,全面提升基础产品质量和竞争力,营造全社会"重基础、打基础"的良好生态,坚持不懈地推动产业基础高级化,为更高端的技术产业发展铺平道路。

习　题

1. 我国绘制图样时应用第几角画法?
2. 如何在投影时判断立体的可见性?积聚性是指什么?
3. 点的投影规律是什么?
4. 直线分几类?各自的投影特性是什么?
5. 平面分几类?各自的投影特性是什么?
6. 体分几类?各自的投影特性是什么?
7. 什么是截交线?截交线分几类?截交线的性质是什么?
8. 如何求平面立体和曲面立体的截交线?
9. 什么是相贯线?相贯线分几类?相贯线的性质是什么?
10. 平面与圆锥相交分几种情况?求其截交线的方法有几种?

平面投影
习题讲解

水平投影
习题讲解

立体的投影
习题讲解

第 3 章 组 合 体

组合体是相对于基本体而言的，它是由基本体通过一定形式叠加或切割而成的几何形体。任何复杂的机器零件，从其几何形状来看都是由基本体通过一定方式组成的。本章将在第 2 章的基础上学习绘制和阅读组合体三视图，并对组合体进行尺寸标注和空间结构构型，培养学生的设备构型设计能力。

通过学习本章内容，要求学生熟练掌握组合体的形体分析法、组合体视图的画法、组合体的尺寸标注、读组合体视图。

组合体

3.1 组合体的构成形式及其分析方法

3.1.1 组合体的构成形式

组合体的构成形式分为叠加、切割和综合三种，其中常见的是综合形式。

（1）叠加：构成组合体的各基本形体有机地堆积、叠加，如图 3.1 所示。

（a）叠加体　　　　　　　　　　　　（b）逐次叠加的形体

图 3.1 叠加形成的组合体

（2）切割：从较大的基本形体上割掉或切去较小的基本形体，如图 3.2 所示。

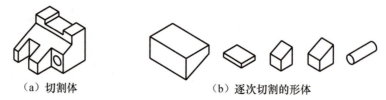

（a）切割体　　　　　　　（b）逐次切割的形体

图 3.2　切割形成的组合体

（3）综合：既有叠加又有切割，如图 3.3 所示。

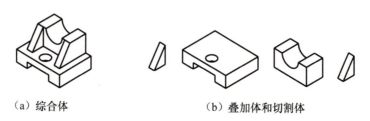

（a）综合体　　　　　　　（b）叠加体和切割体

图 3.3　综合形成的组合体

3.1.2　组合体各构成形体相关表面之间的过渡关系

无论哪种组合体，其形体相邻表面间的相对位置关系都可归纳为以下三种过渡关系。
（1）共面。
当两个形体连接处的表面处于共面状态时，连接处（两个形体共有部分）已不再是轮廓，在平行其投影面上的投影不应有线隔开，即共面无线，如图 3.4（a）所示。若两个形体连接部分不共面则存在轮廓，若投影可见则画粗实线，若投影不可见则画虚线，如图 3.4（b）所示。

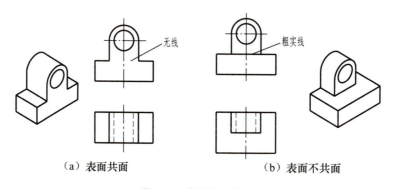

（a）表面共面　　　　　　　（b）表面不共面

图 3.4　表面是否共面

（2）相切。
如图 3.5 所示，当两个形体表面相切时，两个表面在相切处光滑过渡，不存在分界线（轮廓线），所以相切处不画轮廓线，相关表面的轮廓线应画到切点为止，切点位置由投影关系确定。

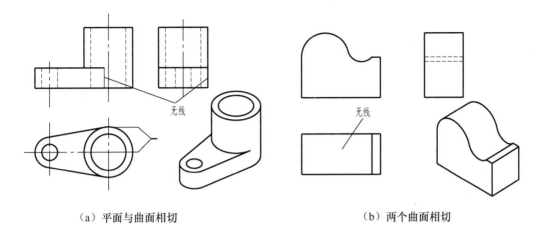

（a）平面与曲面相切　　　　　　　　（b）两个曲面相切

图 3.5　表面相切

（3）相交。

如图 3.6 所示，表面相交是指两个形体的表面存在分界线，分界线是指两个形体表面相交所形成的截交线或相贯线。绘制图样时，应画出截交线或相贯线。

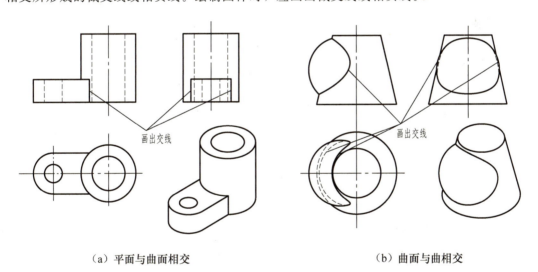

（a）平面与曲面相交　　　　　　　　（b）曲面与曲相交

图 3.6　表面相交

3.1.3　组合体的形体分析法

1. 形体分析法的概念

把物体或机件通过假想分解成若干个基本形体，然后分析拆分出来的每个形体的形状特征、位置特征、组合方式及相关表面之间的过渡关系，从而对整体有所把握，以便顺利绘制和阅读组合体的视图，这种思考和分析的方法称为形体分析法。形体分析法的实质是化整为零，把复杂问题简单化。

常见的基本形体可以是完整的基本体,也可以是不完整的几何体或基本体的简单组合。不必过于拘泥于形体必须是基本体(如圆柱、圆锥、球、棱柱、棱锥等)。对于由常见的基本体简单组成的简单体,不必继续拆分成基本体,例如不必再拆分图 3.7 中的常见形体。

图 3.7 常见形体

2. 形体分析法的一般步骤

(1) 将组合体分解为若干个基本形体。
(2) 分析拆分出来的每个形体的形状特点。
(3) 分析各基本形体的相对位置关系。
(4) 分析各基本形体的组合方式。
(5) 分析相邻基本形体表面之间的过渡关系。

3.2 组合体视图的画法

画组合体的视图时,首先运用形体分析法将组合体合理地分解为若干个基本形体,并按照各基本形体的形状、组合形式、形体间的相对位置和表面之间的过渡关系,逐步作图。"逐步"是指逐次绘制各基本形体,一般遵循以下三个步骤:①一个一个地画,即一个一个地绘制构成组合体的基本形体;②三视图对照着画,即绘制每个基本形体时,都遵循三等规律;③从特征视图着手画,即绘制每个基本形体时,都从三个视图中最能体现该形体的形状特征的视图开始画。下面结合实例来介绍组合体视图的画法。

3.2.1 叠加组合体视图的画法

如图 3.8 所示,以轴承座为例,介绍叠加组合体视图的画法。

(a) 轴承座　　　(b) 底板　　　(c) 肋板　　(d) 支承板　　(e) 套筒　　(f) 凸台

图 3.8 轴承座

1. 形体分析

在图 3.8 中，轴承座可以分为五个部分：底板、肋板、支承板、套筒、凸台。它的组合形式在宏观上属于综合类。底板可以看作由长方体经过圆角、钻孔形成的切割体，套筒和凸台可以看作由圆柱体经过钻孔形成的切割体。轴承座的五个组成部分之间经过堆叠、相贯、相交形成叠加类组合体。其中，底板和支承板的后表面共面叠加；支承板与套筒左右相切；肋板与底板和套筒相交；套筒与凸台相贯，具有内、外两条相贯线。

2. 视图选择

（1）选择主视图。选择主视图时要考虑两个问题：一是组合体的安放位置，它是指把组合体安放在稳定状态下，较大的底面在下，较小的部分在上；二是组合体主视图的投射方向，其选择原则是主视图尽可能多地反映构成组合体的各基本形体的形状特征，即把能较多地反映组合体各基本形体形状和位置特征的某一方向作为主视图的投射方向。在图 3.8 (a) 中，轴承座 A 向作为主视图的投射方向最好，主视图可明显地反映底板、圆筒、竖板、肋板的相对位置关系和形状特征。

（2）选择其他视图。由于一个主视图不可能将构成形体的各基本形体的形状和位置全部清晰地反映出来，因此需要其他视图辅助主视图以完整地反映形体的各组成部分的结构形状及其之间的相对位置关系。对于轴承座，还需要画出俯视图和左视图。

3. 定比例、选图幅

确定视图后，要根据实物大小，按相关国家标准规定，以视图清晰为前提选择适当的比例和图幅。

4. 布置视图、画底稿

布置视图时，首先计算各视图的总体尺寸，并预留出各视图间的间距以便标注尺寸；然后画基准线，如组合体的对称中心线、轴线、较大的平面积聚性投影线及主要的定位线，如图 3.9 (a) 所示。

画好基准线后，用细实线逐个画出组合体的各组成部分。画图顺序一般如下：先画大的形体，再画小的形体；先画主要轮廓，再画细节部分；先画实线，再画虚线；先画定位尺寸全的部分，再画连接部分。具体画图时，从特征视图着手，各基本形体的三视图联系起来画，以保证投影关系的正确性和图形的完整性。本例应先画出底板的三视图，如图 3.9 (b) 所示；根据套筒与底板的位置关系，画出套筒的三视图，如图 3.9 (c) 所示；根据支承板与底板后表面平齐、与套筒相切的关系，画支承板的三视图，如图 3.9 (d) 所示；画其他部分及细节，如图 3.9 (e) 所示。

5. 检查、描深

画完底稿，逐个检查各组成部分的各视图，擦掉多余图线。检查后，按照国家标准规定的各种线型描深所有图线，如图 3.9 (f) 所示。描深顺序一般是先描深细线，再描深粗线。描深粗线时，先描深曲线，再描深直线。当几种线型重合时，一般按"粗实线—细虚线—细点画线—细实线"的顺序描深。

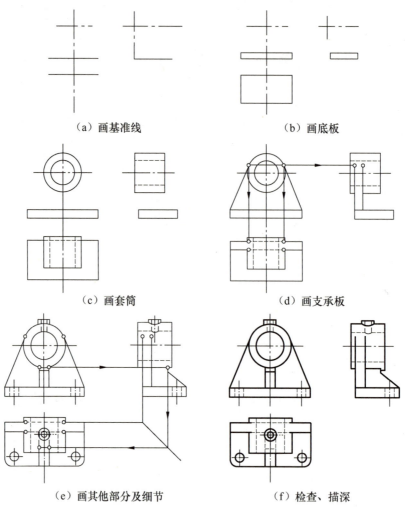

(a) 画基准线　　(b) 画底板

(c) 画套筒　　(d) 画支承板

(e) 画其他部分及细节　　(f) 检查、描深

图 3.9　轴承座的画图步骤

3.2.2　切割组合体视图的画法

如图 3.10 所示，以切割组合体为例，其画法如下。

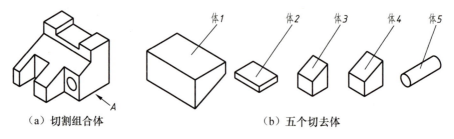

(a) 切割组合体　　(b) 五个切去体

图 3.10　切割体

1. 形体分析

图 3.10（a）所示的切割组合体是在长方体的基础上依次切去图 3.10（b）中的体 1、体 2、体 3、体 4、体 5 而形成的。

2. 视图选择

选择图 3.10（a）中 A 向为主视图投射方向，并用三视图表达。

3. 定比例、选图幅

确定视图后，要根据实物大小，按相关国家标准规定，以视图清晰为前提选择适当的比例和图幅。

4. 布置视图、画底稿

画基准线，先画没有切割前的完整的长方体的三视图，再依次画出每个切去体的三视图，具体切割过程如图 3.11（b）～图 3.11（g）所示。

5. 检查、描深

画完底稿，逐个检查各切割体的各视图，擦掉多余图线。检查后，按照国家标准规定的各种线型描深所有图线，如图 3.11（g）所示。

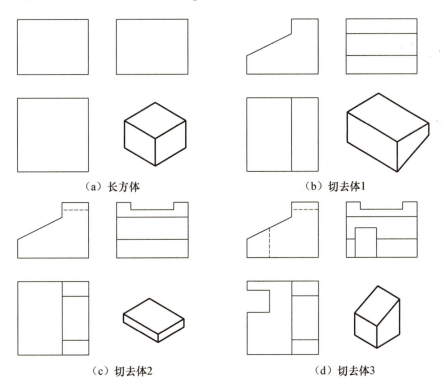

（a）长方体　　　　　（b）切去体1

（c）切去体2　　　　　（d）切去体3

图 3.11　切割体的画图步骤

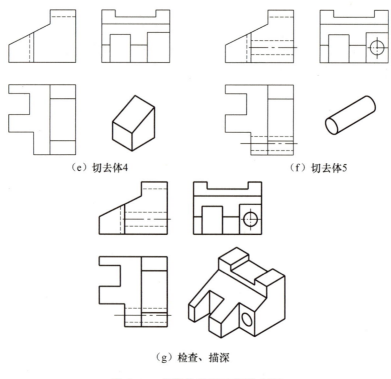

(e) 切去体4　　　　　　　　(f) 切去体5

(g) 检查、描深

图 3.11　切割体的画图步骤（续）

3.3　组合体的尺寸标注

3.3.1　组合体尺寸标注的基本要求

组合体的视图只表达结构形状，它的大小必须由视图上标注的尺寸确定。机件视图上的尺寸是制造、加工和检验的依据，标注组合体尺寸时，必须做到以下三点基本要求。

（1）正确。标注尺寸必须严格遵守国家标准中有关尺寸注法的规定。

（2）完整。将确定组合体各部分形状大小及相对位置的尺寸标注完全，做到不遗漏、不重复。

（3）清晰。标注尺寸布置要整齐、清晰，便于阅读。

3.3.2　组合体的尺寸分析

1. 基准

标注尺寸时，首先要确定形体的基准，基准是绘图的起点也是标注的起点，机械产品从设计时零件尺寸的标注、制造时工件的定位、校验时尺寸的测量到装配时零部件的装配位置确定等，都要用到基准的概念。基准用来确定生产对象上几何关系所依据的点、线或面。物体有长、宽、高三个方向的尺寸，每个方向都至少要有一个基准，如图 3.12 所示。通常以物体的底面、端面、对称面和轴线作为基准。

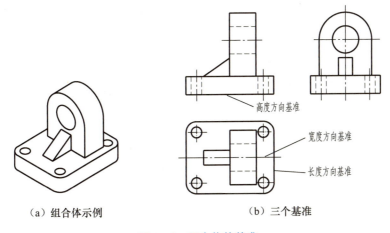

(a) 组合体示例　　　　　　　(b) 三个基准

图 3.12　组合体的基准

2. 组合体的尺寸分类

组合体的尺寸可以根据作用分为三类：定形尺寸、定位尺寸和总体尺寸。

（1）定形尺寸：确定组合体中各基本形体的形状大小的尺寸。图 3.13（b）中的 $R14$、$2 \times \phi 10$、$\phi 16$ 等尺寸均属于定形尺寸。

（2）定位尺寸：确定组合体中各组成部分相对位置的尺寸。基本形体最多有三个定位尺寸，若基本形体在某方向上处于叠加、共面、对称或同轴，则应省略该方向上的一个定位尺寸。图 3.13（a）中的圆筒长度和宽度方向的定位尺寸均省略。

（3）总体尺寸：确定组合体外形的总长、总宽和总高的尺寸。若定形尺寸和定位尺寸已标注完整，在标注总体尺寸时，应对相关的尺寸作适当调整，避免出现封闭尺寸。如图 3.13（a）所示，不标注小圆柱的高度尺寸，而标注总高。另外，当组合体的一端为有同心孔的回转体时，该方向上一般不标注总体尺寸，如图 3.13（b）所示。

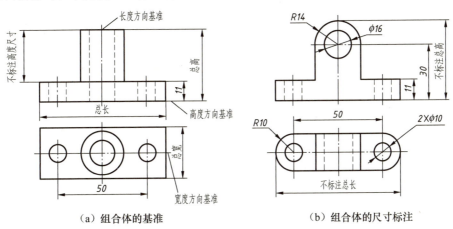

(a) 组合体的基准　　　　　　　(b) 组合体的尺寸标注

图 3.13　组合体的基准和尺寸标注

3. 常见形体的尺寸标注

常见形体的尺寸标注如图 3.14 所示。

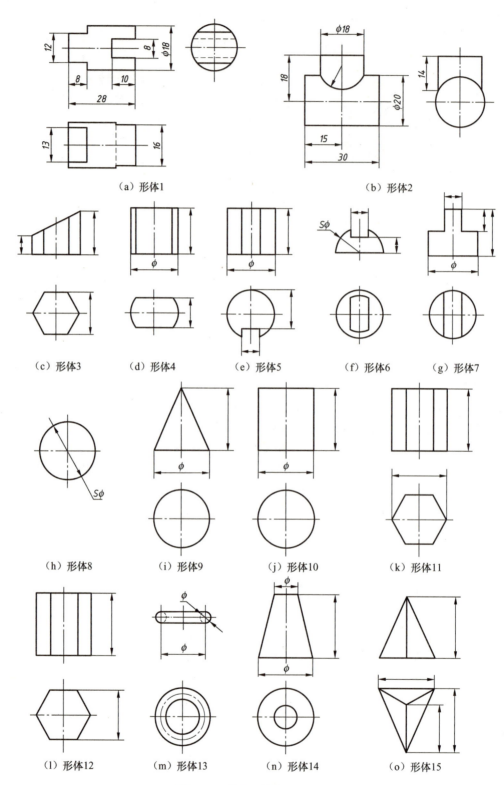

图 3.14　常见形体的尺寸标注

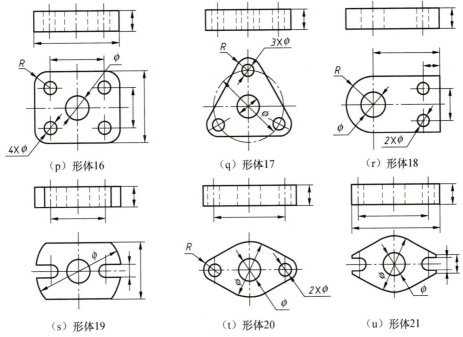

图 3.14　常见形体的尺寸标注（续）

4. 标注尺寸的注意事项

标注尺寸时，需注意以下几点。

（1）尺寸应尽量标注在视图外边，与两个视图有关的尺寸最好标注在两个视图之间。

（2）定形尺寸、定位尺寸尽量标注在反映形状特征和位置特征的视图上。如图 3.15 所示，底板和耳板的高度 20 标注在主视图上比标注在左视图上好；表示底板、耳板直径和半径的尺寸 $R22$、$\phi22$、$R16$、$\phi18$ 标注在俯视图上比标注在主视图或左视图上更能明显反映形状特征；在左视图上标注尺寸 48 和 28 比标注在主视图或俯视图上更能明显反映位置特征。

（3）同一基本形体的定形尺寸、定位尺寸应尽量集中标注。如图 3.15 所示，主视图上的定位尺寸 56、52、80，左视图上的定位尺寸 48、28，俯视图上的定形尺寸 $R22$、$\phi22$、$R16$、$\phi18$、$\phi40$ 等相对集中。

（4）同轴回转体的直径应尽量标注在投影非圆的视图上，如图 3.15 所示的 $\phi44$ 和 $\phi24$ 就标注在左视图上。而圆弧的半径应标注在投影为圆的视图上，如图 3.15 所示的 $R22$ 和 $R16$ 就标注在俯视图上。

（5）尺寸尽量不标注在虚线上。但为了布局需要和尺寸清晰，有时也可标注在虚线上，如图 3.15 所示的 $\phi24$。

（6）尺寸线、尺寸界线与轮廓线尽量不相交。同方向的并联尺寸，应使小尺寸标注在里边（靠近视图），大尺寸标注在外边。同方向的串联尺寸，箭头应互相对齐并排列在一条直线上。

（7）基本形体被平面截切时，要标注基本形体的定形尺寸和截平面的定位尺寸，不应在交线上直接标注尺寸。

(8) 当体的表面具有相贯线时,应标注产生相贯线的两基本形体的定形尺寸和定位尺寸。

(9) 对称结构的尺寸不能只标注一半。

以上并非标注尺寸的固定模式,实际标注尺寸时会出现不能完全兼顾的情况,应在保证尺寸标注正确、完整、清晰的基础上,根据尺寸布置的需要灵活运用、适当调整。如图 3.15 所示,主视图上的 56,左视图上的 $\phi24$、28、48,俯视图上的 $\phi40$ 等尺寸均为调整后重新标注的尺寸。

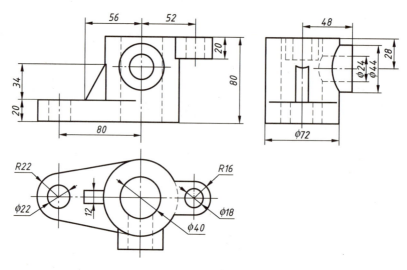

图 3.15 支座的总体尺寸

3.3.3 组合体尺寸标注的步骤

组合体尺寸标注的基本方法是形体分析法,即将组合体分解为若干个基本体和简单体,在形体分析的基础上标注三类尺寸。

【例 3.1】 以轴承座为例,说明组合体尺寸标注的步骤。

(1) 分析形体。

分析组合体的组合形式、组成部分及各部分之间的位置关系。

(2) 选择尺寸基准。

如图 3.16(a)所示,以轴承座的底面为高度方向的尺寸基准,竖板的后表面为宽度方向的尺寸基准,左、右对称面为长度方向的尺寸基准。

(3) 标注定形尺寸、定位尺寸。

逐个标注各组成部分的定形尺寸、定位尺寸。如图 3.16(a)所示,标注各部分之间的定位尺寸 15、55、80、160。如图 3.16(b)所示,标注套筒的定形尺寸。如图 3.16(c)所示,标注底板的定形尺寸及定位尺寸。如图 3.16(d)所示,标注竖板的定形尺寸。如图 3.16(e)所示,标注肋板的定形尺寸。

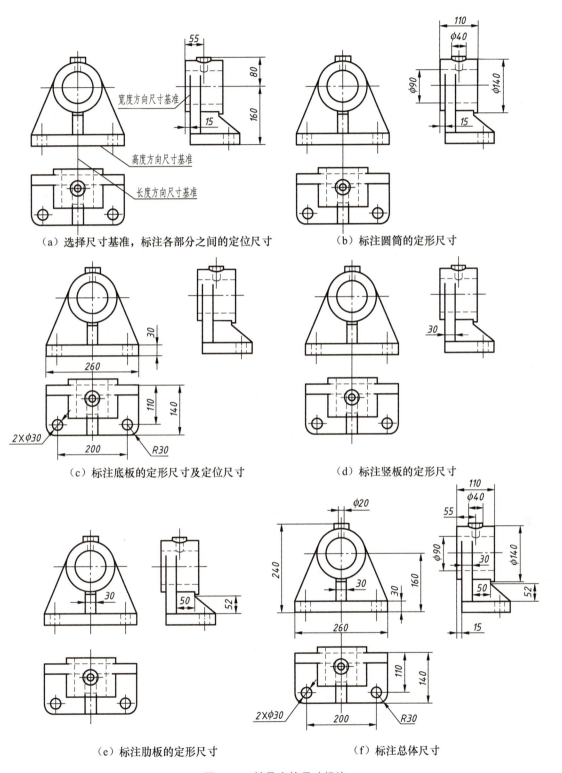

图 3.16 轴承座的尺寸标注

(4) 调整标注总体尺寸。

虽然在形体分析时可把组合体假想分解为若干个部分，但它仍然是一个整体。所以，要标注组合体外形和所占空间的总体尺寸，即总长、总宽、总高。标注时应注意调整，避免出现多余尺寸。如图3.16（f）所示，总长260，总高240，而总宽由140+15决定。总长260及总宽140+15和已有的尺寸重合，不必标注；标注总高240后，要将定位尺寸80去掉，因为它的大小可以由总高240和160相减得到，无须重复标注，否则在高度方向将出现封闭尺寸链，这种情况是不允许的。

3.4 读组合体视图

画图是利用正投影法绘制由基本形体构成的组合体在所选投影面上的投影图（如三视图）；读图是根据已画出的投影图，运用投影规律和一定的分析方法，想象出组合体的立体结构形状。

组合体读图是画图的逆过程，它是一种通过构思从二维平面图形还原出三维空间物体的过程。在读图过程中，要将视图分析和空间想象紧密结合，应用投影基本理论，分析视图中每条图线、每个线框所代表的含义，构想出各部分的形状、相对位置和组合方式，直至形成清晰的整体图形，然后将构想出的形体在脑海中进行投影并与已知视图对照，验证与修正构想出的形体，直至构想的形体投影与已知视图一致。

3.4.1 组合体读图的基本方法

1. 形体分析法

利用"分线框、对投影"将组合体三视图所表达的形体分解为若干个基本形体，然后依据投影理论构想出每个形体的空间结构，并分析这些形体之间的相对位置、组合形式和表面之间的过渡关系，再把构想出的每个形体组合成一个整体，这种方法就是形体分析法。

采用形体分析法读图时，要善于抓住主要特征——形状特征和位置特征。由于组合体各组成部分的形状和位置不一定集中在某一个方向上，因此反映各部分形状特征和位置特征的投影不会集中在某一个视图上。读图时，必须善于找出反映特征的投影，从这些有形状特征的线框看起，并联系其相应投影，便于构想其形状与位置。

2. 面形分析法

根据面、线的空间性质和投影规律，分析形体的表面或表面间的交线与视图中线框或图线的对应关系，读懂每条图线、每个线框所代表的含义和空间位置，从而构想出整个组合体的形状，这种方法就是面形分析法。

对于切割体，由于其形状不规则，在投影时大多会出现图线重叠现象，运用形体分析法分析比较困难，这时可以结合面形分析法，利用"视图上的一个封闭线框一般情况下代表一个面的投影"的投影特性，对切割体的主要表面的投影进行分析、检查，可以准确、快速地画出图形。

采用形体分析法与面形分析法的目的是一致的,即准确识读组合体三视图。不同的是形体分析法假想将组合体分解为若干个基本形体;而面形分析法假想把组合体看作由若干个表面和线围成,然后分别研究它们之间的相对位置和连接关系。形体分析法侧重于从形体叠加的角度出发来分析组合体,面形分析法侧重于从围成组合体的表面和线的形状、相对位置和连接关系角度出发来分析组合体。通常以形体分析法为主,面形分析法为辅。

3.4.2 组合体读图的基础知识

1. 视图中图线、线框的投影含义

组合体三视图中的线型主要有粗实线、细实线、细虚线和细点画线。读图时,应根据投影规律正确分析每条图线、每个线框的含义,分别如图3.17、图3.18所示。

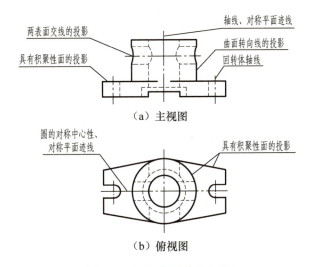

图 3.17 视图中图线的含义

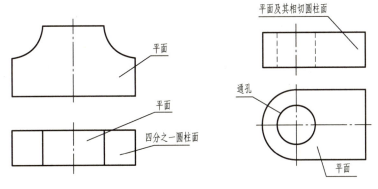

图 3.18 视图中线框的含义

(1) 视图中的粗实线、细虚线(包括直线和曲线)可以表示:①两表面交线的投影,如图3.17(a)中的相贯线;②曲面转向线的投影,如图3.17(a)主视图中圆筒的轮廓线;③平面或曲面的积聚性投影,如图3.17(b)中圆柱面的投影。

(2) 视图中的细点画线可以表示：①对称平面迹线的投影，如图 3.17（a）所示；②圆的对称中心线，如图 3.17（b）所示。

(3) 视图中的封闭线框可以表示：①单一平面或曲面的投影；②平面及其相切曲面的投影；③通孔的投影，如图 3.18（b）所示。

2．读图要点

(1) 弄清视图中图线与线框的含义。

① 视图中的图线：表示具有积聚性面（平面或柱面）的投影，表示表面与表面（两平面、两曲面、一平面和一曲面）交线的投影，表示曲面转向轮廓线在某方向上的投影，如图 3.19（a）所示的图线 a'、b'、c'。

② 视图中的封闭线框：表示凹坑或通孔的积聚性投影，表示一个面（平面或曲面）的投影，表示曲面及其相切的组合面（平面或曲面）的投影，如图 3.19（a）所示的线框 d'、e'、f'。

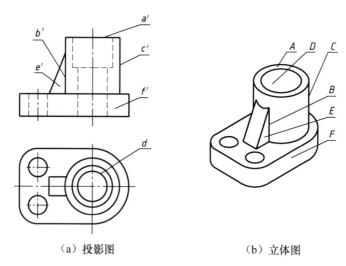

(a) 投影图　　　　　　　　(b) 立体图

图 3.19　视图中图线和线框的含义

③ 视图中相邻封闭线框：表示不共面、不相切的两个不同位置的表面，如图 3.20（a）、图 3.20（b）所示；线框里有另一个线框，可以表示凸起或凹陷的表面，如图 3.20（c）所示；线框边上有开口线框和闭口线框，分别表示通槽和不通槽，如图 3.20（d）、图 3.20（e）所示。

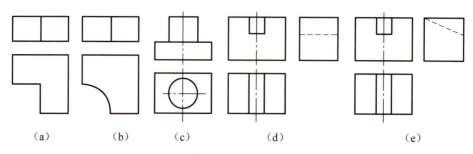

(a)　　　(b)　　　(c)　　　(d)　　　(e)

图 3.20　视图中相邻封闭线框的含义

(2) 把多个视图联系起来分析。

一般情况下,一个视图不能完全确定组合体的形状,如图 3.21(a)、图 3.21(b) 所示的两组视图中,虽然主视图相同,但两组视图表达的组合体完全不相同;有时,两个视图也不能完全确定组合体的形状,如图 3.21(c)、图 3.21(d) 所示的两组视图中,虽然俯视图和左视图相同,但两组三视图表达的组合体形状不同。由此可见,表达组合体必须有反映形状特征的视图,看图时,要把多个视图联系起来分析,以想象出正确的组合体形状。

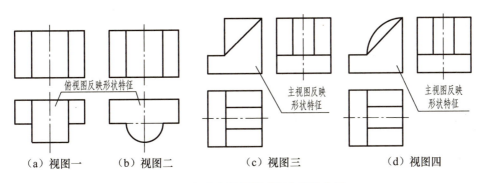

图 3.21 把多个视图联系起来进行分析

(3) 从最能反映组合体形状特征和位置特征的视图看起。

图 3.22 所示的两组视图中,主视图和俯视图完全相同,只有与左视图结合才能反映形体。因为主视图反映主要形状特征,所以看图时应先看主视图;又因为左视图最能反映位置特征,所以看图时应先看左视图。

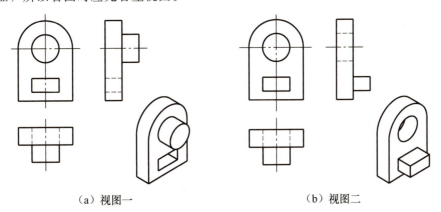

图 3.22 从最能反映组合体形状特征和位置特征的视图看起

主视图是反映组合体整体的主要形状特征和位置特征的视图,但组合体的各组成部分的形状特征和位置特征不一定全部集中在主视图上。如图 3.23 所示,该支架由三个基本体叠加而成,主视图反映了该组合体的形状特征,同时反映了形体 A 的形状特征;俯视图主要反映形体 B 的形状特征;左视图主要反映形体 C 的形状特征。看图时,应抓住有形状特征和位置特征的视图,如分析形体 A 时,应从主视图看起;分析形体 B 时,应从左视图看起;分析形体 C 时,应从俯视图看起。

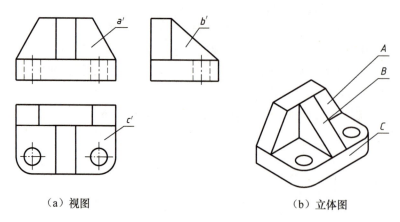

(a) 视图　　　　　　　　　　(b) 立体图

图 3.23　从不同视图看起来分析不同形体

读图时，要善于抓住反映组合体各组成部分形状特征与位置特征较多的视图，并先从它入手，这样能较快地将其分解成若干个基本形体，再根据投影关系找到各基本体所对应的其他视图，经分析、判断后，想象出组合体各基本形体的形状和位置，以达到读懂组合体视图的目的。

3.4.3　读组合体视图的步骤

读组合体视图一般采用形体分析法。根据三视图的投影规律，先从图中逐个分离出基本形体，再确定它们的组合形式和位置关系，综合想象出组合体的整体形状。但是，对于一些局部的复杂投影或较复杂的切割体，还要利用面形分析法来分析构思。

读组合体视图时，一般按以下步骤进行。

1. 分析视图，划分线框

根据组合体的视图和尺寸，初步了解组合体的大概形状和大小，根据各视图的线框位置关系及"三等关系"，用形体分析法初步分析它的组成部分、各部分之间的组合方式及形体的对称性等。

2. 对照视图，构思形体

通常从主视图入手，利用"三等关系"，根据视图中的线框，先划分出每部分形体的三个投影，想象出它们各自的形状，再进一步分析各部分形体之间的相对位置关系。

3. 综合起来，想象整体

通过投影分析（形体分析和面形分析），在逐个读懂各组成部分形状的基础上，根据各形体的相对位置综合想象整个组合体的形状。对于比较复杂的视图，一般需要反复分析、综合、判断和想象，从而读懂并想象出组合体的形状。

【例 3.2】　图 3.24（a）所示为叠加体的三视图，按步骤想象出它的形状。

（1）分析视图，划分线框。

根据图 3.24（a）所示的三视图的投影关系，利用"分线框、对投影"及线框的位置特点与"三等关系"，将其划分为 4 个封闭线框，如图 3.24（b）所示，每个线框代表一个形体的投影，分别标记为线框 1、线框 2、线框 3、线框 4。

（2）对照视图，构思形体。

先根据线框 1、线框 2、线框 3、线框 4 确定它们的大体形状，再分析细节结构。由图 3.24（c）可以看出，形体 1 是圆筒；由图 3.24（d）可以看出，形体 2 是 L 板，底板挖了两个孔，侧板与形体 1 相切；由图 3.24（e）可以看出，形体 3 是"七"字形体，"七"字竖直部分是半个圆柱；由 3.24（f）可以看出，形体 4 是肋板。

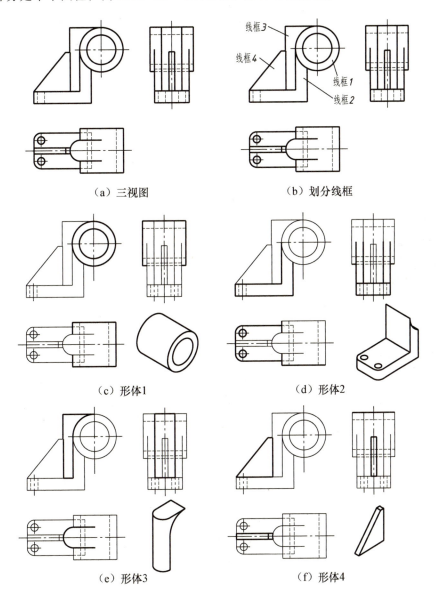

（a）三视图　　　　　　　（b）划分线框

（c）形体1　　　　　　　（d）形体2

（e）形体3　　　　　　　（f）形体4

图 3.24　叠加体三视图的读图步骤

（3）综合起来，想象整体。

在读懂每个组成部分形状的基础上，根据三视图，利用投影关系判断它们的相互位置关系，逐步形成一个整体形状。由三视图可以看出，形体 1 与形体 2 的侧板在上端相切；

形体 3 位于形体 1 和形体 2 的左侧,与形体 1 底板上表面及侧板左表面贴合,与形体 1 相切;形体 4 位于形体 2 的上表面、形体 3 的左侧,且与形体 3 相交。这样结合起来,就能想象出叠加体的整体形状,如图 3.25 所示。

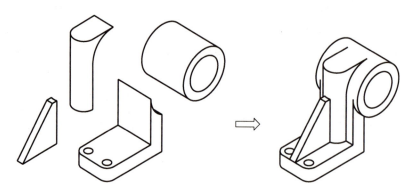

图 3.25 叠加体的整体形状

【例 3.3】 图 3.26 (a) 所示为切割体三视图,按步骤想象出它的形状。

由三视图可知,该切割体的三面投影都接近矩形,并且它是由长方体切割而成的。

首先由主视图联系其他视图可知,该切割体由长方体被一个正垂面切去左上角;然后由俯视图联系其他视图可知,它被两个铅垂面切去左侧前后对称的两个角;最后由左视图联系其他视图可知,它由水平面和前后两个正平面共同切出一个槽口。

具体的分析步骤如下。

(1) 分析视图,划分线框。

从主视图开始,结合其他视图,根据投影规律逐步分析各线框 E、F、G、K 的三个投影,从而得到它所表示的面的形状和空间位置。

① 看形体左上方的缺角。如图 3.26 (b) 所示,主视图上的斜线 e' 对应俯视图上的线框 e,也对应左视图上的类似线框 e'',可断定 E 平面为正垂面。

② 看形体左侧前后对称的两个角。如图 3.26 (c) 所示,前方缺角在俯视图上是一条斜直线 f,对应主视图上的线框 f',也对应左视图上的类似线框 f'',可断定 F 平面为铅垂面。

③ 继续看形体上方的槽口。如图 3.26 (d) 所示,左视图上的直线 g'' 在主视图中找到同高的对应虚线 g',再根据其长度可找到俯视图中对应的小矩形线框 g,可断定 G 平面为一水平面的切面。

④ 由主视图中的线框 k' 和俯视图及左视图中与轴平行的两条直线 k 和 k'' 的对应关系,可断定 K 平面为正平面,如图 3.26 (e) 所示。

⑤ 依次"分线框、对投影",即可将该组合体上各面的形状和空间位置分析清楚。

(2) 识平面,想象整体形状。

E 面为正垂面;前后两个 F 面为铅垂面,G 面为水平面;K 面为前后两个正平面,从视图上可以找到上述对应关系,将面与形结合起来思考,可以想象出切割体的整体形状,这六个平面切割出图 3.26 (f) 所示的形体。

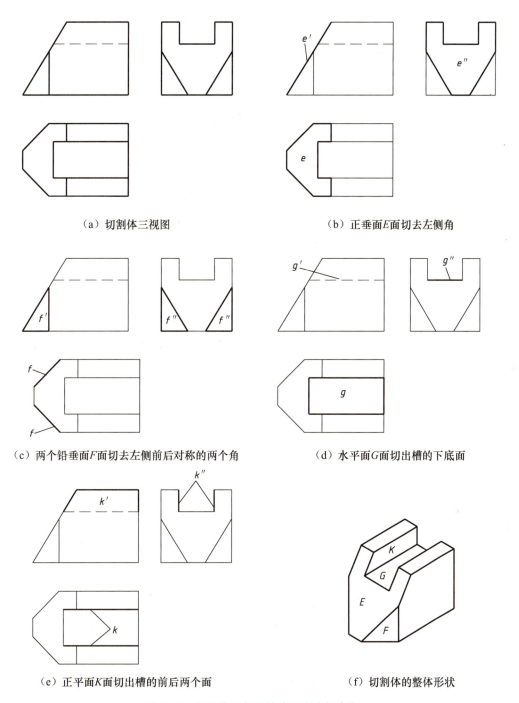

图 3.26 切割体三视图的读图方法与步骤

【例 3.4】 如图 3.27 所示，已知组合体的两视图，画第三视图。

已知组合体两视图画第三视图是读图和画图的综合训练，一般步骤如下：根据已知视图，采用形体分析法和必要的面形分析法分析、想象组合体的形状，在弄清组合体形状的基础上按投影关系画出所缺的视图。

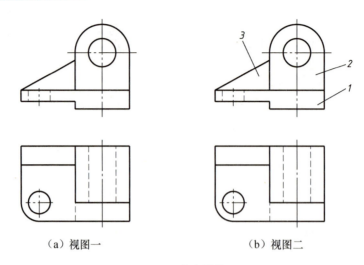

（a）视图一　　　　　　　　（b）视图二

1～3—基本形体。

图 3.27　形体两视图及线框划分

（1）分析视图，划分线框。

如图 3.27（a）所示，由主视图入手，结合俯视图将组合体分为三个基本形体，在图 3.27（b）的主视图中用 1、2、3 标出。

（2）对照视图，构思形体。

先分析每个基本形体的大概形状和各基本形体之间的相对位置关系。图 3.28（a）中的粗实线线框 1 为类矩形，对应的俯视图线框也为类矩形，由此可知基本形体 1 是长方体，从俯视图的线框虚线可以看出矩形被切割一个小矩形，从而可绘制出基本形体 1 所表达的左视图；图 3.28（b）中的主视图粗实线线框 2 是由矩形和半圆弧围成的平面图形，该线框对应的俯视图线框是矩形，由此可知基本形体 2 由两部分构成（下部分是矩形，上部分是圆柱），且两个形体前后共面，该形体还切割出一个通孔，从而可绘制出基本形体 2 所表达的左视图；图 3.28（c）中的粗实线线框 3 对应于俯视图中的投影为一个小矩形，可以判断出基本形体 3 是一块肋板，肋板的后表面与底板的后表面共面，从而可绘制出基本形体 3 所表达的左视图。

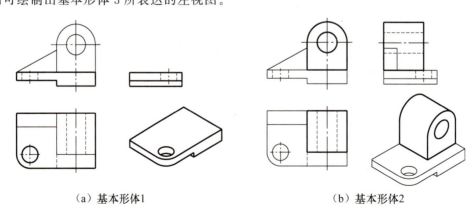

（a）基本形体1　　　　　　　　（b）基本形体2

图 3.28　已知两视图画第三视图

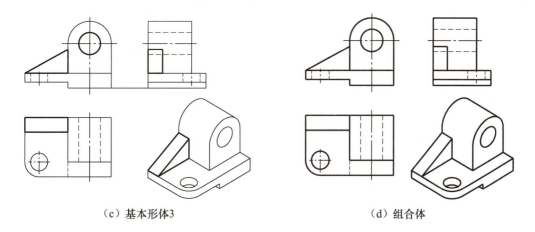

(c) 基本形体3　　　　　　　　　　　　(d) 组合体

图 3.28　已知两视图画第三视图（续）

（3）综合起来，想象整体，并根据"三等关系"画出第三视图。

经过进一步判断可以得知，基本形体 2 在基本形体 1 的上方，而且基本形体 2 后表面与基本形体 1 后表面共面，基本形体 3 是肋板，其下表面与基本形体 1 贴合，支撑基本形体 2。到此为止，组合体的整体形状形成，如图 3.28（d）所示。

素养提升

党的二十大报告指出，加强基础研究，突出原创，鼓励自由探索。基础研究是整个科学体系的源头，是所有技术的总机关。本章内容是研究工程机械等复杂结构的基石，也是这门课程的基础。在实践教学中，尝试让学生接触由基本体组合的复杂的机器零部件、工程机械等，使学生了解基本组合体的实际运用，初学工程机械技术的学生会有"高处不胜寒"之感，通过坚持及反复实践会出现可喜的"一览众山小"的感受。组合体教学将分离思维应用到组合体的构型分析上，对研究对象进行科学的分离或分解，使研究对象的本质属性从复杂现象中呈现出来，学生能够厘清分析思路，抓住主要矛盾，以获得新思路或新成果。采用合并思维对分离的各部分进行合并思考，对分离的对象进行思考研究、合并或组合，分合交替并用，用途不同，但目的是一致的。这两种方法结合使用更能发挥复杂形体构型设计的优势。

习　题

1. 三视图的投影规律是什么？
2. 组合体的构成方式有哪几种？
3. 组合体相邻表面之间的过渡关系有哪几种？

4. 组合体主视图的选择原则是什么？

5. 绘制组合体的步骤是什么？

6. 组合体读图的基本方法有哪几种？各自的主要特点是什么？

7. 组合体尺寸标注的基本要求是什么？

8. 组合体尺寸标注的步骤是什么？

9. 组合体尺寸标注时有哪些注意事项？

10. 组合体的特征有哪几种？各自的含义是什么？

第4章 机件图样的表达方法

在生产实际中,由于使用场合和要求不同,因此物体的结构形状不尽相同,为能清晰、合理、准确地表达其结构形状特征,国家标准规定了多种表达方法。

通过学习本章内容,要求学生熟练掌握视图、剖视图、断面图的画法及标注,以及常用的规定画法和简化画法,并能在绘制工程图样中灵活运用。

4.1 视 图

根据有关标准和规定,用正投影法所绘制出物体的图形称为视图(GB/T 13361—2012《技术制图 通用术语》)。视图用来表达机件的外部形状,一般只绘制机件的可见部分,必要时用细虚线表达不可见部分。常用的视图有基本视图、向视图、局部视图和斜视图。

4.1.1 基本视图

机件向基本投影面投射所得到的视图称为基本视图。

为清楚地表达机件的各方向形状,国家标准规定了六个基本视图,如图4.1(a)所示。将机件置于正六面体内,向上、下、左、右、前、后六个方向分别投影,再顺着投影的方向展开得到六个基本视图。六个基本视图获得方法如下。

主视图——由前向后投影;俯视图——由上向下投影;
左视图——由左向右投影;右视图——由右向左投影;
仰视图——由下向上投影;后视图——由后向前投影。

六个投影面的展开方式如图 4.1（b）所示：保持正面不动，其他投影面按图示箭头方向旋转到与正面共处于同一平面的位置。展开后的六个基本视图如图 4.1（c）所示，符合"长对正、高平齐、宽相等"。除后视图外，其他视图靠近主视图的一边是机件的后面，远离主视图的一边是机件的前面。绘制机件图样时，一般无须将全部基本视图画出，而是依据机件的结构特点和复杂程度选择合适的基本视图。一般优先选用主视图、左视图、俯视图。

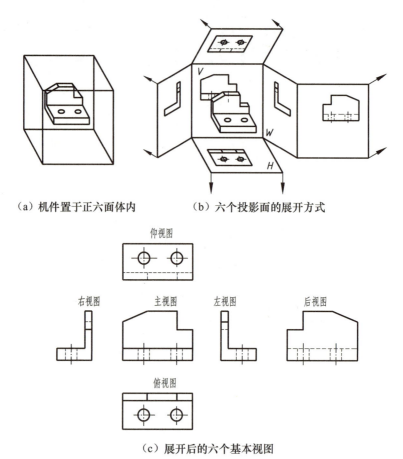

(a) 机件置于正六面体内　　(b) 六个投影面的展开方式

(c) 展开后的六个基本视图

图 4.1　六个基本视图

4.1.2　向视图

向视图是可自由配置的基本视图。在实际绘图过程中，如果六个基本视图难以按图 4.1（c）配置，则可以采用向视图的形式配置。如图 4.2 所示，在向视图上方标注视图名称"×"，在相应的视图附近用箭头指明投射方向，并标注相同的字母。

4.1.3　局部视图

机件的某一部分结构形状向基本投影面投影所得到的不完整视图称为局部视图，它主要表达机件上的局部形状。

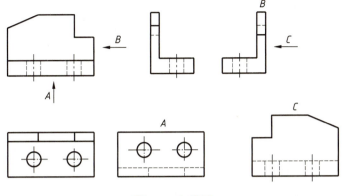

图 4.2 向视图

如图 4.3（a）所示机件，用主视图、俯视图两个基本视图表达机件的主要结构形状，只剩下两个凸台结构没有表达清楚，此时可用局部视图 A 和局部视图 B 代替左视图、右视图表达机件左、右两侧凸台的结构形状，如图 4.3（b）所示，这样表达更准确、更清晰。

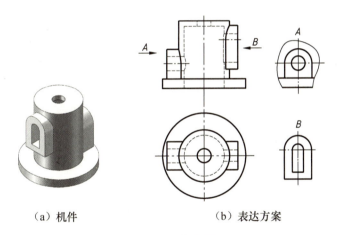

（a）机件　　　　　　　（b）表达方案

图 4.3 局部视图

采用局部视图表达机件时的注意事项如下。
（1）局部视图的断裂边界通常以波浪线（或双折线）表示。
（2）局部视图可按基本视图配置，也可按向视图的形式配置并标注，即在局部视图上方标注视图的名称"×"。
（3）当所表示的局部结构是完整的且外轮廓线封闭时，不必画出断裂边界线，如图 4.3（b）中的局部视图 B。

4.1.4　斜视图

机件向不平行于基本投影面的平面投射所得到的视图称为斜视图。
如图 4.4 所示，机件左侧部分与基本投影面倾斜，其基本视图不反映实形，绘图和读图较难。为简化作图，增设一个与倾斜部分平行的辅助投影面，将该部分向辅助投影面投影，并将该面旋转至与基本面重合，可得到反映该部分实形的斜视图。

采用斜视图表达机件时的注意事项如下：

（1）斜视图一般只表达倾斜部分的局部形状，用波浪线表示断裂边界，通常按向视图的配置形式配置并标注，在相应的视图附近用箭头表明投射方向，字母一律水平标注，如图 4.5（a）中的"A"所示。

（2）必要时，允许将斜视图旋转配置，旋转角度不超过 90°；也可将旋转角度标注在字母后，如图 4.5（b）中的"⌒$A45°$"所示。箭头的指向要与图形实际旋转方向一致，表示名称的字母应靠近旋转符号（一个半圆，半径为字体高度 h）的箭头端。

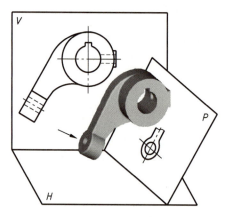

图 4.4　斜视图

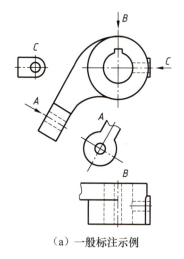

（a）一般标注示例

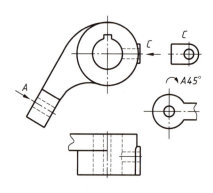

（b）旋转角度标注示例

图 4.5　斜视图的标注

4.2　剖　视　图

物体上不可见的结构用虚线表达，当物体内部结构较复杂时，视图上的虚线很多，不利于读图和标注尺寸。为清晰表达物体内部结构，国家标准规定采用剖视图表达。

4.2.1　剖视图的基本概念及画法

1. 剖视图的基本概念

假想用剖切面剖开机件，将处于观察者和剖切面之间的部分移去，而将其余部分向投影面投射所得到的图形称为剖视图，如图 4.6 所示。

如图 4.6（b）所示机件，假想沿机件的前后对称平面 M 剖开［图 4.6（c）］，移去前半部分，将剖切平面后面的部分向正投影面投射，得到剖视图的主视图，如图 4.6（d）所示。此时内部的孔可见，要用粗实线表达。与图 4.6（a）相比，这种表示法更便于读图和标注尺寸。

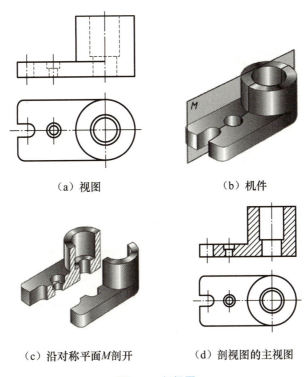

（a）视图　　　　　　（b）机件

（c）沿对称平面 M 剖开　　（d）剖视图的主视图

图 4.6　剖视图

2. 剖面符号

假想剖切机件后，为明显区分具有材料实体的切断面部分（剖面区域）与其余部分（含剖切面的后面部分及空心部分），在剖面区域内画出剖面符号，见表 4-1。

在机械设计中，金属材料使用最多，国家标准规定用简明易画的平行细实线（又称剖面线）作为剖面符号。绘制剖面线时，同一机械图样中同一零件的剖面线方向相同且等距，间距应按剖面区域的大小选定，方向与主要轮廓或剖面区域的对称线成 45°，左右倾斜均可（当图形倾斜小于或大于 45°时，可用 30°或 60°的剖面线）。剖面线的画法参见图 4.6（c）、图 4.6（d）所示。

表 4-1 剖面符号

材料名称	剖面符号	材料名称	剖面符号	材料名称	剖面符号
玻璃及供观察用的其他透明材料		基础周围的泥土		横剖面	
非金属材料（已有规定剖面符号除外）		格网（筛网、过滤网）		液体	
型砂、填砂、粉末冶金、砂轮、陶瓷刀片、硬质合金刀片等		木制胶合板（不分层数）		纵剖面	
转子、电枢、变压器和电抗器等的叠钢片		钢筋混凝土		砖	
金属材料（已有规定剖面符号者除外）		混凝土		线绕组元件	

注：(1) 剖面符号仅表示材料的类别，材料的名称和代号必须另行注明。
(2) 液面用细实线绘制。

剖视图的画法

3. 剖视图的画法及标注

以图 4.7（a）所示的机件为例来说明剖视图的画法。

根据机件结构特征确定剖切面的位置。该机件前后对称且有内孔，如图 4.7（b）所示。为表达内部结构，主视图可采用剖视图，内孔变成可见并反映实形，剖切面应通过机件的前后对称面；用粗实线画剖面区域，并在剖面区域画剖面符号，如图 4.7（c）所示；补画剖切面后面所有可见部分的投影，不可遗漏，不可见部分一般不画，如图 4.7（d）所示。

采用剖视图表达机件时的注意事项如下。

(1) 由于剖切是假想的，并非真的切去部分机件，因此剖视图以外的其他视图仍应按完整的机件画出如图 4.7（d）中的俯视图。

(2) 剖切面一般应通过机件的对称平面或孔、槽等的中心线，且平行或垂直某一投影面，以便表达结构的实形，要避免剖出不完整的结构要素。

(3) 剖切面后面所有可见部分的投影应全部画出，不得遗漏，如图 4.7（b）中大孔和小孔的过渡面投影不要遗漏。

(4) 在剖视图上表达清楚的内部结构，在其他视图上对应的细虚线一般不画。

(5) 在剖视图中，表达不可见轮廓的虚线一般不画。当只有局部结构没有表达清楚

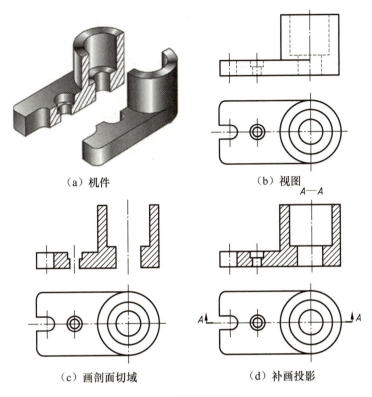

(a) 机件　　　　　　(b) 视图

(c) 画剖面切域　　　(d) 补画投影

图 4.7　剖视图的画法

时，为不增加视图，也可以画出必要的虚线，如图 4.8 所示。

为判断剖切面的位置和剖切后的投射方向、确定各相应视图之间的投影关系，需对剖视图进行标注。根据国家标准规定，剖视图的标注包括剖切符号、投射方向和剖视图名称，如图 4.9 所示。

（1）一般用剖切符号在有关视图上标出剖切平面的剖切位置；在剖切符号的起止点和转折处标注相同的字母"×"；不能与图形轮廓线相交，并在对应的剖视图上方用同一字母标注名称"×—×"。

（2）在剖切符号起止点的外侧画出与之垂直的箭头，表示剖切后的投射方向。

（3）剖视图的名称可在剖切符号的附近用字母水平标注，并在剖视图上方中间的位置用相同字母标注；当一张图上有多个剖视图时，其名称应按英文字母顺序排列，不可重复。

在下列情况中，剖视图的标注内容可简化或省略。

（1）当单一剖切面通过机件的对称平面或基本对称平面，且剖视图按投影关系配置，中间没有其他图形隔开时，可省略标注，参见图 4.8。

（2）当剖视图按投影关系配置，且中间没有其他图形隔开时，可省略箭头，参见图 4.9。

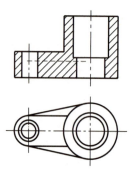
图 4.8　画出必要的虚线

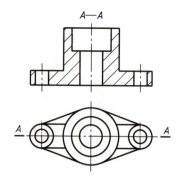
图 4.9　剖视图的标注

4.2.2　剖视图的种类

剖视图可分为全剖视图、半剖视图和局部剖视图三种。上述剖视图的画法及标注规定均适用于这三种剖视图。

1. 全剖视图

用剖切面完全剖开机件所得到的剖视图称为全剖视图，简称全剖，如图 4.10 所示。

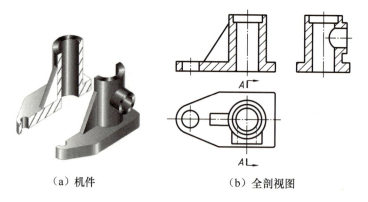

（a）机件　　　　　　　　（b）全剖视图

图 4.10　全剖视图

全剖视图适用于不对称、外形简单、内形相对复杂的机件；当机件的外形和内部结构都复杂时，可采用外形图结合全剖视图。一般不在全剖视图上画虚线。

2. 半剖视图

当机件具有对称平面时，在垂直对称平面的投影面上投影，以对称中心线为界，一半画成剖视图，另一半画成视图，这种剖视图称为半剖视图。半剖视图通常用于内、外形状均需表达的对称机件。

如图 4.11（a）所示机件，根据机件结构左右对称的特点，主视图可采用半剖视图表达机件的内部结构，凸台及圆孔的外形结构位置也清晰。同理，为表达上、下法兰盘的外部结构和凸台圆孔的内部结构，俯视图也可采用半剖视图，如图 4.11（b）所示。

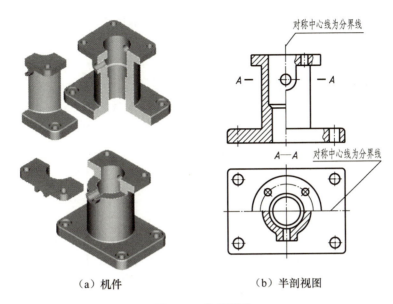

(a)机件　　　　　　　　(b)半剖视图

图 4.11　半剖视图

采用半剖视图表达机件时的注意事项如下。
(1) 在半剖视图中，半剖视图与视图的分界线为机件的对称中心线。
(2) 采用半剖视图表达清楚的机件内、外部结构，在表达外形的视图中不必再画出表达内形的虚线。
(3) 当机件的结构形状接近对称，且不对称部分在其他视图中表达清楚时，可采用半剖视图，如图 4.12 所示。
(4) 半剖视图的标注规定与全剖视图的标注规定相同。

3. 局部剖视图

用剖切面局部地剖开机件所得到的剖视图称为局部剖视图，它用于只需表达机件局部内形且不宜采用全剖视图的情况，如图 4.13 所示。

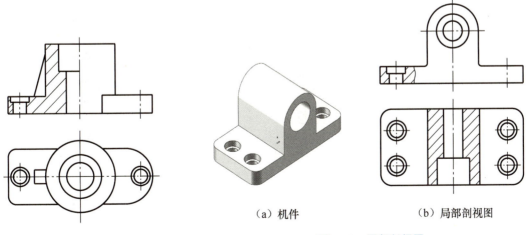

　　　　　　　　　　　　　　　　(a)机件　　　　　(b)局部剖视图

图 4.12　半剖视图　　　　　　　　图 4.13　局部剖视图

局部剖视图表达灵活、便捷，可根据实际需要确定剖切位置和范围。但在同一机件的表达上，局部剖视图不宜采用过多；否则会使图形凌乱，影响读图。

采用局部剖视图表达机件时的注意事项如下。

（1）局部剖视图的剖视部分与视图部分用波浪线分界，表示机件断裂处的边界轮廓线。波浪线应画在机件的实体部分，不应超出视图的轮廓线，如图 4.14 所示；波浪线不应与图样上其他图线或其延长线重合，以免引起误解，如图 4.15、图 4.16 所示。

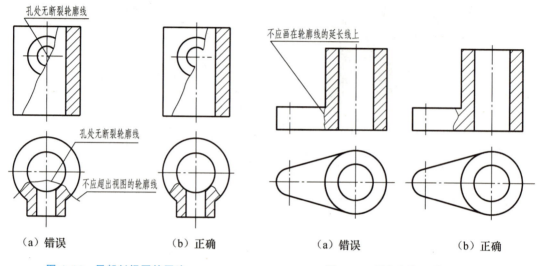

图 4.14　局部剖视图的画法一　　　　图 4.15　局部剖视图的画法二

（2）当被剖结构为回转体时，允许将结构的中心线作为局部剖视图与视图的分界线，如图 4.17 的主视图所示。

（3）当剖切位置较为明显时，一般不标注，如图 4.17 所示。

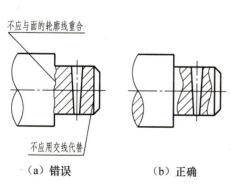

图 4.16　局部剖视图的画法三

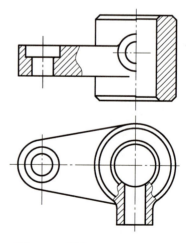

图 4.17　局部剖视图的画法四

4.2.3 剖切面的种类

国家标准规定，剖切面可以是平面或曲面，也可以是单一剖切面或组合剖切面。绘图时，可根据机件的结构特点选择绘制机件的全剖视图、半剖视图或局部剖视图。

1. 单一剖切面

单一剖切面是指用一个剖切面剖开机件。当剖切面是平面时，剖切方式有剖切面平行于基本投影面和剖切面不平行于任一基本投影面两种。

（1）剖切面平行于基本投影面。

采用单一剖切面（与基本投影面平行）剖切而得到剖视图是最常用的剖切方法。图 4.10、图 4.12 为采用此方法获得的全剖视图、半剖视图。

（2）剖切面不平行于任一基本投影面。

图 4.18 所示为采用单一斜剖切面完全剖开机件得到的全剖视图，用于表达机件上倾斜部分的结构形状。用单一斜剖切面获得的剖视图称为斜剖视图，一般按投影关系配置，也可平移至适当位置。图名"×—×"水平标注在图形上方中间位置。必要时，允许将图形旋转至水平位置，在图形上方水平标注旋转符号"⌒"或"⌒"，字母在靠近箭头一侧水平标注，不得省略。

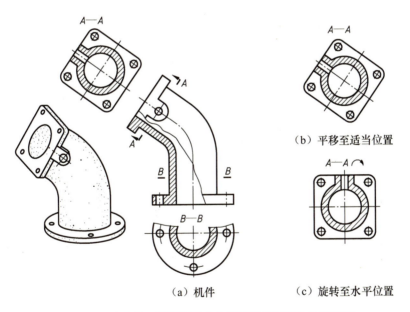

图 4.18　采用单一斜剖切面完全剖开机件得到的全剖视图

采用单一柱面剖切时，剖视图应展开绘制。在具体绘图时，可以只画出剖面展开图，或采用简化画法，将剖切面后面部分的有关结构形状省略。图 4.19 所示为采用单一柱面剖切得到的全剖视图。

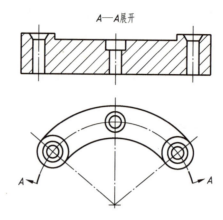

图 4.19　采用单一柱面剖切得到的全剖视图

2. 多个平行的剖切面

当物体有若干个不在同一平面上且需要表达的内部结构时，可采用多个平行的剖切面剖切，各剖切面的转折处成直角，剖切面应是某一投影面的平行面。图 4.20 所示为采用两个平行剖切面剖切，可在同一视图中同时清楚地表达机件上、下两个内孔及螺钉孔的结构形状。这种剖切方法适用于外形简单、内形较复杂且难以用单一剖切面剖切来表达的机件。

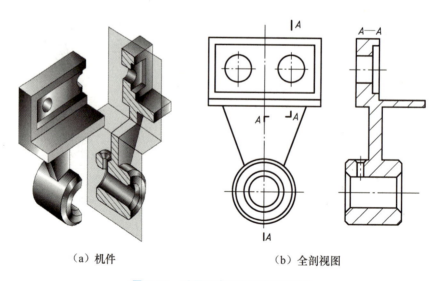

（a）机件　　　　　　　　（b）全剖视图

图 4.20　采用两个平行剖切面剖切

采用多个平行剖切面剖切时，剖视图必须标注，在剖切面的起止点和转折处用带相同字母的剖切符号表示剖切面位置，用箭头表示投射方向，并在剖视图上方中间位置标注剖视图名称，参见图 4.20。

采用多个平行的剖切面剖切时的注意事项如下。

（1）不应画出剖切面转折处的界限，如图 4.21（a）所示。

(2) 剖切面的转折处不应画在与图形轮廓线重合的位置，如图4.21（b）所示。

(3) 不应在图形内出现不完整要素，如图4.21（c）所示。

(4) 仅当两个要素在图形上具有公共对称中心线或轴线时，可以各画一半，此时应以对称中心线或轴线为界，如图4.21（d）所示。

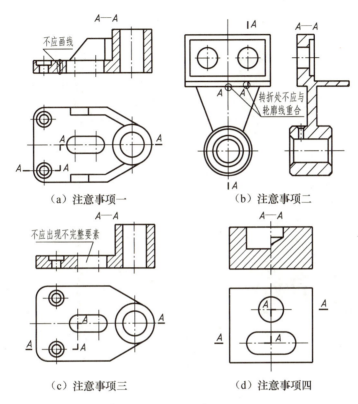

（a）注意事项一　　　　（b）注意事项二

（c）注意事项三　　　　（d）注意事项四

图4.21　采用多个平行剖切面剖切时的注意事项

3. 多个相交的剖切面（交线垂直于某基本投影面）

如图4.22所示，采用两个相交剖切面剖切时，先假想按剖切位置剖开机件，再将被倾斜剖切面剖开的结构及其有关部分旋转到与选定的基本投影面平行的位置进行投射，即得到采用两个相交剖切面剖切的全剖视图。

这种剖切方法主要用于表达具有公共回转轴线的机件内形，以及盘、盖、轮等机件的呈辐射状分布的孔、槽等内部结构。剖切轮盘如图4.23所示。

采用多个相交剖切面剖切时的注意事项如下。

(1) 多个相交剖切面必须保证其交线与机件上回转轴线重合，并垂直于某基本投影面。剖切面后的其他结构一般按原来位置投影，参见图4.22中的小孔。

(2) 必须对剖视图进行标注，其标注形式及内容与多个相交切面剖切的全剖视图相同，参见图4.22和图4.23。

(3) 当采用三个及三个以上相交剖切面剖切机件时，应采用展开画法画剖视图，即各轴线间的距离不变，并在图形上方中间位置处标注"×—×展开"，如图4.24所示。

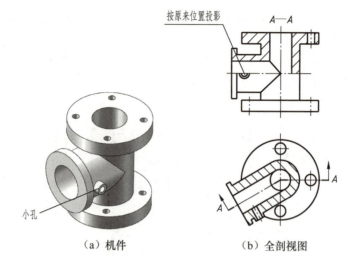

图 4.22 采用两个相交剖切面剖切

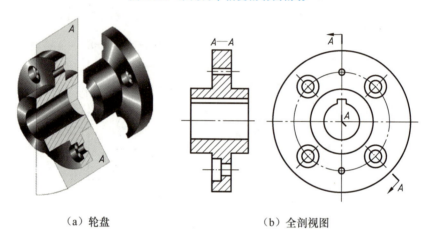

图 4.23 采用两个相交剖切面剖切轮盘

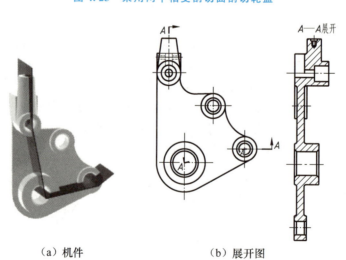

图 4.24 多个相交剖切面剖切机件的展开画法

4.2.4 剖视图中的规定画法

1. 肋板和轮辐在剖视图中的规定画法

对于机件的肋板、轮辐及薄壁等结构，若纵向剖切，则这些结构都不画剖面符号，而用粗实线与邻接部分分开，如图4.25中的左视图、图4.26中的主视图所示。

图4.25中的左视图采用全剖视图时，剖切面通过肋板纵向对称面，在肋板的轮廓范围内不画剖面符号，而应用粗实线画出与其余部分的分界线。在其"A—A"剖视图中，由于剖切面与肋板和支承板垂直，因此仍要画出剖面符号。

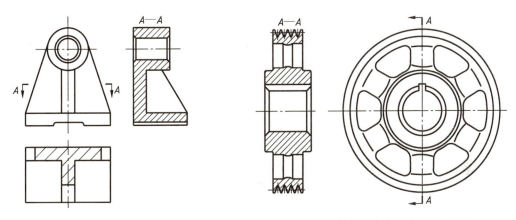

图4.25 肋板在剖视图中的规定画法　　　　**图4.26 轮辐在剖视图中的规定画法**

2. 回转体上均匀分布的肋板、孔等结构的画法

假想将这些结构旋转到剖切面上画出，均匀分布的孔可以只画一个，其余孔用对称中心线占位即可。

如图4.27（a）所示机件，均匀分布的孔和肋板各剖切到一个，但剖视图中左边要对称地画出肋板；在图4.27（b）中，虽然没有剖切到四个均匀分布的孔，但要将小孔旋转到剖切面位置进行投射，小孔采用简化画法，即画一个孔的投影，其余只画中心线。

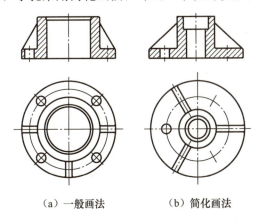

（a）一般画法　　　（b）简化画法

图4.27 回转体上均匀分布的肋板、孔的剖视图画法

4.3 断 面 图

4.3.1 断面图的概念及分类

1. 断面图的概念

假想用剖切面把机件的某处切断,仅画出断面的图形称为断面图,如图4.28所示。断面图仅需画出断面的图形;剖视图除了需画断面形状,还需画剖切平面后边的可见部分轮廓。断面图主要表达机件的断面形状,剖视图主要表达机件的内部结构和形状。

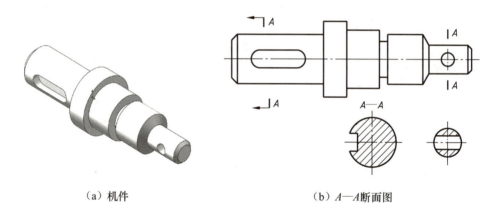

(a) 机件　　　　　　　　(b) A—A断面图

图 4.28　断面图

2. 断面图的分类

根据在图中的位置不同,断面图分为移出断面图和重合断面图两种。

(1) 移出断面图。画在视图轮廓外的断面图称为移出断面图,如图4.29所示。

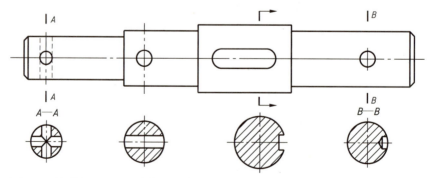

(a) A—A断面图　(b) 配置在剖切面迹线　(c) 配置在剖切符号　(d) B—B断面图
　　　　　　　　　(细点画线)的延长线上　　的延长线上

图 4.29　移出断面图

（2）重合断面图。画在视图轮廓内的断面图称为重合断面图，如图 4.30 所示。

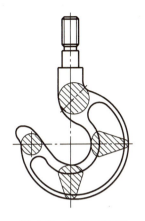

图 4.30 重合断面图

4.3.2 断面图的画法及标注

1. 移出断面图

移出断面图画在视图外，用粗实线绘制轮廓，并在断面图上画出规定的剖面符号。移出断面图应尽量配置在剖切面迹线（细点画线）或剖切符号的延长线上，如图 4.29（b）、图 4.29（c）所示。必要时，移出断面图可配置在其他适当位置，如图 4.29（a）、图 4.29（d）中的 $A—A$ 断面图和 $B—B$ 断面图。当移出断面是对称断面时，可画在视图中断处，如图 4.31 所示；由两个或两个以上相交的剖切面剖切机件得到的移出断面图的中间应断开，用波浪线表示断裂线，如图 4.32 所示；当剖切面通过回转面形成的凹坑或孔的轴线时，应按剖视图绘制，如图 4.33（a）、图 4.33（b）所示；当剖切面通过非回转面但会导致出现完全分离的两个断面时，这些结构应按剖视图绘制，允许将图形旋转（加注旋转符号）配置，如图 4.33（c）所示。

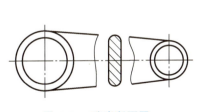

图 4.31 移出断面图一

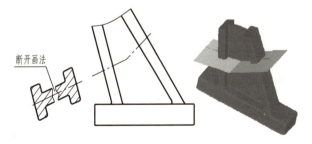

图 4.32 移出断面图二

移出断面图一般要用剖切符号表示剖切位置，用箭头表示投射方向，水平标注字母，在断面图的上方用相同的字母标注"×—×"，参见图 4.28（b）。配置在剖切符号延长线上的不对称移出断面图，可省略字母，参见图 4.29（b）；当不对称移出断面图按投影关系配置时，参见图 4.33（a）进行断面；或移出断面图对称时，参见图 4.29（a）、

图 4.29（b）进行断面；对称移出断面图配置在剖切符号延长线上，参见图 4.29（b）、图 4.32 进行断面；或对称移出断面图配置在视图中断处，参见图 4.31 进行断面，其剖切符号、箭头、字母均可省略。

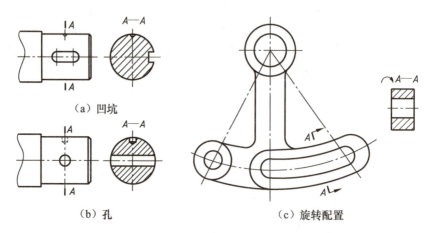

图 4.33　移出断面图三

2. 重合断面图

重合断面图的轮廓用细实线绘制。当视图中的轮廓线与重合断面图的图线重合时，视图中的轮廓线仍应连续画出，不可中断。对称的重合断面图不必标注，不对称的重合断面图可省略标注。

4.4　局部放大图及简化画法

为了方便读图和简化画图，除用视图、剖视图和断面图表达机件外，还可采用国家标准规定的其他表示法，本节仅介绍机件的局部放大图及简化画法。

4.4.1　局部放大图

机件上的部分结构（不清晰或不便于标注尺寸）用大于原图比例画出的图形称为局部放大图，如图 4.34 所示。

局部放大图可画成视图、剖视图、断面图，它与被放大部分在原图中采用的表达方式无关。除螺纹牙型、齿轮和链轮齿型外，应用适当大小的细实线圆（或椭圆）圈出放大部位，如图 4.35 所示。

局部放大图应尽量画在被放大部位附近。当同一机件有多个被放大部位时，必须用罗马数字依次标明，并在局部放大图的上方标出相应的罗马数字和采用的放大比例，参见图 4.34 中的 Ⅰ、Ⅱ。在局部放大图上，局部范围的断裂边界线用波浪线画出，其剖面符号应与原图中的剖面符号一致。

当机件上只有一个被放大部位时，只需在局部放大图上注明所采用的放大比例，参见

图4.35。在局部放大图表达完整的前提下,允许在原图中简化放大部位的图形。当同一机件上不同部位的局部放大图相同或对称时,只需画出一个,并在多个放大部位标注同一罗马数字,如图4.36所示。

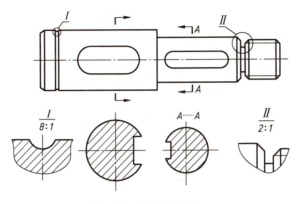

图 4.34　局部放大图一

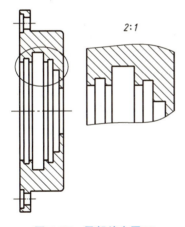

图 4.35　局部放大图二

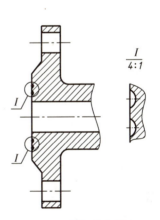

图 4.36　局部放大图三

4.4.2　简化画法和规定画法

简化画法的原则如下。

(1) 必须保证不会引起误解。
(2) 便于识读和绘制,注重简化的综合效果。
(3) 在考虑便于手工制图和计算机制图的同时,要考虑缩微制图的要求。

1. 相同要素的简化画法

(1) 当机件具有若干个相同结构(如齿、槽等)并按一定规律分布时,只需画出几个完整的结构,其余用细实线连接,并在零件图中注明结构的总数,如图4.37所示。
(2) 当机件具有若干个按一定规律分布且等直径的孔(圆孔、螺纹孔、沉孔等)时,可以仅画出一个或少量孔,其余只需用细点画线或"✚"表示中心位置,但应在零件图中注明孔的总数,如图 4.38 所示。

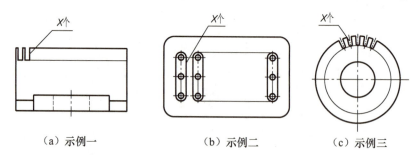

图 4.37 有规律分布的相同结构的简化画法

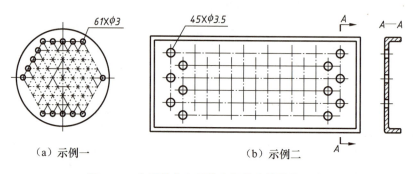

图 4.38 有规律分布且等直径的孔的简化画法

2. 按圆周均匀分布的孔的简化画法

法兰上按圆周均匀分布的孔的简化画法如图 4.39 所示。

3. 网状物及滚花的简化画法

网状物、编织物或机件上的滚花部分,可在轮廓线内示意地画出部分细实线,并加旁注或在技术要求中注明这些结构的具体要求,如图 4.40 所示。

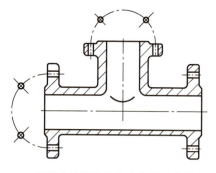

图 4.39 法兰上按圆周均匀分布的孔的简化画法

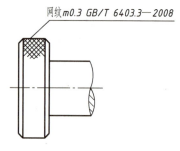

图 4.40 滚花的简化画法

4. 机件上各种细小结构的简化画法

（1）在不会引起误解时，允许机件上的小圆角、小倒角（或45°小倒角）在图上省略不画，但必须注明尺寸或在技术要求中加以说明，如图4.41所示。

（2）如果机件上斜度不大的结构已在一个图形中表达清楚，则其他图形可按小端画出，如图4.42所示。

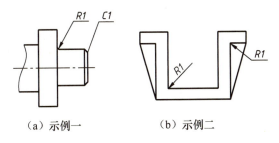
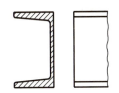

图4.41　机件上小圆角、小倒角的简化画法　　　　图4.42　斜度不大的结构的简化画法

（3）机件上的小平面在图形中不能充分表达时，可用平面符号（相交的两条细实线）表示，如图4.43所示。

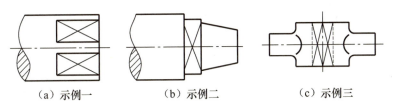

图4.43　机件上的小平面的简化画法

（4）某些细小结构（如小平面、小锥孔等）已有视图表示清楚时，在其他视图上的投影可以简化，如图4.44所示。

（5）在不会引起误解时，非圆曲线的过渡线及相贯线允许简化为圆弧或直线，相贯线的简化画法如图4.45所示。

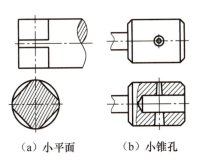
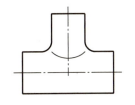

图4.44　机件细小结构的简化画法　　　　图4.45　相贯线的简化画法

（6）机件上对称结构（如键槽、方孔等）的局部视图在不会引起误解时可以采用简化画法，如图4.46所示。

（7）对投影面倾角小于或等于30°的圆或圆弧，在该投影面上的投影可用圆或圆弧代替，如图4.47所示。

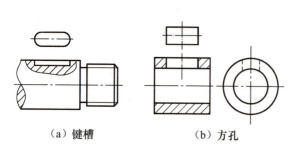

（a）键槽　　　　　（b）方孔

图 4.46　键槽和方孔的简化画法

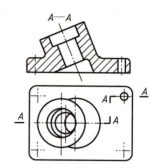

图 4.47　倾角小于或等于30°的圆或圆弧的简化画法

5. 对称机件的简化画法

在不会引起误解时，对称机件的视图可只画出1/2或1/4，并在对称中心线的两端画出两条与其垂直的平行细实线，如图4.48（a）所示。有时可画出略大于1/2，如图4.48（b）所示。

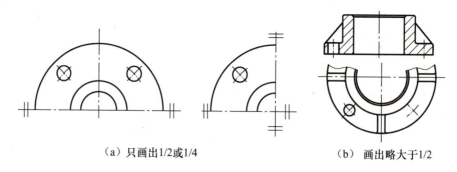

（a）只画出1/2或1/4　　　　　（b）画出略大于1/2

图 4.48　对称机件的简化画法

6. 断裂画法

较长的机件（如轴、杆件、型材、连杆等）沿长度方向的形状一致或按一定规律变化时，可断开后缩短绘制，但必须按照原来的实际长度标注尺寸，如图4.49所示。断裂线可用波浪线表示，如图4.49（a）所示；也可用两条平行的细双点画线表示，如图4.49（b）所示；断裂线较长时，可用细折线表示。

7. 假想画法

当需要表示剖切面前面的结构时，这些结构按假想投影的轮廓线（细双点画线）表示，如图4.50所示。

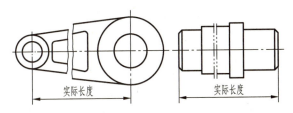
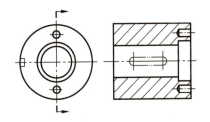

（a）断裂线用波浪线表示　　（b）断裂线用两条平行的细双点画线表示

图 4.49　断裂画法　　　　　　　　　　　　图 4.50　假想画法

4.4.3　表达方法综合举例

机件的形状复杂多样，在绘制机械图样的过程中应根据具体结构形状选用恰当的表达方法，同一机件可有多种表达方法。选择表达方法的总体原则是完整、清晰、简洁、便于读图及标注尺寸。下面以图 4.51 所示的泵体为例，说明机件表达方法的选择方法和步骤。

1. 形体分析

泵体的上半部分主要由直径不同的两个圆柱体、圆柱形内腔、左右两个凸台及背后的锥台等组成，下半部分是一个长方形底板，底板上有两个安装孔，中间部分为连接块，它将上、下两部分连接起来。

图 4.51　泵体

2. 选择机件的表达方法

通常选择最能反映零件特征的投射方向作为主视图的投射方向，参见图 4.51 中的箭头。由于泵体前端的圆柱直径最大，它遮住了后面直径较小的圆柱，因此，为了表达它的形状和左右两端的螺孔及底板上的两个安装孔，应在主视图上取剖视图；但泵体前端的大圆柱及均匀分布的三个螺孔也需表达，考虑泵体是对称的，因而选用半剖视图，以达到内、外结构都能表达的要求，如图 4.52 所示。选择左视图表示泵体上部沿轴线方向的结构，为了表示内腔形状应取剖视图。但若作全剖视图，则由于下半部分都是实心体，没有必要全部剖切，因此采用局部视图，可保留一部分外形，便于读图。底板及中间连接块及其两边的肋板可在俯视图上取全剖视图表达，剖切位置选图上的 A—A 处较为合适。

3. 标注尺寸

零件的某些细节结构可以利用所标注的尺寸帮助表达。例如，泵体背后的圆锥形凸台在左视图上标注尺寸 $\phi35$、$\phi30$ 后，在主视图上就不必再画虚线；又如，主视图上的尺寸 $2\times\phi6$ 后面加上"通孔"二字后，就不必再画视图表达了。在视图上的尺寸标注方法同样适合剖视图。但在剖视图上标注尺寸时，还应注意以下几点。

（1）在同一轴线上的圆柱和圆锥的直径尺寸应尽量标注在剖视图上，避免标注在投影为同心圆的视图上，如图 4.52 中左视图上的 $\phi14$、$\phi30$、$\phi35$ 等。但在特殊情况下，当在剖视图上标注直径尺寸有困难时,可以标注在投影为圆的视图上。例如,泵体的内腔是一偏心距为2.5的圆柱,为了明确表达各部分圆柱的轴线位置,其直径尺寸 $\phi 98$、$\phi 120$、$\phi 130$ 等应标注在主视图上。

(2) 采用半剖视图后,有些尺寸(如主视图上的直径中 $\phi 120$、$\phi 130$、$\phi 116$ 等)不能完整地标注出来,尺寸线应略超过圆心或对称中心线,仅在尺寸线的一端画出箭头。

(3) 在剖视图上标注尺寸时,应尽量把外形尺寸和内部结构尺寸在视图的两侧分开标注,既清晰又便于读图,如在左视图上将外形尺寸 90、48、19 和内形尺寸 52、24 分开标注。为了使图面清晰且查阅方便,一般应尽量将尺寸标注在视图外。但如果将泵体左视图的内形尺寸 52、24 引到视图的下方,则尺寸界线过长,而且会穿过下部不剖切部分的图形,这样反而不清晰,因此将尺寸标注在视图内。

(4) 如果必须在剖面线中标注尺寸数字,则应在数字处将剖面线断开,如左视图的孔深24。

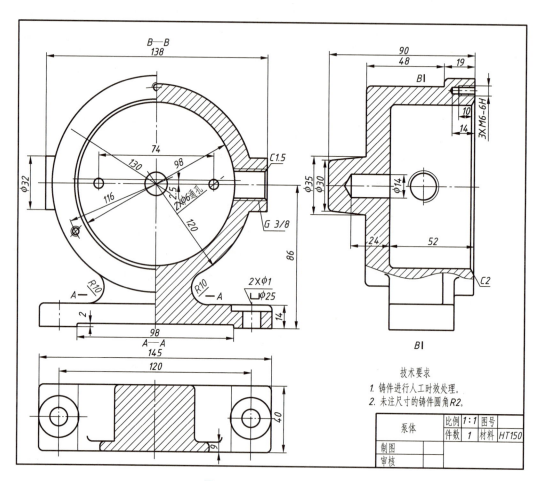

图 4.52 泵体的半剖视图

素养提升

本章讲解了机械制图的投影理论和机件图样的表示方法，学生可掌握绘制机械图样的理论基础，要想绘制出符合规范且清晰明了的图样，还需要反复练习。要认真对待每次绘图，一定要具备工匠精神，精雕细磨，努力做到少出错或不出错；力求做到每条线条的画法、每个数字和字母的写法都严格按照国家标准的规定执行，不能马虎。

工匠精神是一种职业精神，它是职业道德、能力、品质的体现。"蛟龙号"是我国首个大深度载人潜水器，有十几万个零部件，组装的最大难度就是保证密封性，要求精密度达到"丝"级，而能实现这个精密度的只有钳工顾秋亮。他因为有这样的绝活儿而被称为"顾两丝"。他埋头苦干、踏实钻研、挑战极限，推动我国从海洋大国向海洋强国迈进。

建议学生搜索观看节目《时代楷模发布厅》《大国工匠》。

习　题

1. 如何布置六个基本视图？其标注有哪些规定？
2. 视图的作用是什么？视图分为哪几种？各视图有什么特点？分别如何绘制及标注？
3. 什么是剖视图？画剖视图时应该注意哪些问题？
4. 剖视图分为哪几种？各种剖视图分别适用于哪些情况？
5. 剖切方法分为哪几种？各种剖切方法分别适用于哪些情况？
6. 一般应如何标注剖视图？在什么情况下可省略箭头或省略标注？
7. 断面图分为哪几种？它们分别适用于哪些情况？
8. 剖视图和断面图的区别是什么？
9. 如何绘制及标注移出断面图和重合断面图？
10. 什么是局部放大图？画局部放大图时应如何标注？
11. 什么是简化画法？为什么采用简化画法？

第 5 章
标准件与常用件

教学提示

在机器或仪器中,有些大量使用的零件(如螺栓、螺钉、螺母、键、销、滚动轴承等)用于紧固和连接,它们的结构、尺寸、规格、标记和技术要求等均已标准化,此类零件统称标准件;齿轮、弹簧等零件大量用于机械的传动、支承或减振,它们的部分参数实行标准化、系列化,称为常用件。本章主要介绍这些零件的结构、规定画法和标注。

教学要求

通过学习本章内容,要求学生熟练掌握螺纹、螺纹紧固件、键、销等标准件,以及齿轮、弹簧等常用件的结构、规定画法和标注。

组成部件或机器的零件(如螺纹紧固件、齿轮、滚动轴承、弹簧等)应用范围广、需求量大,为了便于制造和使用,提高生产效率,国家标准将它们的结构、形式、画法、尺寸精度等全部或部分地进行了标准化。本章主要介绍这些标准件和常用件的结构、规定画法和标注。

5.1 螺　　纹

5.1.1 螺纹的结构

螺纹是指在圆柱(圆锥)等回转体的内、外表面上,沿着螺旋线形成具有相同断面形状的连续凸起和凹槽的结构。在外表面上形成的螺纹,称为外螺纹(如螺栓);在内表面上形成的螺纹,称为内螺纹(如螺母),内、外螺纹需配对使用。

螺纹加工方法较多,如可在车床上车削,也可用成形刀具(如板牙、丝锥)加工,如图 5.1 所示。

标准件与常用件 第 5 章

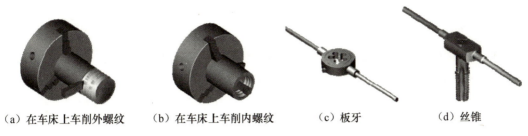

（a）在车床上车削外螺纹　　（b）在车床上车削内螺纹　　（c）板牙　　（d）丝锥

图 5.1　螺纹加工方法

螺纹由牙型、直径、线数、螺距和导程、旋向五个要素确定。内、外螺纹配对使用时，其五要素只有完全相同才能相互旋合。

▶ 螺纹五要素

1. 螺纹牙型

在加工螺纹的过程中，由于刀具的切入（或压入）构成了凸起和沟槽两部分，凸起的顶端称为螺纹牙顶，沟槽的底部称为螺纹牙底。在通过螺纹轴线的断面上，螺纹的轮廓形状称为螺纹牙型。常见的螺纹牙型有三角形、梯形、锯齿形、矩形等，如图 5.2 所示。不同的牙型有不同的用途，见 5.1.3 节表 5-1。

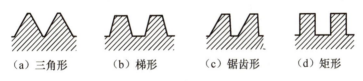

（a）三角形　　（b）梯形　　（c）锯齿形　　（d）矩形

图 5.2　螺纹牙型

2. 螺纹直径

螺纹直径分为大径、中径、小径（外螺纹直径代号为 d，内螺纹直径代号为 D），如图 5.3 所示。

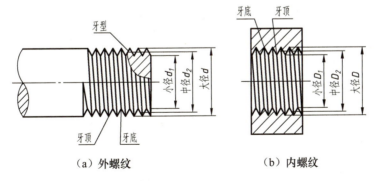

（a）外螺纹　　　　　　（b）内螺纹

图 5.3　螺纹直径

与外螺纹牙顶或内螺纹牙底相切的假想圆柱面的直径称为大径（d 或 D）；与外螺纹牙底或内螺纹牙顶相切的假想圆柱面的直径称为小径（d_1 或 D_1）；在大径和小径之间，通过牙型上沟槽及凸起轴向宽度和厚度相等处的假想圆柱面的直径称为中径（d_2 或 D_2）。除管螺纹外，螺纹的公称直径通常指螺纹大径。

3. 螺纹线数

螺纹线数有单线和多线之分。沿一条螺旋线形成的螺纹称为单线螺纹，如图 5.4（a）所示；沿两条或两条以上螺旋线形成的且在轴向等距分布的螺纹称为多线螺纹，如图 5.4（b）所示。

4. 螺纹螺距和导程

如图 5.4 所示，相邻两牙在螺纹中径线上对应两点间的轴向距离称为螺纹螺距，用 P 表示；同一条螺旋线上相邻两牙在中径线上对应两点间的轴向距离称为螺纹导程，用 Ph 表示。对于单线螺纹，$Ph=P$；对于多线螺纹，$Ph=nP$，n 为螺纹线数。

5. 螺纹旋向

螺纹旋向是指螺纹旋转时旋入的方向。如图 5.5 所示，顺时针旋转时旋入的螺纹称为右旋螺纹，工程中常采用右旋螺纹；逆时针旋转时旋入的螺纹称为左旋螺纹。

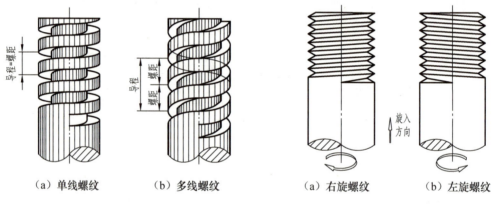

（a）单线螺纹　　（b）多线螺纹　　　　（a）右旋螺纹　　（b）左旋螺纹

图 5.4　螺纹线数、螺距和导程　　　　图 5.5　螺纹旋向

在螺纹五要素中，牙型、直径和螺距是决定螺纹的基本要素，该三要素都符合国家标准的称为标准螺纹；牙型符合标准，而直径、螺距不符合标准的称为特殊螺纹；牙型不符合标准的螺纹称为非标准螺纹。

5.1.2　螺纹的规定画法

国家标准 GB/T 4459.1—1995《机械制图　螺纹及螺纹紧固件表示法》规定了螺纹及螺纹紧固件在图样中的表示法。

1. 外螺纹的画法

（1）螺纹的大径（牙顶）和螺纹终止线用粗实线绘制，螺纹的小径（牙底）用细实线绘制，在轴向视图中倒角或倒圆内部的细实线也应画出，如图 5.6（a）所示。

（2）在端面（投影为圆）视图中，大径（牙顶）画粗实线圆，小径（牙底）画 3/4 圆周细实线圆（通常画成 $0.85d$），倒角圆省略不画，如图 5.6（b）、图 5.6（c）所示。

(3) 在剖视图中，螺纹终止线只画出大径和小径之间的一段粗实线；剖面线穿过小径线（细实线）终止于大径线（粗实线），如图 5.6（c）所示。

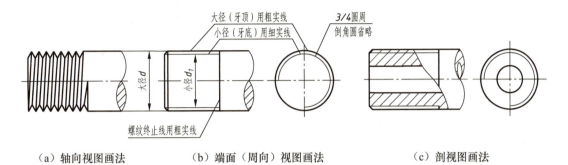

图 5.6 外螺纹的画法

2. 内螺纹的画法

(1) 内螺纹轴向剖视图如图 5.7（a）所示。内螺纹的大径用细实线绘制，小径和螺纹终止线用粗实线绘制，剖面线必须穿过大径线（细实线）终止于小径线（粗实线）。在端面（周向）视图中，小径画粗实线圆，大径画细实线圆，只画 3/4 圆周，倒角圆省略不画，如图 5.7（b）所示。

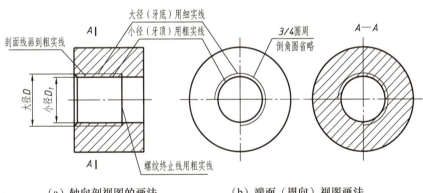

图 5.7 内螺纹的画法

(2) 绘制内螺纹不通孔时，如图 5.8（a）所示，钻孔深度和螺纹孔深度应分别画出，钻孔底部的锥顶角画成 120°。一般钻孔比螺纹孔深 $(0.2 \sim 0.5)D$。

(3) 螺纹孔与光孔相贯或两螺纹孔相贯时，相贯线按螺纹的小径画出，如图 5.8（b）、图 5.8（c）所示。

3. 内、外螺纹的连接画法

在剖视图中，内、外螺纹旋合部分按外螺纹画法绘制，其余非旋合部分按各自规定画法绘制。当螺杆是实心件时，在轴向剖视图中按不剖绘制；同时，内螺纹的大径与外螺纹的大径、内螺纹的小径与外螺纹的小径（相应的粗实线、细实线）应分别对齐，剖面线终止于粗实线处，如图 5.9 所示。

(a) 内螺纹不通孔的画法

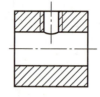
(b) 螺纹孔与光孔相贯

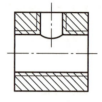
(c) 螺纹孔与螺纹孔相贯

图 5.8　不通螺纹孔及螺纹孔相贯的画法

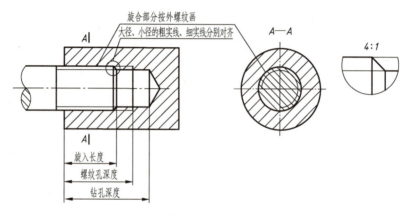

图 5.9　内、外螺纹的连接画法

5.1.3　螺纹的种类

常用螺纹按用途分为连接螺纹和传动螺纹两大类，见表 5-1。

表 5-1　常用螺纹

螺纹种类			特征代号	牙型	用途
连接螺纹	普通螺纹	粗牙普通螺纹	M		用于一般零件的连接，是最常用的连接螺纹
		细牙普通螺纹			用于细小的精密零件或薄壁零件的连接
	管螺纹	55°非密封管螺纹	G		用于水管、油管、气管等低压的管路连接
		55°密封管螺纹 圆锥外螺纹	R_1、R_2		用于密封性要求高的水管、油管、气管等中、高压的管路连接
		55°密封管螺纹 圆锥内螺纹	Rc		
		55°密封管螺纹 圆柱内螺纹	Rp		

续表

螺纹种类		特征代号	牙型	用途
传动螺纹	梯形螺纹	Tr	(30°牙型图)	用于承受两个方向轴向力的场合，如机床的传动丝杠等
	锯齿形螺纹	B	(3°、30°牙型图)	用于只承受单方向力的场合，如虎钳、千斤顶的丝杠等

连接螺纹主要用于连接，有普通螺纹和管螺纹。普通螺纹分为粗牙和细牙两种，在大径相同的情况下，细牙螺纹的螺距和高度都比粗牙螺纹的小；管螺纹主要用于管路的连接和密封；梯形螺纹和锯齿形螺纹是常用的传动螺纹，主要用于传递动力和运动，前者可传递双向动力，后者只能传递单向动力。

5.1.4 螺纹的标注

由于各种螺纹采用规定画法后基本相同，无法表示其种类和要素，因此必须按国家标准规定进行标注。常用螺纹的标注见表5-2。

表5-2 常用螺纹的标注

螺纹种类		标注示例	说明
普通螺纹	粗牙螺纹	M12×1.5—7H—L—LH	M12×1.5—7H—L—LH 左旋 长旋合长度 中径和顶径公差带代号 螺距(若为粗牙，则不标注螺距) 公称直径 公称直径为12，左旋螺纹，中径和顶径公差带代号为7H，长旋合长度，细牙的普通内螺纹
	细牙螺纹	M12×1.5—5g6g	M12×1.5—5g6g 公称直径为12，螺距为1.5，右旋螺纹，中径和顶径公差带代号为5g、6g，中等旋合长度，细牙的普通外螺纹

续表

螺纹种类		标注示例	说明
管螺纹	55°非密封管螺纹	G1/2A	尺寸代号为1/2，右旋螺纹，公差等级为A级的非密封管螺纹
	55°密封管螺纹	Rp1/4 Rc3/8	(1) 尺寸代号为1/4，右旋螺纹，螺纹密封的圆柱内管螺纹。 (2) 尺寸代号为3/8，右旋螺纹，螺纹密封的圆锥内管螺纹
梯形螺纹		Tr40×14(P7)LH—7e	Tr40×14(P7)LH—7e 中径公差带代号 左旋 螺距 导程 公称直径 公称直径为40，导程为14，螺距为7，左旋螺纹，中径公差带代号为7e，中等旋合长度，双线梯形外螺纹
锯齿形螺纹		B40×14(P7)	B40×14(P7) 螺距 导程 公称直径 公称直径为40，导程为14，螺距为7，右旋螺纹，中等旋合长度，双线锯齿形外螺纹
矩形螺纹		3 6 ⌀26 ⌀32	矩形螺纹为非标准螺纹，无特征代号和螺纹标记，要标注螺纹的所有尺寸；单线，右旋螺纹

1. 普通螺纹、梯形螺纹和锯齿形螺纹的标注

普通螺纹、梯形螺纹和锯齿形螺纹直接标注在螺纹大径的尺寸线（或其引出线）上。其标注内容及格式如下。

普通螺纹：

螺纹特征代号　尺寸代号—公差带代号—旋合长度代号—旋向代号

梯形螺纹和锯齿形螺纹：

| 螺纹特征代号 | 尺寸代号 | 旋向代号 | — | 公差带代号 | — | 旋合长度代号 |

其中，尺寸代号为"公称直径×导程（螺距）"，螺纹线数隐含在导程（螺距）中。

以上各项说明如下。

（1）螺纹特征代号：普通螺纹、梯形螺纹和锯齿形螺纹的螺纹特征代号分别为 M、Tr 和 B。

（2）公称直径：螺纹大径。

（3）螺距：普通粗牙螺纹不标注，普通细牙螺纹必须标注；单线螺纹标注螺距，多线螺纹标注导程。

（4）旋向代号：左旋螺纹旋向标注为"LH"，右旋螺纹省略旋向标注。

（5）公差带代号：表示尺寸允许误差的范围，由表示其大小的公差等级数字和基本偏差代号组成，如 7H、5g 等。基本偏差代号，内螺纹用大写字母，外螺纹用小写字母；普通螺纹有中径和顶径公差带代号两项，当中径和顶径公差带相同时只标注一个代号（如 M12—6g），当代号不相同时分别标注，如 M12—5g6g；梯形螺纹和锯齿形螺纹只标注中径公差带代号。

（6）旋合长度代号：旋合长度是指内、外螺纹旋合部分轴线方向的长度，分为短（S）、中（N）、长（L）三种。当旋合长度为 N 时，省略标注。

2. 管螺纹的标注

标注管螺纹时，用指引线的形式进行标注，并且指引线从大径线上引出，不得与剖面线平行。其标注内容及格式如下。

| 螺纹特征代号 | 尺寸代号 | — | 螺纹公差等级代号 | — | 旋向代号 |

（1）螺纹特征代号：管螺纹分非螺纹密封的内、外管螺纹和用螺纹密封的圆锥、圆柱管螺纹，其中 R_1 为与圆柱内螺纹（Rp）配合的圆锥外螺纹代号，R_2 为与圆锥内螺纹（Rc）配合的圆锥外螺纹代号。

（2）尺寸代号：不是螺纹大径，而是管子孔径（英制，单位为 in，但不标注单位）。

（3）螺纹公差等级代号：管螺纹中的非螺纹密封外螺纹（G）需要标注公差等级 A 或 B，其他管螺纹都无须标注公差等级。

（4）旋向代号：左旋螺纹标注为"LH"，右旋螺纹省略旋向标注。

5.2 螺纹紧固件

常用的螺纹紧固件有螺栓、双头螺柱、螺母、螺钉和垫圈等，如图 5.10 所示。这些标准件由专门的工厂生产，一般不画出它们的零件图，只需按规定进行标记，根据标记就可从国家标准中查到它们的结构和尺寸。常用螺纹紧固件的简化画法及标记见表 5-3，其详细结构及尺寸见附录 B。

(a)六角头螺栓　　　　(b)双头螺柱　　　　(c)六角螺母　　　　(d)六角开槽螺母

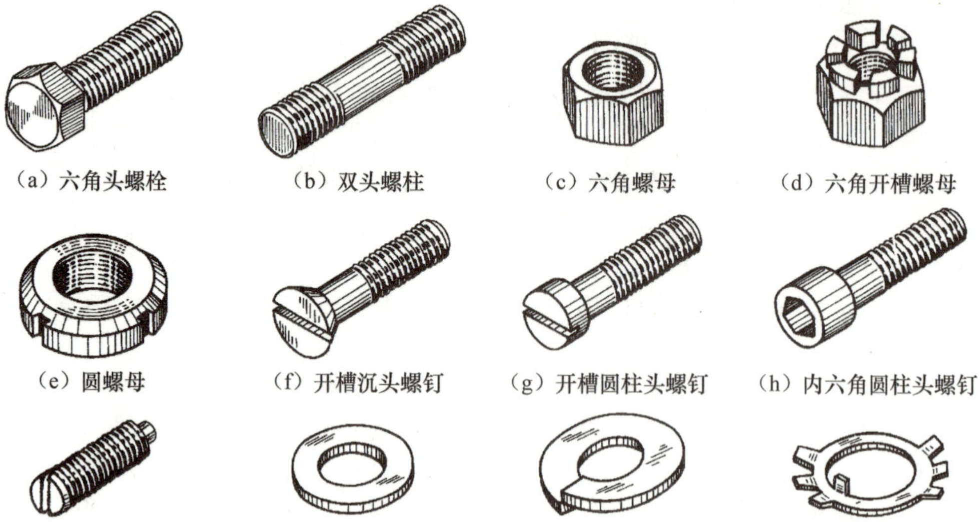

(e)圆螺母　　　(f)开槽沉头螺钉　　　(g)开槽圆柱头螺钉　　　(h)内六角圆柱头螺钉

(i)紧定螺钉　　　　(j)平垫圈　　　　(k)弹簧垫圈　　　　(l)圆螺母用止动垫圈

图 5.10　常用的螺纹紧固件

表 5-3　常用螺纹紧固件的简化画法及标记

名称	简化画法	螺纹标记及说明
六角头螺栓	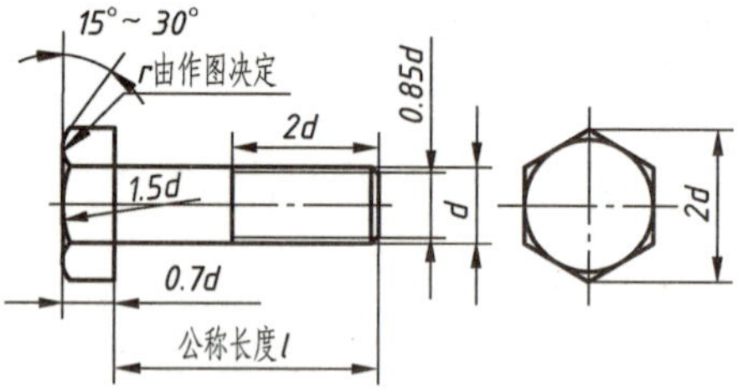	螺栓 GB/T 5782　M12×40 A 级六角头螺栓，公称直径为 12，公称长度为 40，其余尺寸可从国家标准中查出，其中公称长度可根据设计要求查国家标准选定
双头螺柱	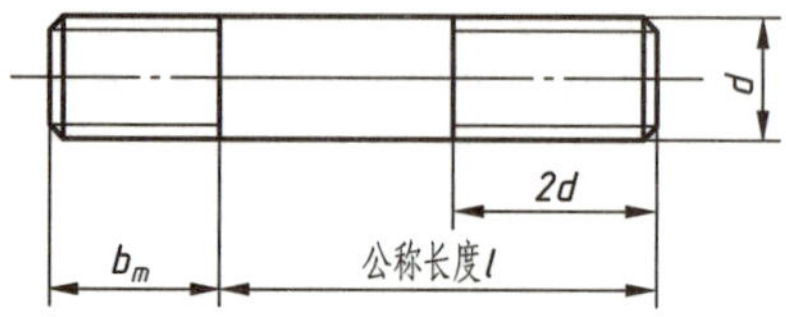	螺柱 GB/T 898　M12×50 B 型双头螺柱，公称直径为 12，公称长度为 50，其余尺寸可从国家标准中查出，旋入端长度 b_m 根据零件材料确定
开槽沉头螺钉	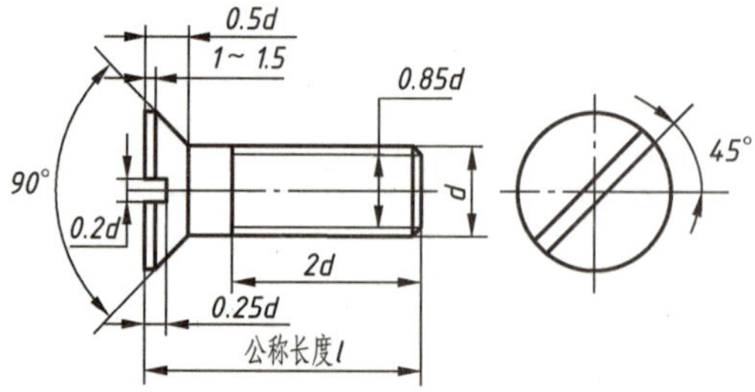	螺钉 GB/T 68　M10×45 开槽沉头螺钉，公称直径为 10，公称长度为 45，其余尺寸可从国家标准中查出，其中公称长度可根据设计要求查国家标准选定

续表

名称	简化画法	螺纹标记及说明
开槽圆柱头螺钉	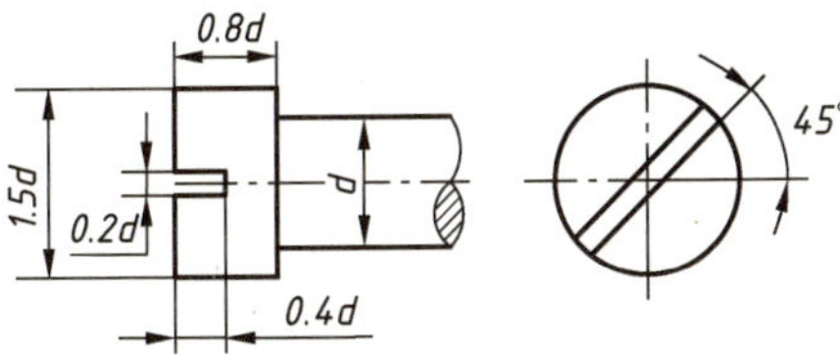 (图示：0.8d、1.5d、0.2d、0.4d、d、45°)	螺钉 GB/T 65　M10×45 开槽圆柱头螺钉，公称直径为10，公称长度为45，其余尺寸可从国家标准中查出，其中公称长度可根据设计要求查国家标准选定
内六角圆柱头螺钉	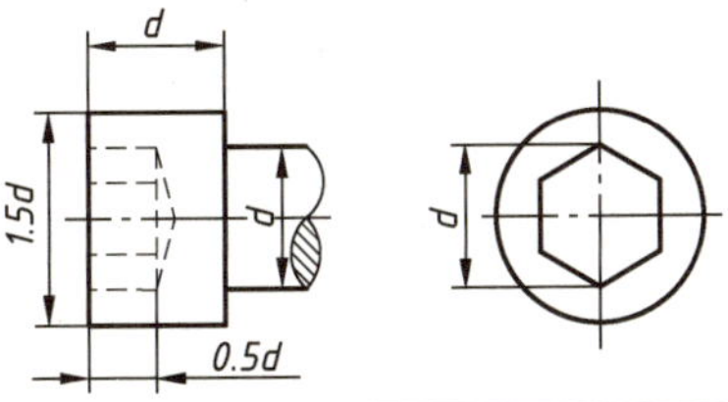 (图示：d、1.5d、0.5d)	螺钉 GB/T 70.1　M10×45 内六角圆柱头螺钉，公称直径为10，公称长度为45，其余尺寸可从国家标准中查出，其中公称长度可根据设计要求查国家标准选定
六角螺母	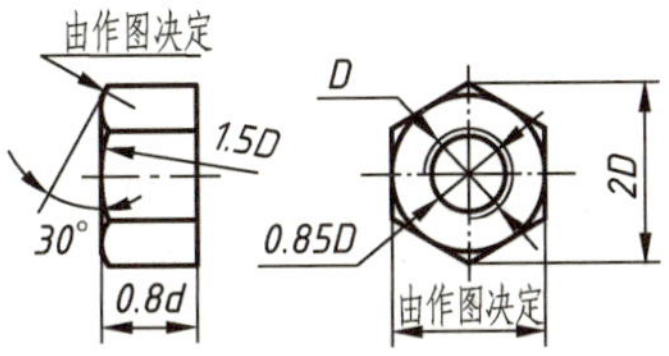 (图示：由作图决定、1.5D、30°、0.8d、0.85D、D、2D、由作图决定)	螺母 GB/T 6170　M12 A级1型六角螺母，规格尺寸M12可从国家标准中查出其余尺寸
平垫圈	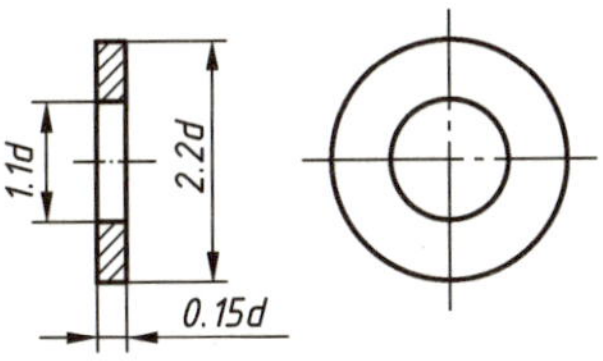 (图示：1.1d、2.2d、0.15d)	垫圈 GB/T 97.1　16 A级平垫圈，公称尺寸 $d=16$，可从国家标准中查出其余尺寸
弹簧垫圈	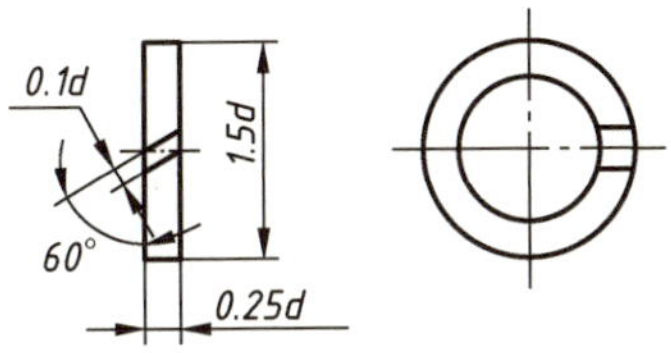 (图示：0.1d、1.5d、60°、0.25d)	垫圈 GB 93—87　16 标准型弹簧垫圈，公称尺寸 $d=16$ 是指与其相匹配的螺纹大径16mm，可从国家标准中查出其余尺寸

螺纹紧固件连接属于可拆卸连接，是工程上应用最多的连接方式，其公称长度由被连接零件的有关厚度决定。常用的螺纹连接有螺栓连接、双头螺柱连接、螺钉连接。绘制螺纹连接时，需遵守以下基本规定。

（1）相邻两零件表面接触时，只画一条粗实线；不接触时，按各自尺寸画出两条粗实线，如果间隙太小，可夸大画出。

（2）在剖视图中，相邻两零件的剖面线应不同（方向相反或间隔不等）。在同一张图纸上，同一个零件的剖面线方向与间隔无论在哪个视图中均应一致。

（3）在剖视图中，当剖切平面通过螺纹紧固件或实心杆件的轴线时，这些零件按不剖绘制。

5.2.1 螺栓连接

螺栓连接

螺栓连接适用于被连接件厚度不大,允许钻成通孔且要求连接力较大。常用的螺纹紧固件有螺栓、螺母、垫圈。装配时,预先在被连接件上加工出螺栓孔(一般取孔径 $d_0=1.1d$);再将螺栓插入螺栓孔,垫上垫圈,拧紧螺母,完成螺栓连接。螺栓连接及其画法如图 5.11 所示。

螺栓连接按以下步骤绘制。

(1) 根据螺栓、螺母、垫圈的标记,查附录后绘制,或参照表 5-3 中的简化画法确定全部尺寸后,按比例关系画出。此时,除了被连接件厚度、螺栓公称长度 l,其他所有尺寸都以 d 为依据。

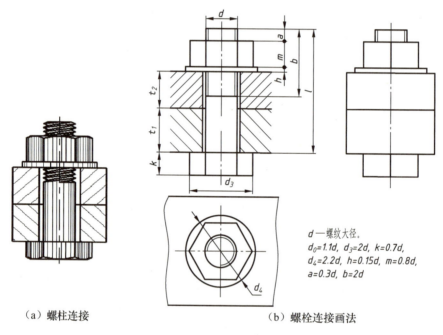

(a) 螺柱连接　　　　　　　(b) 螺栓连接画法

d——螺纹大径。
$d_0=1.1d$, $d_3=2d$, $k=0.7d$,
$d_4=2.2d$, $h=0.15d$, $m=0.8d$,
$a=0.3d$, $b=2d$

图 5.11　螺栓连接及其画法

(2) 确定螺栓的公称长度 l。由图 5.11 可知,螺栓的公称长度 l 可按下式估算,即

$$l \geqslant t_1 + t_2 + h + m + a$$

式中,t_1、t_2——被连接件的厚度(已知条件);
　　　h——平垫圈厚度,$h=0.15d$;
　　　m——螺母高度,$m=0.8d$;
　　　a——螺栓末端超出螺母的高度,$a=0.3d$。

由 l 的初算值,查阅附录 B 表 B1,在螺栓标准的公称长度系列值中选取一个近似值。

5.2.2 双头螺柱连接

双头螺柱连接适用于某一被连接零件较厚、不宜加工成通孔或受结构上的限制不宜用螺栓连接且要求连接力较大的情况,通常在较厚的零件上加工成不通的螺纹孔,较薄的零件加工成通孔。

双头螺柱两端都有螺纹,连接时一端必须全部旋入被连接件的螺纹孔,该端称为旋入端,其长度用 b_m 表示;另一端穿过另一被连接件的通孔,套上垫圈,旋紧螺母。

双头螺柱连接常采用简化画法,除了被连接件厚度、旋入端长度及螺柱公称直径 d,其他尺寸都可取与 d 成一定比例的数值来绘制。双头螺柱连接及其画法如图 5.12 所示。

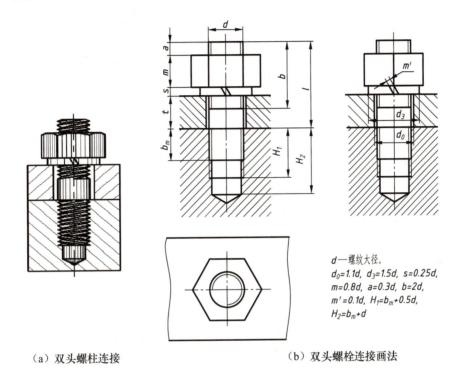

d—螺纹大径。
$d_0=1.1d$, $d_3=1.5d$, $s=0.25d$,
$m=0.8d$, $a=0.3d$, $b=2d$,
$m'=0.1d$, $H_1=b_m+0.5d$,
$H_2=b_m+d$

(a)双头螺柱连接　　　　(b)双头螺栓连接画法

图 5.12　双头螺柱连接及其画法

螺柱的公称长度 l 按下式计算,即

$$l \geqslant t+s+m+a$$

式中,t——较薄零件厚度(已知条件);
　　　s——弹簧垫圈厚度,$s=0.25d$;
　　　m——螺母高度,$m=0.8d$;
　　　a——螺栓末端超出螺母的高度,$a=0.3d$。

查附录 B 表 B3,选取相近的标准长度 l。其旋入端长度 b_m 与被连接件的材料有关,按表 5-4 选取。

表 5-4　双头螺柱旋入端长度参考值

被旋入零件的材料	旋入端长度 b_m	国家标准
钢、青铜	$b_m=1d$	GB/T 897—1988
铸铁	$b_m=1.25d$ 或 $b_m=1.5d$	GB/T 898—1988 或 GB/T 899—1988
铝等轻金属	$b_m=2d$	GB/T 900—1988

5.2.3 螺钉连接

螺钉连接一般用于受力不大且不经常拆装的情况。与双头螺柱连接类似，其中较厚连接件加工成不通的螺纹孔，另一个较薄零件加工成通孔。连接时，直接用螺钉穿过一个零件的通孔而旋入另一个零件的螺纹孔，将两个零件固定在一起。

螺钉种类较多，按用途可分为连接螺钉和紧定螺钉。各种连接螺钉的主要区别在于头部结构，有开槽沉头、开槽圆柱头、内六角圆柱头、开槽圆头等，可参考附录 B 表 B2。常见的螺钉连接及其画法如图 5.13 所示。

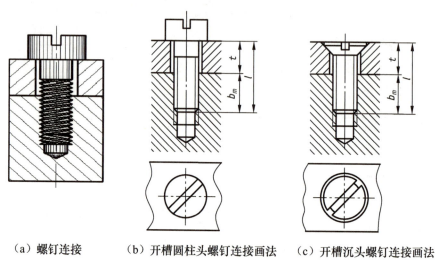

（a）螺钉连接　　　（b）开槽圆柱头螺钉连接画法　　　（c）开槽沉头螺钉连接画法

图 5.13　常见的螺钉连接及其画法

螺钉的公称长度 l 按下式计算，即

$$l \geqslant t + b_m$$

式中，t——较薄零件厚度（已知条件）；

　　　b_m——与被连接件的材料有关，取值与双头螺柱连接中 b_m 的取法相同，按表 5-4 选取。

根据初步算出的 l 值，参考附录 B 表 B2，选取与其相近的螺钉长度的标准值。螺纹孔的螺纹长度可取 $b_m + 0.5d$，即螺钉的螺纹终止线应高出螺孔的端面，或在螺杆的全长都有螺纹。螺钉头部的一字槽在俯视图上画成与中心线成 $45°$。若图形中的槽宽小于或等于 2mm，则可涂黑表示。

紧定螺钉用来固定两个零件的相对位置，使它们不产生相对运动，一般用于受力较小的场合，起定位、防止松动的作用。紧定螺钉连接画法如图 5.14 所示。

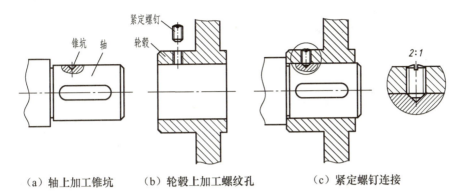

(a) 轴上加工锥坑　　(b) 轮毂上加工螺纹孔　　(c) 紧定螺钉连接

图 5.14　紧定螺钉连接及其画法

5.3　齿　轮

齿轮是机械传动中应用广泛的传动零件，它可以用来传递动力、改变转速和旋转方向。常见的齿轮传动有圆柱齿轮传动，圆锥齿轮传动，蜗轮蜗杆传动等，如图 5.15 所示。

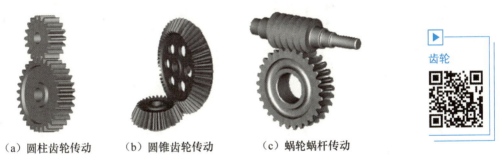

(a) 圆柱齿轮传动　　(b) 圆锥齿轮传动　　(c) 蜗轮蜗杆传动

图 5.15　常见的齿轮传动

圆柱齿轮按轮齿方向的不同，可分为直齿圆柱齿轮、斜齿圆柱齿轮、人字齿圆柱齿轮等，其中以直齿圆柱齿轮应用最多，如图 5.16 所示。本节主要介绍直齿圆柱齿轮（齿廓曲线为渐开线）的基本知识和规定画法。

(a) 直齿圆柱齿轮　　(b) 斜齿圆柱齿轮　　(c) 人字齿圆柱齿轮

图 5.16　常见的圆柱齿轮

5.3.1 直齿圆柱齿轮的基本参数

1. 直齿圆柱齿轮各部分名称及有关参数

直齿圆柱齿轮的齿向与齿轮轴线平行。图 5.17 所示为相互啮合的两直齿圆柱齿轮各部分名称及有关参数。

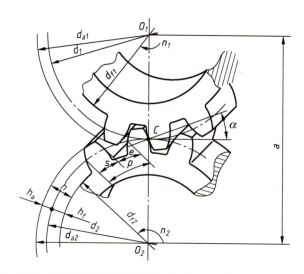

图 5.17 相互啮合的两直齿圆柱齿轮各部分名称及有关参数

(1) 齿顶圆：通过齿轮轮齿顶端的圆，其直径用 d_a 表示。

(2) 齿根圆：通过齿轮轮齿根部的圆，其直径用 d_f 表示。

(3) 分度圆：在齿顶圆与齿根圆之间假想的圆，它是设计、制造齿轮时计算的基准圆，在该圆上，齿厚 s 与齿槽宽 e 相等，其直径用 d 表示。

(4) 齿顶高：齿顶圆与分度圆之间的径向距离；用 h_a 表示。

(5) 齿根高：齿根圆与分度圆之间的径向距离，用 h_f 表示。

(6) 齿高：齿顶圆与齿根圆之间的径向距离，用 h 表示，$h = h_a + h_f$。

(7) 齿厚：在分度圆上，同一齿两侧齿廓之间的弧长，用 s 表示。

(8) 槽宽：在分度圆上，齿槽宽度的弧长，用 e 表示。

(9) 齿距：在分度圆上，相邻两齿同侧齿廓之间的弧长，用 p 表示，$p = s + e$。

(10) 齿数：齿轮的轮齿数，用 z 表示。

(11) 压力角：两齿轮啮合时齿廓在节点 C 处的公法线与两节圆的公切线所夹的锐角，我国标准圆柱直齿齿轮的压力角为 20°，用 α 表示。

(12) 模数：当用分度圆分齿时，分度圆周长为 $\pi d = pz$，则 $d = pz/\pi$。为了计算和测量方便，令 $m = p/\pi$，则 $d = mz$。式中，m 为模数，它是设计和制造齿轮的重要参数，单位为 mm。为了便于设计和加工，模数已经标准化，见表 5-5。

表 5-5　圆柱齿轮的标准模数（GB/T 1357—2008）　　　　　　单位：mm

第Ⅰ系列	1、1.25、1.5、2、2.5、3、4、5、6、8、10、12、16、20、25、32、40、50
第Ⅱ系列	1.125、1.375、1.75、2.25、2.75、3.5、4.5、5.5、(6.5)、7、9、11、14、18、22、28、36、45

注：应优先选用第Ⅰ系列，其次选用第Ⅱ系列；括号内的模数尽量不用；对斜齿圆柱齿轮来说指的是法向模数。

（13）节圆：一对标准齿轮啮合后，在理想状态下两个分度圆是相切的，此时的分度圆称为节圆。

（14）中心距：两齿轮回转中心的距离，用 a 表示，$a=(d_1+d_2)/2=m(z_1+z_2)/2$。

（15）传动比：主动齿轮转速 n_1(r/min) 与从动齿轮转速 n_2(r/min) 的比值，用 i 表示，$i=n_1/n_2$。由于主动齿轮和从动齿轮单位时间里转过的齿数相等，即 $n_1z_1=n_2z_2$，因此 $i=z_2/z_1$。

2. 直齿圆柱齿轮各部分尺寸的计算公式

标准直齿圆柱齿轮各部分尺寸都与模数有关。设计齿轮时，先确定模数 m 和齿数 z，再根据表 5-6 中的计算公式计算出各部分尺寸。

表 5-6　直齿圆柱齿轮各部分尺寸的计算公式

名称	代号	计算公式	计算举例（$m=2$、$z_1=17$、$z_2=38$）
分度圆直径	d	$d_1=mz_1$、$d_2=mz_2$	$d_1=34$、$d_2=76$
齿顶高	h_a	$h_a=m$	$h_a=2$
齿根高	h_f	$h_f=1.25m$	$h_f=2.5$
齿高	h	$h=h_a+h_f=2.25m$	$h=4.5$
齿顶圆直径	d_a	$d_{a1}=m(z_1+2)$、$d_{a2}=m(z_2+2)$	$d_{a1}=38$、$d_{a2}=80$
齿根圆直径	d_f	$d_{f1}=m(z_1-2.5)$、$d_{f2}=m(z_2-2.5)$	$d_{f1}=29$、$d_{f2}=71$
齿距	p	$p=\pi m$	$p\approx 6.2832$
中心距	a	$a=(d_1+d_2)/2=m(z_1+z_2)/2$	$a=55$
传动比	i	$i=n_1/n_2=z_2/z_1$	$i\approx 2.2353$

注：表中 d_a、d_f、d 的计算公式适用于外啮合直齿圆柱齿轮传动。

5.3.2　圆柱齿轮的画法

1. 单个圆柱齿轮的画法

单个圆柱齿轮的画法如图 5.18 所示，齿顶圆和齿顶线用粗实线绘制；分度圆和分度线用细点画线绘制；齿根圆和齿根线用细实线绘制，一般可省略不画；在剖视图中，齿根线用粗实线绘制，当剖切平面通过齿轮的轴线时，轮齿均按不剖绘制。

当需要表示齿向（如斜齿、人字齿）时，可用三条与齿向一致的平行细实线表示，如图 5.18（c）、图 5.18（d）所示。

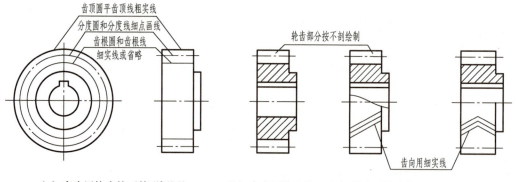

图 5.18　单个圆柱齿轮的画法

2. 直齿圆柱齿轮啮合后的画法

当两个标准直齿圆柱齿轮正确安装且相互啮合时,两个分度圆相切。非啮合区均按单个圆柱齿轮画法绘制,啮合后的画法如下。

在轴向剖视图中,两齿轮的节线在啮合区重合,只画一条细点画线;两齿轮的齿根线都用粗实线绘制;一个齿轮的齿顶线用粗实线绘制,另一个齿轮(通常是从动轮)用细虚线绘制,齿顶线与齿根线之间有 $0.25m$ (m 为模数)的间隙,如图 5.19(a)所示。

在端面视图(周向视图)中,两节圆相切,用细点画线绘制;两个齿顶圆均用粗实线绘制,在啮合区可以省略不画;两个齿根圆用细实线绘制[图 5.19(b)]或省略不画[图 5.19(c)]。

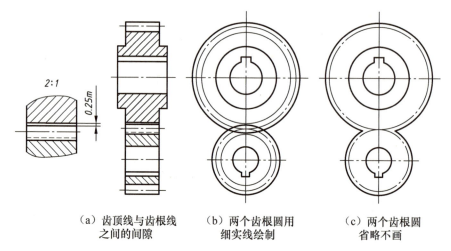

图 5.19　直齿圆柱齿轮啮合后的画法

3. 单个圆柱齿轮的零件图

单个圆柱齿轮的零件图一般用轴向视图(剖视图)和周向视图(或局部剖视图)表示。为了方便齿轮的制造和检验,齿轮的模数、齿数、压力角、精度等级等重要参数均要列表标注在零件图的右上角,如图 5.20 所示。

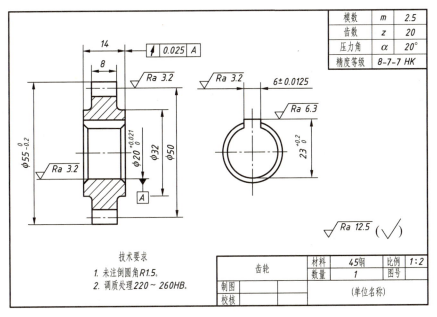

图 5.20 单个圆柱齿轮的零件图示例

5.4 键 与 销

5.4.1 键连接

键是标准件,主要用来连接轴和轴上的传动件(如齿轮、带轮等),使轴与传动件之间不发生相对转动,起到传递转矩的作用。通常,先在轴和轮毂上分别加工出键槽,再将键装入键槽,可实现轮和轴的共同转动,如图 5.21(a)所示。

键的种类很多,常用的键有普通平键、半圆键和钩头楔键等,普通平键分 A 型(双圆头)平键、B 型(方头)平键、C 型(单圆头)平键三种,分别如图 5.21(b)、图 5.21(c)、图 5.21(d)所示。

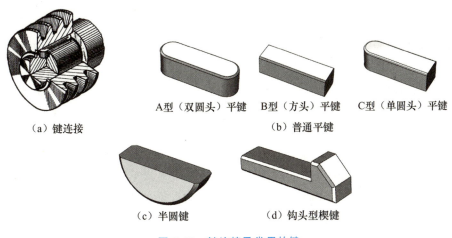

图 5.21 键连接及常用的键

常用键及其标记见表 5-7。根据键的标记，可在国家标准中查出相关尺寸。

键的基本尺寸（如宽 b 和高 h）均为标准值，可通过查国家标准（见附录 B 表 B6.1 和表 B6.2）确定；键的长度 l 取决于传递转矩，选取相近的标准长度（见附录 B 表 B6.1 和表 B6.2）。

表 5-7 常用键及其标记示例

名称	图例	标记示例
普通平键 GB/T 1096—2003	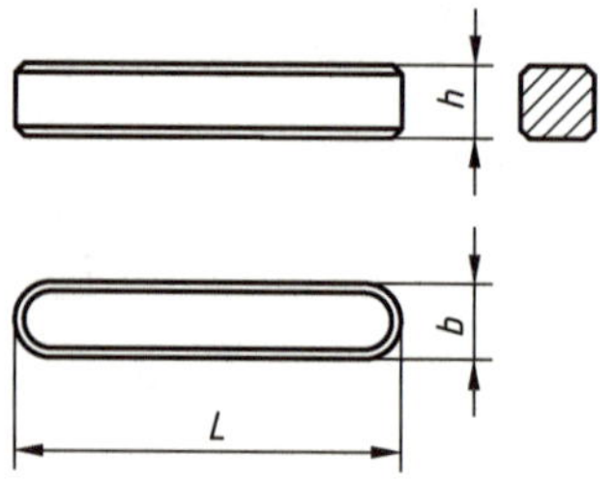	GB/T 1096　键 $b \times h \times L$ 例如：$b=12$mm，$h=8$mm，$L=50$mm，普通 B 型平键的标记为"GB/T 1096　键 B12×8×50"；A 型普通平键不标"A"
半圆键 GB/T 1099.1—2003	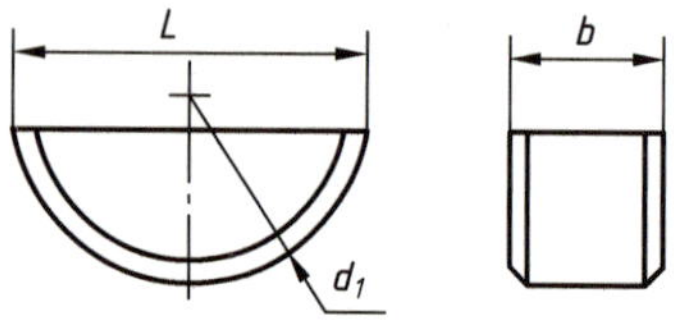	GB/T 1099.1　键 $b \times h \times d_1$ 例如：$b=6$mm，$h=10$mm，$L=25$mm，普通型半圆键的标记为"GB/T 1099.1 键 6×10×25"
钩头型楔键 GB/T 1565—2003	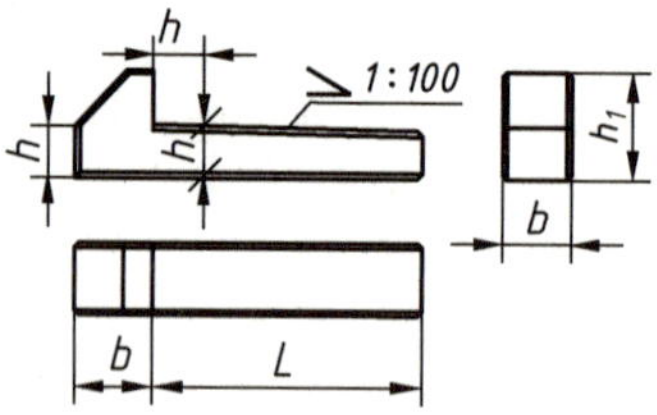	GB/T 1565　键 $b \times L$ 例如：$b=16$mm，$h=10$mm，$L=100$mm，钩头型楔键的标记为"GB/T 1565　键 16×100"

1. 普通平键

（1）普通平键键槽的画法及尺寸标注。

用键连接轴和轮，必须在轴和轮上加工出键槽。装配时，一部分键嵌入轴上的键槽，另一部分嵌入轮的键槽，以保证轴和轮一起转动。

键槽的画法及尺寸标注如图 5.22 所示。标注尺寸时，轴上的键槽应标注键宽 b 和键槽深 $d-t_1$，轮毂上的键槽应注出键宽 b 和键槽深 $d+t_2$。键和键槽尺寸可根据轴的直径在附录 B 表 B6.1 中查得。

（2）普通平键连接的画法。

键连接图一般采用剖视图表达，在轴向视图中，轴通常采用局部剖视图表达，键属于纵向剖切，按不剖绘制；在端面（周向）视图中，轴、轮、键都被横向剖切，都应画出剖面线。

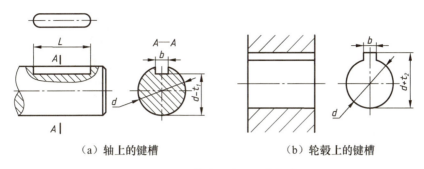

(a) 轴上的键槽　　　　　　　　(b) 轮毂上的键槽

图 5.22　键槽的画法及尺寸标注

普通平键的两侧面为键的工作表面，键与键槽侧面之间不留间隙，应在接触面上画一条轮廓线；键的上表面是非工作面，它与轮毂键槽底面之间应留间隙，画两条轮廓线，如图 5.23 所示。

2. 半圆键及钩头型楔键

半圆键常用在载荷不大的传动轴上，连接情况、画图要求与普通平键相似，同样两侧面为键的工作表面，键的两侧和键底应与轴和轮的键槽表面接触，顶面应有间隙，如图 5.24（a）所示。

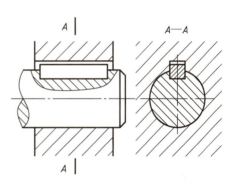

图 5.23　普通平键连接的画法

钩头型楔键的顶面有 1∶100 的斜度，连接时将键打入键槽，靠键的上、下表面与轮毂键槽和轴键槽之间的摩擦力连接。因此，画图时，上、下表面与键槽接触，没有间隙，如图 5.24（b）所示。

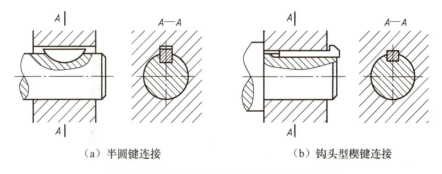

(a) 半圆键连接　　　　　　　　(b) 钩头型楔键连接

图 5.24　半圆键连接、钩头型楔键连接的画法

5.4.2　销连接

销主要用于零件间的连接或定位。常用的销有圆柱销、圆锥销和开口销等，如图 5.25 所示。圆柱销和圆锥销用于零件间的连接或定位；开口销通常与开槽螺母配合使用，用来锁紧螺母，防止松动或固定其他零件。

销是标准件，其规格、尺寸可从国家标准中查得。常用销的标记示例及连接画法见表 5-8。

(a) 圆柱销　　　　(b) 圆锥销　　　　(c) 开口销

图 5.25　常用的销

表 5－8　常用销的标记示例及连接画法

名称	标记示例	连接画法
圆柱销 GB/T 119.2—2000	销　GB/T 119.2　$d \times l$ $d=6$mm、公差为 m6、$l=30$mm、材料为钢、进行普通淬火和表面氧化处理的 A 型圆柱销的标记为"销　GB/T 119.2　6×30"	
圆锥销 GB/T 117—2000	销　GB/T 117　$d \times l$ $d=10$mm、$l=60$mm、材料为 35 钢、热处理硬度 28～38HRC、进行表面氧化处理的 A 型圆锥销的标记为"销　GB/T 117　10×60"	
开口销 GB/T 91—2000	销　GB/T 91　$d \times l$ $d=5$mm、$l=50$mm、材料为碳素钢 Q215 或 Q235、不经表面处理的开口销的标记为"销　GB/T 91　5×50"	

圆柱销或圆锥销的装配要求较高，用销连接的两个零件上的销孔通常要在装配时同时加工。因此，在相应的零件图中销孔的标注一般要加"与××件配作"；加工锥销孔时，

按公称直径先钻孔，再选用定值铰刀扩铰成锥孔，因此，它的公称直径 d 指的是小端直径，标注尺寸时通常引出标注。销孔的尺寸标注如图 5.26 所示。

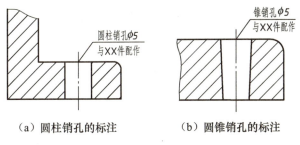

(a) 圆柱销孔的标注　　(b) 圆锥销孔的标注

图 5.26　销孔的尺寸标注

5.5　滚动轴承

5.5.1　滚动轴承的结构、分类和代号

滚动轴承是支承旋转轴的一种标准（组）件，具有结构紧凑、摩擦力小等特点，能在较大的载荷、转速及较高精度范围内工作，广泛应用在机器、仪表等产品中。滚动轴承的种类很多，但其结构大体相同，一般都是由外圈、内圈、滚动体和保持架等组成的。通常，外圈装在机座的孔内固定不动，而内圈套在转动的轴上随轴一起转动。

1. 滚动轴承的分类

滚动轴承的种类很多，按受力方向可分为如下三种。

（1）向心轴承：主要用于承受径向载荷，如图 5.27（a）所示。

（2）推力轴承：主要用于承受轴向载荷，如图 5.27（b）所示。

（3）向心推力轴承：主要用于同时承受径向载荷和轴向载荷，如图 5.27（c）所示。

(a) 向心轴承　　　　(b) 推力轴承　　　　(c) 向心推力轴承

图 5.27　滚动轴承的种类

2. 滚动轴承的代号

滚动轴承的代号是用字母加数字表示滚动轴承的结构、尺寸、公差等级、技术性能等特征的产品符号。它由前置代号、基本代号和后置代号构成。其中前置代号、后置代号是

轴承在结构形状、尺寸、公差、技术要求等有改变时,在其基本代号左、右添加的补充代号。前置代号用字母表示,后置代号用字母或加数字表示,其内容含义和标注详见国家标准 GB/T 272—2017《滚动轴承 代号方法》。如无特殊要求,只标记基本代号。

基本代号由轴承类型代号、尺寸系列代号、内径代号构成,其中尺寸系列代号由轴承的宽(高)度系列代号和直径系列代号组成。其排列顺序为

| 类型代号 | 尺寸系列代号 | 内径代号 |

类型代号用数字或字母表示,见表5-9。

表5-9 类型代号

代号	轴承类型	代号	轴承类型
0	双列角接触球轴承	7	角接触球轴承
1	调心球轴承	8	推力圆柱滚子轴承
2	调心滚子轴承和推力调心滚子轴承	N	圆柱滚子轴承,双列或多列用字母NN表示
3	圆锥滚子轴承	U	外球面球轴承
4	双列深沟球轴承	QJ	四点接触球轴承
5	推力球轴承	C	长弧面滚子轴承(圆环轴承)
6	深沟球轴承		

尺寸系列代号由滚动轴承的宽(高)度系列代号和直径系列代号组成,它反映了同种轴承在内径相同时,内、外圈宽度和厚度的不同及滚动体的尺寸不同,因而其承载能力也不同,见表5-10。

表5-10 尺寸系列代号

直径系列代号	向心轴承							推力轴承			
	宽度系列代号							高度系列代号			
	8	0	1	2	3	4	5	6	7	9	1	2
	尺寸系列代号										
7	—	—	17	—	37	—	—	—	—	—	—	—
8	—	08	18	28	38	48	58	68	—	—	—	—
9	—	09	19	29	39	49	59	69	—	—	—	—
0	—	00	10	20	30	40	50	60	70	90	10	—
1	—	01	11	21	31	41	51	61	71	91	11	—
2	82	02	12	22	32	42	52	62	72	92	12	22
3	83	03	13	23	33	—	—	—	73	93	13	23
4	—	04	—	24	—	—	—	—	74	94	14	24
5	—	—	—	—	—	—	—	—	—	95	—	—

内径代号表示轴承的公称内径，一般用数字表示，见表 5-11。

表 5-11 内径代号

轴承公称内径 d/mm		内径代号	示例
0.6～10（非整数）		用公称内径毫米数直接表示，在其与尺寸系列代号之间用"/"分开	深沟球轴承 618/2.5 d=2.5mm
1～9（整数）		用公称内径毫米数直接表示，对深沟球轴承及角接触球轴承直径系列 7、8、9，内径与尺寸系列代号之间用"/"分开	深沟球轴承 625、618/5 d=5mm； 角接触球轴承 707、719/7 d=7mm
10～17	10	00	深沟球轴承 6200 d=10mm
	12	01	
	15	02	
	17	03	
20～480 （22、28、32 除外）		公称内径除以 5 的商数，商数为个位数，需在其左边加"0"，如 08	调心球轴承 23208 d=5×8mm=40mm
≥500 及 22、28、32		用尺寸内径毫米数直接表示，但在与尺寸系列代号之间用"/"分开	调心球轴承 230/500 d=500mm； 深沟球轴承 62/22 d=22mm

轴承内径代号示例如下。

A 轴承 6204。

其中，6——轴承类型代号，表示深沟球轴承；

2——尺寸系列代号，表示 02 系列（0 省略）；

04——内径代号，d=4×5mm=20mm。

B. 轴承 N2210。

其中，N——轴承类型代号，表示圆柱滚子轴承；

22——尺寸系列代号，表示 22 系列；

10——内径代号，d=10×5mm=50mm。

5.5.2 滚动轴承的画法

滚动轴承是标准（组）件，无须画其零件图。需要表示时，国家标准规定在装配图中可以采用规定画法、特征画法或通用画法绘制，特征画法及通用画法属于简化画法，在同一图样中一般只采用一种简化画法。常用滚动轴承（如深沟球轴承、圆锥滚子轴承和推力球轴承）的规定画法和特征画法见表 5-12。

表 5-12 常用滚动轴承的规定画法和特征画法

轴承类型及标准号	结构型式	规定画法	特征画法
深沟球轴承 GB/T 276—2013 （6000 型） （主要参数有 D、d、B）		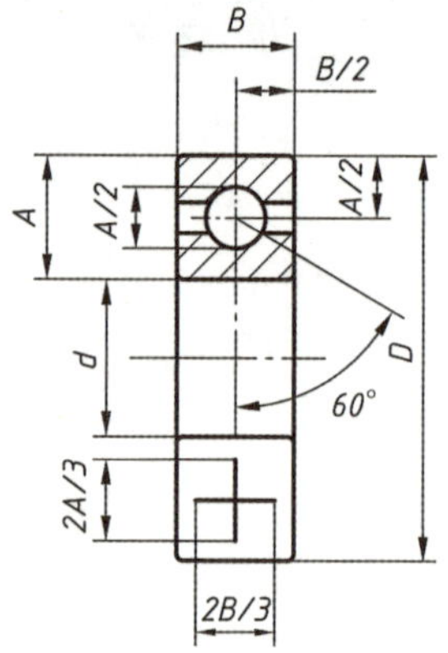	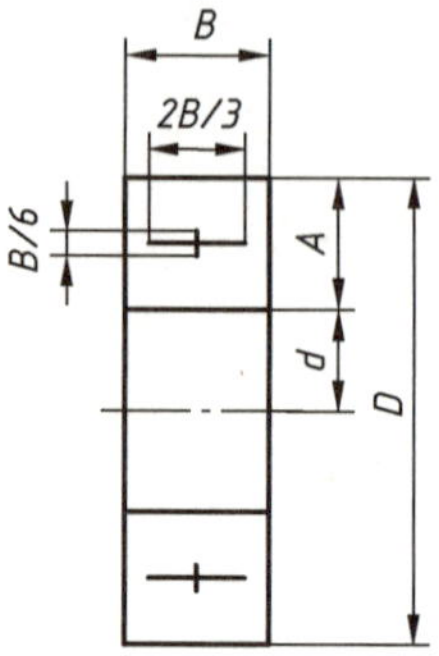
圆锥滚子轴承 GB/T 297—2015 （3000 型） （主要参数有 D、d、T、B、C）	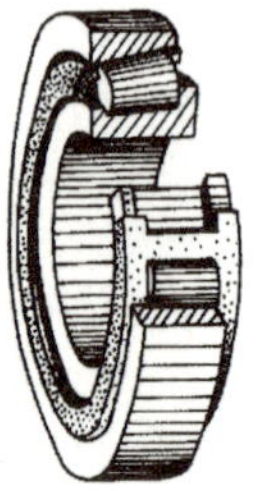	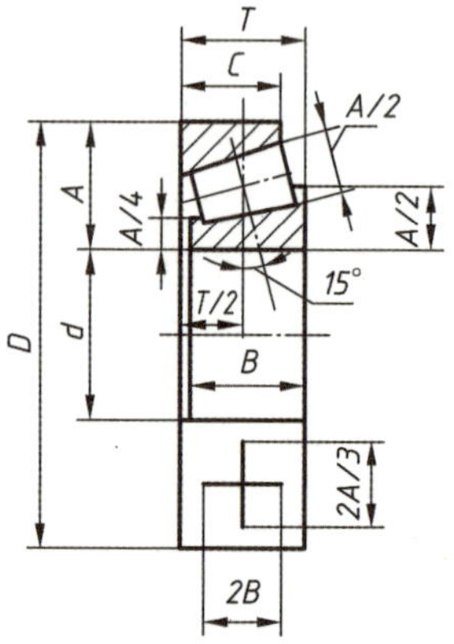	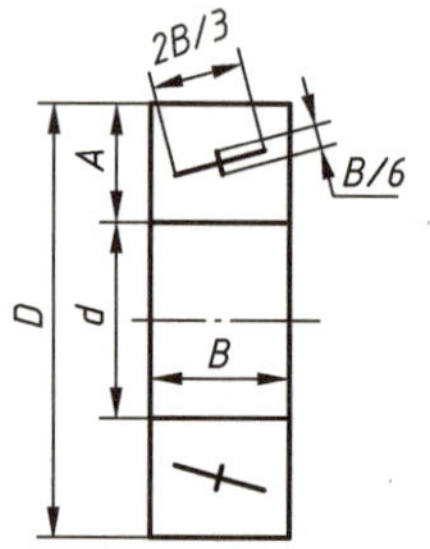
推力球轴承 GB/T 301—2015 （5100 型） （主要参数有 D、d、T）		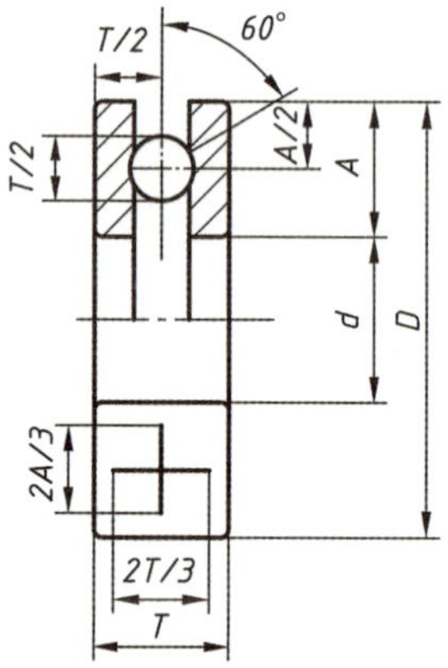	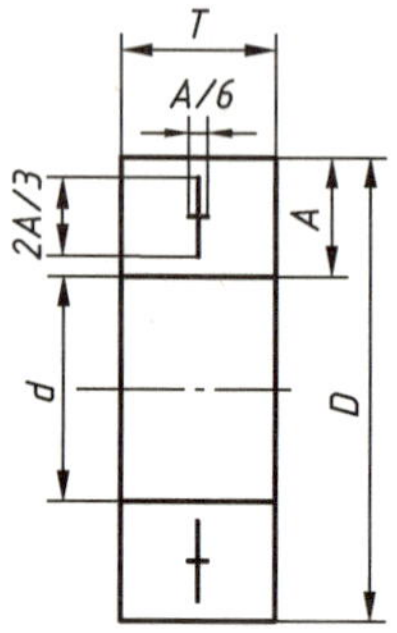

滚动轴承的画法如下。

（1）国家标准中规定各种画法中的各种符号、矩形线框和轮廓线均用粗实线绘制。以轴承实际的外轮廓尺寸绘制轴承的剖视图轮廓，而轮廓内可用规定画法和特征画法。

（2）在装配图中需详细表达轴承的主要结构特征时可采用规定画法；若简单表达轴承的主要结构，且无须确切表达外形轮廓、载荷特征、结构特征时，则可采用通用画法，如图 5.28（a）所示。

（3）同一图样中应采用同一种画法。

画图时，轴承内径 d、外径 D、宽度 B 等主要尺寸根据轴承代号查附录 B 表 B8 或有关手册确定。画装配图时，还可以轴的一侧用规定画法，另一侧简化为通用画法，如图 5.28（b）所示。

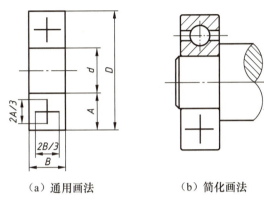

(a) 通用画法　　　　　　(b) 简化画法

图 5.28　滚动轴承的画法

5.6　弹　　簧

弹簧是常用件，在机器、仪表和电器等产品中起到减振、储能和测量等作用。弹簧的种类很多，常见的弹簧有螺旋弹簧、平面蜗卷弹簧和板弹簧等。螺旋弹簧按用途不同又分为压缩弹簧、拉伸弹簧和扭转弹簧。常见的弹簧如图 5.29 所示。本节主要介绍圆柱螺旋压缩弹簧的参数及尺寸计算和规定画法，其他弹簧的画法可参阅有关国家标准规定。

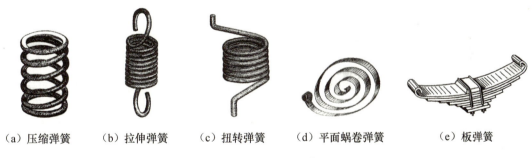

(a) 压缩弹簧　　(b) 拉伸弹簧　　(c) 扭转弹簧　　(d) 平面蜗卷弹簧　　(e) 板弹簧

图 5.29　常见的弹簧

5.6.1　圆柱螺旋压缩弹簧的参数及尺寸计算

圆柱螺旋压缩弹簧由金属丝绕成，一般将两端并紧后磨平，使其端面与轴线垂直，便于支承。并紧后磨平且不产生弹性变形的圈数，称为支承圈数 n_0，通常有 1.5 圈、2 圈、2.5 圈三种；产生弹性变形进行有效工作的圈数，称为有效圈数 n；并紧磨平后在不受外力情况下的全部高度，称为自由高度 H_0。圆柱螺旋弹簧各部分名称、含义及尺寸关系见表 5-13。

表 5-13　圆柱螺旋压缩弹簧各部分名称、含义及尺寸关系

分类	名称	含义	尺寸关系
直径	簧丝直径 d	制造弹簧所用金属丝的直径	—
	弹簧外径 D	弹簧的最大直径	—
	弹簧内径 D_1	弹簧的最小直径	$D_1 = D - 2d$
	弹簧中径 D_2	弹簧内径和外径的平均值	$D_2 = D - d = D_1 + d$
圈数	有效圈数 n	保持相等节距参与工作的圈数	—
	支承圈数 n_0	弹簧两端并紧后磨平的圈数	—
	总圈数 n_1	有效圈数和支承圈数之和	$n_1 = n + n_0$
其他	节距 t	相邻两有效圈数上对应点间的轴向距离	—
	自由高度 H_0	弹簧不受载荷时的高度	$H_0 = nt + (n_0 - 0.5)d$
	展开长度 L	弹簧金属丝展开后的长度	$L = n_1 \sqrt{(\pi D_2)^2 + t^2} \approx n_1 \pi D_2$
	旋向	分为左旋和右旋两种	—

圆柱螺旋压缩弹簧的尺寸系列参阅附录 B 表 B9。

5.6.2　圆柱螺旋压缩弹簧的规定画法

1. 单个弹簧的规定画法

根据 GB/T 4459.4—2003《机械制图　弹簧表示法》的规定，单个弹簧的画法如下。

(1) 在平行于轴线投影面上的图形可用视图表达，也可用剖视图表达。其各圈的螺旋线应简化画成直线。

(2) 螺旋弹簧均可画成右旋。但对左旋的螺旋弹簧，无论画成左旋还是右旋，都要加注"左"字。

(3) 弹簧画法实际上只起一个符号的作用，因此弹簧两端的支撑圈可按实际结构绘制，也可均按 2.5 圈绘制。

(4) 有效圈数大于 4 圈的螺旋弹簧，其中间部分可以省略；其中间部分省略后，允许适当减小图形的长度。

圆柱螺旋压缩弹簧的参数及画法见表 5-14。

2. 装配图中弹簧的画法

(1) 在装配图中，弹簧被视为实心结构，因而被弹簧挡住的结构一般不必画出。可见部分通常应从弹簧的外轮廓线或从弹簧钢丝剖面的中心线画起，如图 5.30（a）所示。

(2) 弹簧被剖切时，若簧丝直径≤2mm，则其断面可用涂黑画法，如图 5.30（b）所示。

(3) 弹簧被剖切时，若簧丝直径≤1mm，则其断面可采用示意画法，如图 5.30（c）所示。

表 5–14　圆柱螺旋压缩弹簧的参数及画法

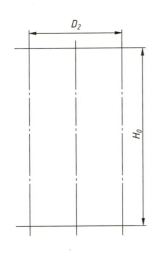	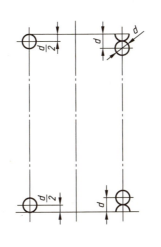	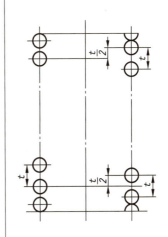
（a）根据 D_2 作出中径，定出自由高度 H_0	（b）画出支撑圈部分，作出直径与弹簧簧丝直径相等的圆	（c）画出有效圈数部分，其直径与弹簧簧丝直径相等
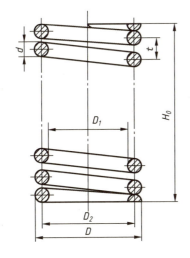	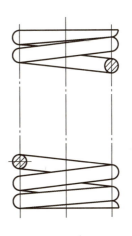	
（d）按右旋方向作相应圆的公切线，再画上剖面符号，完成作图	（e）若不画成剖视图，可按右旋方向作相应圆的公切线，完成外形图	

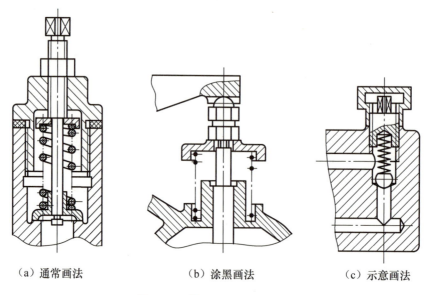

(a) 通常画法　　　　(b) 涂黑画法　　　　(c) 示意画法

图 5.30　装配图中弹簧的画法

素养提升

本章我们学习了机器设备中应用较广泛的标准件与常用件的表达方法。学生在工程图样绘制过程中要严格贯彻执行国家标准。严谨的优良品质会反映在学生日常生活中，如自觉遵守法律法规、学校的各种规章制度和校规校纪等，要以此为标准规范言行举止，做到遵纪守法。国有国法，家有家规，一个国家、一个组织、一个家庭都有自己的标准，我们作为集体的一员，一定要遵守法规，更要有责任意识和责任担当，做事要尽职尽责、严谨认真。

在制造业高质量发展的今天，如何成为一名合格的技术工人？河南中原特钢装备制造有限公司"钳工状元"金其福的回答是"要有一股轴劲儿"。这个从"两眼一抹黑"的学徒工成长起来的省级"钳工状元"从业以来，几乎都在做一件事——与机械设备改造和维修难题较劲。

建议学生搜索观看节目《时代楷模发布厅》《大国工匠》。

习　题

1. 螺纹的基本要素有哪些？内、外螺纹连接时应符合什么要求？
2. M12 的粗牙普通螺纹的小径和螺距分别是多少？
3. 试分别说明代号 M16×1—6H—S、Tr20×4—7H、B32×6LH—7e、G11/2A 的含义。

4. 常用的螺纹紧固件有哪些？其规定标记包括哪些内容？

5. 用简化画法画螺栓连接图时，如何确定各部分尺寸？画图时，应注意哪些装配的规定画法？

6. 什么是齿轮的模数？它和齿轮各部分的尺寸有什么关系？

7. 如何绘制单个圆柱齿轮和两啮合圆柱齿轮？

8. 试说明滚动轴承 7208 的含义。

9. 键和销各有什么用途？其连接画法各有什么特点？

10. 常用的圆柱螺旋压缩弹簧的规定画法有哪些？

第 6 章 零件图

绘制和阅读机械工程图样是学习"工程制图"课程的学习目标,而零件图是本课程重点内容之一。设计机器时,要落实到每个零件的设计;制作机器时,以零件为基本制造单元,先制造出零件,再装配成部件和整机。零件图是表达设计信息的主要载体,也是制造和检验零件的依据。培养阅读和绘制零件图的基本能力是本课程的主要任务。

通过学习本章内容,要求学生了解零件图的作用和内容、零件图的技术要求;掌握零件的结构表达和分析零件图的尺寸标注、读零件图的步骤和方法。

6.1 零件图的作用和内容

6.1.1 零件的分类

根据在机器或部件中的作用不同,零件一般可以分为一般零件、传动零件、标准件。

(1) 一般零件。一般零件(如轴、箱盖、箱体等)的形状、结构、大小必须按部件的性能和结构要求设计。一般零件又可分成轴套类零件、盘盖类零件、箱体类零件、叉架类零件等。设计一般零件时要画出零件图,供加工生产时使用。

(2) 传动零件。传动零件(如圆柱齿轮、蜗轮蜗杆等)主要起传递动力的作用,其部分结构要素已经标准化,并有规定画法。设计传动零件时要画出零件图,供加工生产时使用。

（3）标准件。标准件（如螺纹紧固件、滚动轴承等）主要起零件间的连接、支承、油封等作用。标准件由专业厂家生产，设计时不必画出零件图，只要写出其规定的标记，从专业厂家或标准件商店购买即可。其全部尺寸和规定画法可在相关国家标准中查到。

6.1.2 零件图的作用

机械工程设计制造领域使用的工程图样一般分为零件图和装配图两大类。零件图是表达单个零件结构、大小、加工方法及技术要求的图样，它反映设计者的意图，也是制造和检验零件的重要依据，直接服务于实际生产。

例如，要生产图6.1所示的泵套零件，就必须首先根据图中所标明的材料、比例和数量等要求准备材料，然后根据图样提供的形状、大小、技术要求进行生产、加工和检验。因此，零件图是表达设计信息的主要载体，也是制造和检验零件的主要技术文件。

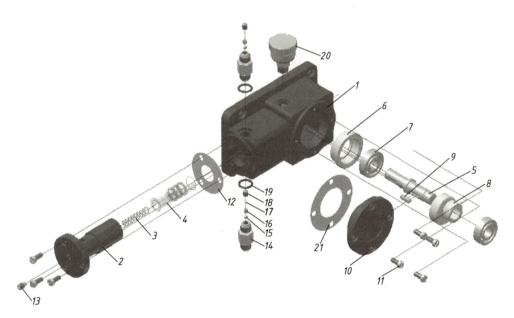

1—泵体；2—泵套；3—弹簧；4—柱塞；5—轴；6—轴承座；7—滚动轴承；8—凸轮；9—键；10—泵盖；11—螺钉；12—垫片；13—螺钉；14~19—单向阀；20—油塞；21—垫片。

（a）柱塞泵分解图

图6.1 柱塞泵分解图及泵套零件图

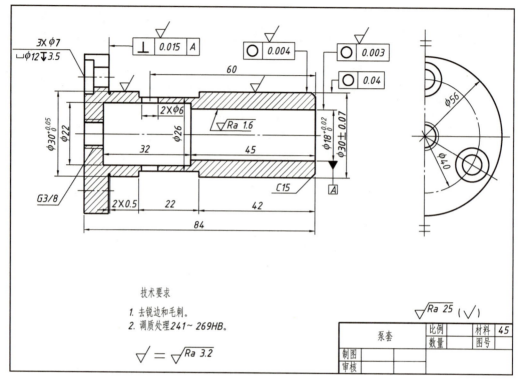

(b) 泵套零件图

图 6.1　柱塞泵分解图及泵套零件图（续）

6.1.3　零件图的内容

根据图 6.1（b）所示的泵套零件图，零件图一般应包括以下四方面内容。
（1）一组视图。
采用机件表达方法及其他规定画法，正确、完整、清晰地表达出零件的结构形状。
（2）完整的尺寸。
正确、完整、清晰、合理地标注出制造和检验零件所需的全部尺寸。
（3）技术要求。
采用国家标准中规定的符号、数字、字母和文字等，标注或说明零件在制造、检验和安装时应达到的技术要求，如表面粗糙度、尺寸公差、几何公差、热处理要求等。
（4）标题栏。
在标题栏中填写零件的名称、材料、数量、比例及设计、审核、日期等。

6.2 零件的结构表达和分析

零件的结构形状不仅应满足零件在机器或部件中的设计要求，还要考虑零件在加工制造过程中的工艺要求。根据设计要求，零件在机器或部件中可以起到支承、包容、传动、连接、安装、定位、密封和紧固等作用，这是决定零件主要结构的依据。从工艺要求角度来看，为了使铸造零件的加工制造、测量、装配和调试等过程顺利进行，应设计铸造工艺结构。零件上常见的工艺结构通常是通过铸造（或锻造）及机械加工获得的。

6.2.1 常见的零件工艺结构

1. 铸造圆角

铸件造型时，为了避免从砂型中起模及浇注时产生落砂，以及避免金属冷却时产生裂纹、缩孔等铸造缺陷（图 6.2），铸件上各表面相交处应做成圆角，如图 6.3 所示。

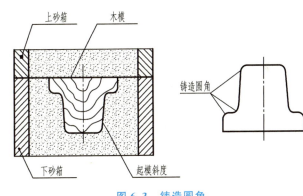

图 6.2 铸造缺陷　　　　图 6.3 铸造圆角

按图样的简化原则，除确实需要表示的某些圆角外，其他圆角在零件图中均可省略不画，但必须标注尺寸，或在技术要求中加以说明。

2. 起模斜度

造型时，为了便于取模，在铸件的内、外壁上沿起模方向设计出 1°～3° 的斜度，该斜度称为起模斜度，参见图 6.3。

3. 铸件壁厚

浇铸零件时，为了避免铸件冷却速度不同而造成裂纹或缩孔，铸件壁厚应均匀或有过渡斜度（图 6.4），铸件内、外结构要简化（图 6.5）。

4. 过渡线

铸造圆角使得铸件表面的交线不够明显，为了便于读图时区分不同表面，图中交线要画出，这种交线通常称为过渡线。铸件表面过渡线用细实线画出。常见过渡线的画法如图 6.6、图 6.7 所示。

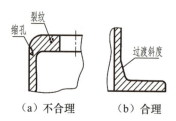 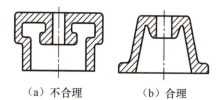

（a）不合理　　（b）合理　　　　　　　（a）不合理　　（b）合理

图 6.4　铸件壁厚应均匀或有过渡斜度　　　图 6.5　铸件内、外结构简化

 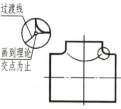

（a）过渡线画到理论交点为止的情况

（b）过渡线在切点附近断开的情况

图 6.6　两曲面相交的过渡线画法

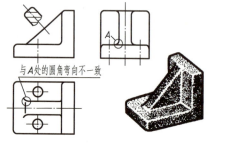

（a）平面与平面相交　　　　　　（b）平面与曲面相交

图 6.7　平面与平面、平面与曲面相交的过渡线画法

5. 倒角和倒圆

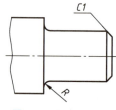

图 6.8　倒角和倒圆

为了便于装配和保护装配面，去除零件的毛刺、锐边，避免因应力集中而产生裂纹，一般在轴、孔的端部加工出倒角和倒圆，如图 6.8 所示。

6. 退刀槽和越程槽

为了在切削或磨削零件时便于退出刀具，保证加工质量及装配时与相邻零件靠紧，通常预先在零件加工表面的台肩处加工出退刀槽或越程槽。常见的有螺纹退刀槽、砂轮越程槽、刨削越程槽等。退刀槽和越程槽如图 6.9 所示，其结构尺寸 a、b、c 的数值可从相关标准中查取。

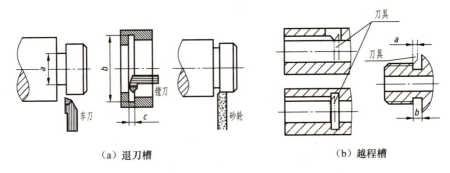

图 6.9　退刀槽和越程槽

一般的退刀槽尺寸可按"槽宽×直径"或"槽宽×槽深"的形式标注，如图 6.10 所示。

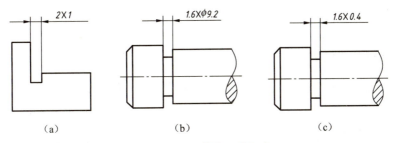

图 6.10　退刀槽的尺寸标注

7. 钻孔

钻孔时，为了保证钻孔准确和避免钻头折断，应使钻头的轴线尽量垂直于被加工表面，钻孔处结构如图 6.11 所示。

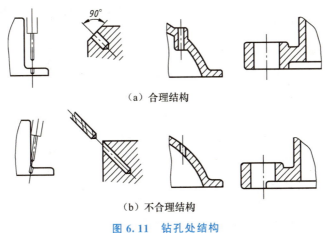

图 6.11　钻孔处结构

8. 凸台和凹坑

为了保证零件间的接触性能良好、减小加工面积、降低成本，通常在铸件上设计凸台和凹坑，如图 6.12 所示。

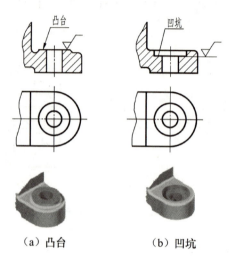

（a）凸台　　　　　（b）凹坑

图 6.12　凸台和凹坑

6.2.2　典型零件的视图选择

选择零件的视图时，在便于画图和读图的前提下，首先分析零件的结构，确定零件的表达方法，完整、清晰地表达零件的内、外结构。

1. 主视图的选择

主视图是零件图中最重要的视图，画图也是从主视图开始的。主视图的选择原则主要从安放位置和投射方向两方面考虑。选择主视图时，先确定零件的安放位置，再确定投射方向。

（1）零件的安放位置。

零件的安放位置是指零件在加工过程中的工作位置或加工位置。主视图的视图选择原则如下：

① 工作位置原则。工作位置是指零件在机器或部件中安装或工作时的位置。主视图的安放位置与工作位置一致，便于想象零件的工作状况，有利于阅读图样。一般叉架类零件、箱体类零件常按工作位置选择主视图。

② 加工位置原则。加工位置是指零件加工时零件在机床上的装夹位置。主视图安放位置与零件加工位置一致，便于对照图样加工和检测尺寸。对于轴套类零件，选择轴线水平为其主视图的安放位置，如图 6.13 所示。

（2）主视图的投射方向。

选择好零件的安放位置后，还应确定主视图的投射方向，即利用形状特征原则，在主视图上尽量多地反映零件内、外结构及其相对位置关系。

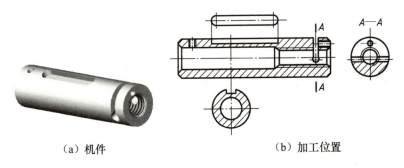

(a)机件　　　　　　　　(b)加工位置

图 6.13　轴套类零件的加工位置

2. 其他视图的选择

确定主视图后,还要选择适当数量的其他视图和恰当的表达方法,各视图之间互相补充且不重复。

3. 零件的表达分析举例

【例 6.1】　图 6.14 所示为轴承座,试确定其表达方案。

结构分析:轴承座是用来支承轴及轴上零件的,它由底板、支承板、肋板、轴承孔、油杯孔和螺纹孔组成。

表达方案:轴承座属于叉架类零件,一般为铸件或锻件,零件结构较为复杂,所以按工作位置原则选择主视图。图 6.15 所示为轴承座的三种表达方案。

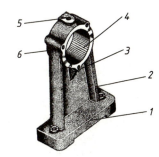

1—底板；2—支承板；3—肋板；
4—轴承孔；5—油杯孔；6—螺纹孔。

图 6.14　轴承座

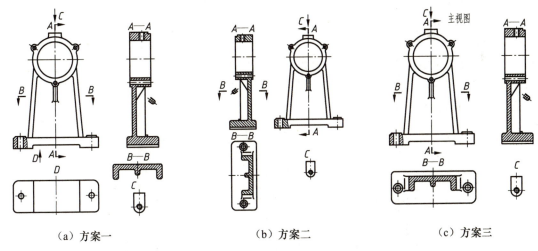

(a)方案一　　　　　(b)方案二　　　　　(c)方案三

图 6.15　轴承座的三种表达方案

方案一:主视图表达零件的主要结构(轴承孔)的形状特征、轴承座各组成部分的相对位置、三个螺钉孔及凸台;全剖视图的左视图表达轴承孔的内部结构及肋板形状;D 向局部视图表达底板的形状和孔的分布;移出断面图表达支承板断面及肋板断面的形状;C

向局部视图表达上面凸台的形状。

方案二：将方案一的主视图和左视图位置对调；俯视图选用 $B—B$ 剖视图表达底板与支承板断面及肋板断面的形状；C 向局部视图表达上面凸台的形状。与方案一相比，方案二的视图少，但俯视图前后方向较长，图纸幅面安排欠佳。

方案三：俯视图采用 $B—B$ 剖视图，其余视图与方案一相同。

比较、分析三个方案，选方案三较好。

6.3 零件图的尺寸标注

6.3.1 零件图尺寸标注的基本要求

零件图中的尺寸是零件图的主要内容。零件图的尺寸标注要做到正确、完整、清晰、合理。前面已介绍前三项要求，下面主要讨论尺寸标注的合理性。

6.3.2 正确选择尺寸基准

尺寸基准是指零件在设计、制造和测量时，确定尺寸位置的一些点、线、面。尺寸基准的选择直接影响零件能否达到设计要求，以及加工的可行性、方便性。零件的长、宽、高三个方向至少有一个尺寸基准，当同一方向有多个基准时，其中一个为主要基准，其余为辅助基准。根据尺寸基准的作用，尺寸基准可分为设计基准和工艺基准。

1. 设计基准

设计基准是指用以保证零件的设计要求而选择的尺寸基准，即确定零件在机器中正确位置的点、线、面。设计基准一般选择重要的接触面、对称面、端面和回转面的轴线等。

图 6.16 所示为轴承架的安装位置及设计基准，其在机器中的位置是用接触面Ⅰ、接触面Ⅱ和对称面Ⅲ定位的，这三个面分别是轴承架长、宽、高三个方向的设计基准，用来保证轴孔的轴线与对面轴承架（或其他零件）轴孔的轴线在同一直线上，并使相对的两个轴孔的端面距离达到一定的精确度。

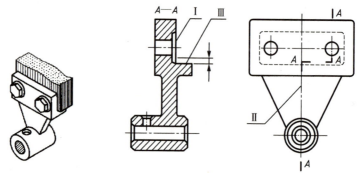

（a）轴承架的安装位置　　　（b）轴承架的设计基准

图 6.16　轴承架的安装位置及设计基准

2. 工艺基准

工艺基准是指确定零件在机床上加工时的装夹位置，以及测量零件尺寸时所利用的点、线、面。

图 6.17 所示为套的工艺基准。在机床上加工时，用其左端大圆柱面作为径向定位面；测量轴向尺寸 a、b、c 时，以右端面为起点。因此，这两个面就是工艺基准。

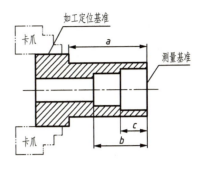

图 6.17 套的工艺基准

6.3.3 合理标注尺寸应注意的问题

1. 主要尺寸直接标注

零件的主要尺寸是指功能尺寸，如零件间的配合尺寸、重要的安装定位尺寸。为了满足设计要求，主要尺寸应直接标注。轴承架的主要尺寸如图 6.18 所示。

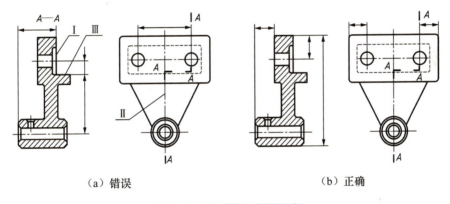

（a）错误　　　　　　　　　　（b）正确

图 6.18 轴承架的主要尺寸

2. 避免标注成封闭尺寸链

图 6.19（a）所示为错误的尺寸标注，每个尺寸的精度都受到其他尺寸的影响。

避免标注成封闭尺寸链的方法是选择一个相对不重要的尺寸不标注，使其成为开口环，如图 6.19（b）所示。

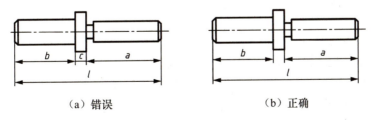

（a）错误　　　　　　　　　　（b）正确

图 6.19 避免标注成封闭尺寸链

3. 标注尺寸要便于测量

标注尺寸时，尽量考虑便于加工和测量，所标注尺寸应尽量做到使用普通量具就能测量，以减少专用量具的设计和制造，如图 6.20 所示。

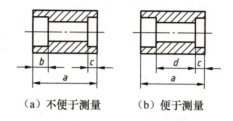

（a）不便于测量　　（b）便于测量

图 6.20　标注尺寸要便于测量

4. 零件图上常见结构的尺寸标注

为保持图面清晰，零件上的小孔尺寸应采用简化标注。

倒角和圆角的常见标注有"全部倒角 *C*2""其余圆角 *R*4"等。

采用简化时，应尽可能使用符号和缩写词。简化标注常用的符号和缩写词见表 6-1。

表 6-1　简化标注常用的符号和缩写词

含　义	符号或缩写词	含　义	符号或缩写词
厚度	t	沉孔或锪平	⊔
正方形	□	埋头孔	∨
45°倒角	C	均匀分布	EQS
深度	↓	展开长	⌒

零件图上常见结构的尺寸标注见表 6-2。

表 6-2　零件图上常见结构的尺寸标注

序号	类型	简化标注法	一般标注法	说明
1	光孔	4×φ4↓10	4×φ4	4 个均匀分布的 φ4 孔，钻孔深度为 10
2		4×φ4H7↓10　孔↓12	4×φ4H7	4 个均匀分布的 φ4 盲孔，钻孔深度为 12，精加工孔深度为 10

续表

序号	类型	简化标注法	一般标注法	说明
3	螺孔	3×M6-7H	3×M6-7H	3个均匀分布的 M6-7H 内螺纹通孔
4	螺孔	3×M6-7H↓10 孔↓12	3×M6-7H	3个均匀分布的 M6-7H 内螺纹孔，螺孔深度为10，光孔深度为12
5	沉孔	4×φ7 ⌵φ13×90°	4×φ7 ⌵φ13×90°	4个 φ7 带锥形埋头孔，锥孔为 φ13 孔，锥面顶角为 90°
6	沉孔	4×φ9 ⌴φ20	4×φ9 ⌴φ20	4个 φ9 带锪平孔，锪平孔为 φ20 的孔。锪平孔无须标注深度，一般锪平到不见毛面为止
7	沉孔	4×φ9 ⌴φ12↓5	4×φ9 ⌴φ12↓5	4个 φ9 带圆柱形沉头孔，沉孔为 φ12 孔，深度为 5

序号	类型	标注方法
8	45°倒角标注法	C1 C1
9	30°倒角标注法	30° 1.6

续表

序号	类型	标注方法
10	退刀槽、砂轮越程槽标注法	

6.4 零件图的技术要求

由于零件在加工制造过程中受到各种因素的影响，因此其表面具有各种类型的几何特性，它们严重影响产品的质量和使用寿命。因此，必须在零件图上标注或说明零件在加工制造过程中的技术要求，如表面粗糙度、尺寸公差、几何公差等的要求。

6.4.1 表面粗糙度

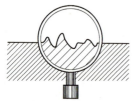

图 6.21 表面粗糙度

如图 6.21 所示，零件表面在微观状态下的几何形状特征称为表面粗糙度。表面粗糙度是衡量零件表面质量的标准之一。表面粗糙度数值越小，表面越光滑，其加工成本越高。因此，在满足零件使用要求的前提下，应合理选用表面粗糙度参数。

根据 GB/T 3505—2009《产品几何技术规范（GPS） 表面结构 轮廓法 术语、定义及表面结构参数》，评定轮廓的算术平均偏差 Ra 是指在一个取样长度内纵坐标值 $Z(x)$ 绝对值的算术平均值，可用公式表示为

$$Ra = \frac{1}{l}\int_0^l |Z(x)|\,\mathrm{d}x$$

依据不同的情况，式中 $l=lp$、lr 或 lw。

其常用数值有 0.8、1.6、3.2、6.3、12.5、25 等，Ra 值大的表面粗糙，Ra 值小的表面光滑。

1. 表面粗糙度符号

根据国家标准 GB/T 131—2006《产品几何技术规范（GPS） 技术产品文件中表面结构的表示法》，表面粗糙度的符号画法及含义见表 6-3。

表 6-3 表面粗糙度的符号画法及含义

类别	符号画法	含义
基本图形符号		符号粗细为 $h/10$，h 为字体高度；对表面结构有要求的图形符号，仅用于简化代号标注，没有补充说明时不能单独使用

续表

类别	符号画法	含义
扩展图形符号	∇	对表面结构有指定要求（去除材料）的图形符号，在基本图形符号上加一个短横，表示指定表面是用去除材料的方法获得，如通过机械加工车削、铣削、刨削、磨削、抛光、腐蚀、电火花加工、气割等获得
	∇ (带圆圈)	对表面结构有指定要求（不去除材料）的图形符号在基本图形符号上加一个圆圈，表示指定表面是不用去除材料的方法获得，如通过铸、锻、冲压变形、热轧、冷轧、粉末冶金等获得，包括保持上一道工序的状况
完整图形符号	√ √ √	对基本图形符号或扩展图形符号扩充后的图形符号，当要求标注表面结构特征的补充信息时，在基本图形符号或扩展图形符号的长边上加一个横线
代号标注举例	√Ra 3.2	用任何方法获得的表面粗糙度，Ra 的上限值为 $3.2\mu m$
	√Ra 3.2	用去除材料方法获得的表面粗糙度，Ra 的上限值为 $3.2\mu m$
	√Ramax 3.2	用去除材料方法获得的表面粗糙度，Ra 的上限值为 $3.2\mu m$，最大规则评判
	√U Ra 3.2 L Ra 0.8	用去除材料方法获得的表面粗糙度，Ra 的上限值为 $3.2\mu m$，下限值为 $0.8\mu m$

2. 表面粗糙度在图样中的标注

表面粗糙度的标注和读取方向与尺寸的标注和读取方向一致，字母与数字间空一格。如果工件的不同表面有不同的表面粗糙度，则其标注如图 6.22（a）所示；如果工件的两个表面有相同的表面粗糙度，则其标注如图 6.22（b）所示；如果工件的多数表面有相同的表面粗糙度，则表面粗糙度代号可统一标注在紧邻标题栏的右上方，并在表面粗糙度代号后面的括号内给出无任何其他标注的基本符号，如图 6.22（c）所示。

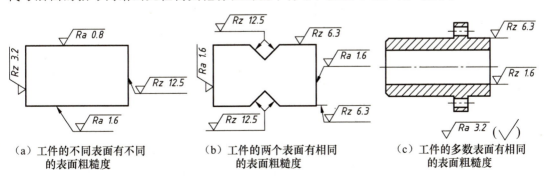

（a）工件的不同表面有不同的表面粗糙度　　（b）工件的两个表面有相同的表面粗糙度　　（c）工件的多数表面有相同的表面粗糙度

图 6.22　表面粗糙度在图样中的标注

6.4.2 尺寸公差（GB/T 1800.1—2020）

1. 公差的有关术语和定义

在加工零件的过程中，不可能把零件的尺寸加工得绝对准确。为了保证零件的互换性，必须对零件尺寸规定一个允许的范围，这个变动范围称为公差。公差的有关术语说明如图 6.23 所示。

（1）公称尺寸：由图样规范定义的理想形成要素的尺寸。

（2）实际尺寸：拟合组成要素的尺寸，实际尺寸通过测量得到。

（3）极限尺寸：尺寸要素的尺寸所允许的极限值。最大的为上极限尺寸，最小的为下极限尺寸。

（4）尺寸偏差：实际尺寸与其公称尺寸之差。

$$上极限偏差 = 上极限尺寸 - 公称尺寸$$
$$下极限偏差 = 下极限尺寸 - 公称尺寸$$

上极限偏差和下极限偏差统称为极限偏差。它们可以为正值、负值或零。

（5）公差：上极限尺寸与下极限尺寸之差。公差是一个没有符号的绝对值。公差也可以是上极限偏差与下极限偏差之差。

（6）零线：在极限与配合图解中，表示公称尺寸的一条直线，以其为基准确定偏差和公差。通常零线表示公称尺寸位置，沿水平方向绘制，正偏差位于其上，负偏差位于其下，如图 6.23（c）所示。

（7）公差带和公差带图：公差带是公差极限之间（包括公差极限）的尺寸变动值，它反映了公差的大小和距零线的位置，如图 6.23（c）所示。公差带与公称尺寸的关系按放大比例画成简图，称为公差带图。公差带方框的左右长度根据需要任意确定。

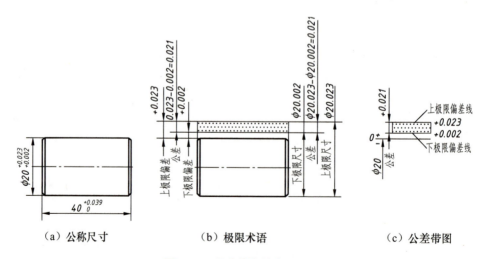

（a）公称尺寸　　　　（b）极限术语　　　　（c）公差带图

图 6.23　公差的有关术语说明

（8）标准公差：标准公差是国家标准规定的用来确定公差带大小的标准化数值（见 GB/T 1800.1—2020《产品几何技术规范（GPS）　线性尺寸公差 ISO 代号体系　第 1 部

分：公差、偏差和配合的基础》）。附录 C 表 C6 给出了部分标准公差数值。

标准公差按公称尺寸范围和标准公差等级确定，分 20 个级别，即 IT01、IT0、IT1～IT18。随着 IT 值增大，精度依次降低，相同公称尺寸时公差值也由小变大。IT01～IT12 用于配合尺寸，其余用于非配合尺寸。

在保证产品质量的条件下，应选用较低的公差等级。一般机器的配合尺寸中，孔选用 IT6～IT12，轴选用 IT5～IT12。当公差等级高于 IT8 时，由于孔比轴难于加工，因此孔应选用比轴低一级的公差等级。

（9）基本偏差：用来确定公差带相对公称尺寸位置的极限偏差，可以是上极限偏差或下极限偏差，一般指靠近零线的极限偏差。当公差带位于零线上方时，基本偏差为下极限偏差；当公差带位于零线下方时，基本偏差为上极限偏差。基本偏差示意图如图 6.24 所示。

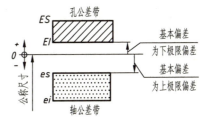

图 6.24　基本偏差示意图

国家标准分别对孔和轴规定了 28 个基本偏差，其基本偏差系列如图 6.25 所示。由于图中基本偏差只表示公差带的位置而不表示公差带的大小，因此公差带一端画成开口。

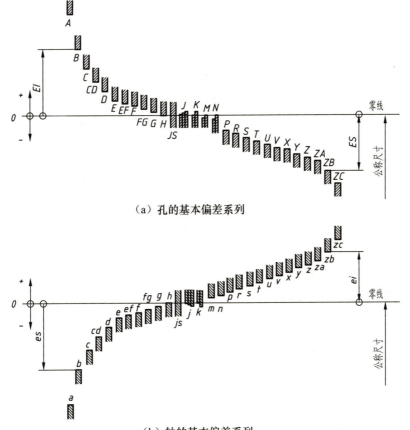

（a）孔的基本偏差系列

（b）轴的基本偏差系列

图 6.25　孔和轴的基本偏差系列

孔的基本偏差 A～H 为下偏差，JS～ZC 为上偏差。孔的基本偏差数值规定见附录 C 表 C1。

轴的基本偏差 a～h 为上偏差，js～zc 为下偏差。轴的基本偏差数值规定见附录 C 表 C6。

在特定应用中若有必要，基本偏差 JS 和 js 可被 J 和 j 替代。

（10）公差带代号：孔和轴公差带的代号，由基本偏差代号和标准公差等级的数字组成，如 H8、G7 为孔的公差带代号，h7、g8 为轴的公差带代号。当基本尺寸和公差带代号确定时，可根据附录 C 表 C6 或表 C1 查得极限偏差值。

例如，轴的公称尺寸和公差带代号为 $\phi 20f7$，由轴的极限偏差表（附录 C 表 C6）查得上极限偏差为 -0.020，下极限偏差值为 -0.041，其公差带图如图 6.26 所示。孔的公称尺寸和公差带代号为 $\phi 20H8$，由孔的极限偏差表（附录 C 表 C1）查得上极限偏差值为 $+0.033$，下极限偏差值为 0，其公差带图如图 6.27 所示。

图 6.26　$\phi 20f7$ 的公差带图　　　　图 6.27　$\phi 20H8$ 的公差带图

2. 配合

配合是指类型相同且待装配的外尺寸要素（轴）和内尺寸要素（孔）之间的关系。根据使用要求不同，孔和轴装配后可能出现不同的松紧程度，即装配后可能产生间隙或过盈。若孔的实际尺寸减去轴的实际尺寸为正值，则称为间隙；若孔的实际尺寸减去轴的实际尺寸为负值，则称为过盈。

（1）配合种类。

① 间隙配合：具有间隙（包括最小间隙为零）的配合。此时，孔的公差带位于轴的公差带之上，如图 6.28 所示。

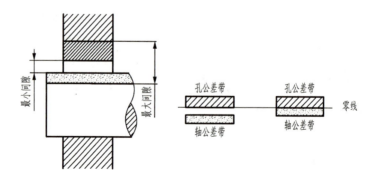

图 6.28　间隙配合

② 过盈配合：具有过盈（包括最小过盈为零）的配合。此时，孔的公差带位于轴的公差带之下，如图 6.29 所示。

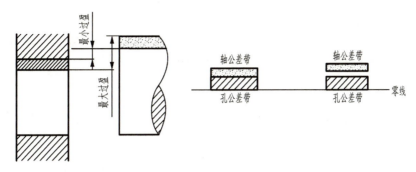

图 6.29 过盈配合

③ 过渡配合：可能具有间隙或过盈的配合。此时，孔的公差带和轴的公差带相互重叠，如图 6.30 所示。

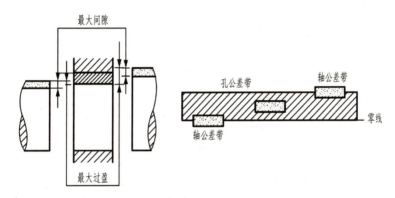

图 6.30 过渡配合

三种配合中孔、轴公差带相互位置关系如图 6.31 所示。

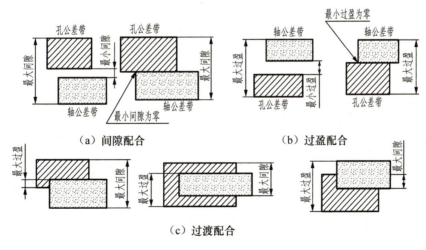

（a）间隙配合　　（b）过盈配合

（c）过渡配合

图 6.31 三种配合中孔、轴公差带相互位置关系

(2) 配合制度。

公称尺寸相同的孔和轴配合，孔和轴的公差带的位置可以产生很多方案，国家标准规

定配合制度有基孔制配合和基轴制配合两种。

① 基孔制配合：孔的基本偏差为零的配合，即其下极限偏差等于零，如图 6.32 所示。基孔制配合中，轴的基本偏差 a～h 用于间隙配合、js～m 用于过渡配合、n～zc 用于过盈配合。

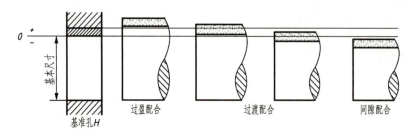

图 6.32　基孔制配合示意图

② 基轴制配合：轴的基本偏差为零的配合，即其上极限偏差等于零，如图 6.33 所示。基轴制配合中，孔的基本偏差 A～H 用于间隙配合、JS～M 用于过渡配合、N～ZC 用于过盈配合。

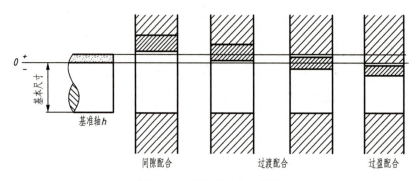

图 6.33　基轴制配合示意图

在零件与标准件配合时，应按标准件所用的基准制来确定（图 6.34），如滚动轴承的轴圈与轴的配合为基孔制配合；而座圈与机体孔的配合为基轴制配合。

（3）配合代号。

在装配图中，配合代号由两个相互配合的孔、轴公差带代号组成，写成分数形式，分子为孔的公差带代号（用大写字母），分母为轴的公差带代号（用小写字母）。

例如，$\dfrac{H9}{d9}$ 为基孔制的配合代号，$\dfrac{R7}{h6}$ 为基轴制的配合代号。

（4）极限与配合的标注。

在装配图中一般标注配合代号，如图 6.35 所示。

例如，在 $\phi 30H8/f7$ 中：$\phi 30$ 表示轴孔的公称尺寸；H8 为孔的公差带代号，其中 H 为孔的基本偏差代号，8 为标准公差等级（8 级）；f7 为轴的公差带代号，其中 f 为轴的基本偏差代

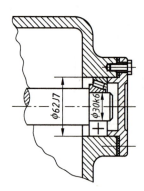

图 6.34　零件与标准件配合

号，7 为标准公差等级（7 级）。

零件图中可标注公差带代号或极限偏差，如图 6.36 所示。

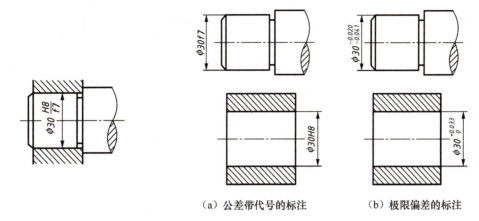

（a）公差带代号的标注　　（b）极限偏差的标注

图 6.35　装配图中配合的标注　　图 6.36　零件图中公差带代号及极限偏差的标注

国家标准规定，同一张零件图上只能选用一种公差标注形式。

【例 6.2】 查表写出 $\phi 30 H7/f6$ 的轴、孔极限偏差。

从该配合代号中可以看出，孔、轴的公称尺寸为 $\phi 30$，孔为基准孔，标准公差等级为 7 级；相配合的轴基本偏差代号为 f，标准公差等级为 6 级，属于基孔制间隙配合。

（1）查 $\phi 30 H7$ 基准孔。在附录 C 表 C1 中由公称尺寸 18～30 的横行与 H7 的纵列相交处，查得上极限偏差为 +0.021，下极限偏差为 0。也可在标准公差附录 C 表 C7 中查得，在公称尺寸大于 18～30 的横行与 IT7 的纵列相交处找到 $21\mu m$（0.021mm），可知该基准孔的上极限偏差为 +0.021，其下极限偏差为 0。

（2）查 $\phi 30 f6$ 轴。在附录 C 表 C6 中，由公称尺寸大于 24～30 的横行与 f6 的纵列相交处，查得上、下极限偏差为 $_{-33}^{-20}\mu m\left(_{-0.033}^{-0.020}mm\right)$，所以 $\phi 30 f6$ 可写成 $\phi 30_{-0.033}^{-0.020}$。

6.4.3　几何公差

评定零件质量的指标是多方面的，为了满足使用要求，一般零件的表面形状和相对位置误差可由尺寸公差及机床的加工精度保证。对于零件表面形状和相对位置要求较高的零件，根据零件设计要求，在零件图上标注相关的几何公差，如图 6.37 所示。

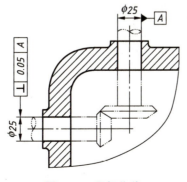

图 6.37　几何公差

根据 GB/T 1182—2018《产品几何技术规范（GPS） 几何公差 形状、方向、位置和跳动公差标注》，常用几何公差及符号见表 6-4。

表 6-4 常用几何公差及符号

公差类型	几何特征	符号	有无基准
形状公差	直线度	—	无
	平面度	▱	无
	圆度	○	无
	圆柱度	⌭	无
形状公差、方向公差或位置公差	线轮廓度	⌒	有或无
	面轮廓度	⌓	有或无
方向公差	平行度	∥	有
	垂直度	⊥	有
	倾斜度	∠	有
位置公差	位置度	⌖	有或无
	同心度（用于中心点）	◎	有
	同轴度（用于轴线）	◎	有
	对称度	═	有
跳动公差	圆跳动	↗	有
	全跳动	⌯	有

几何公差规范标注的组成包括公差框格、可选的辅助平面和要素标注以及可选的相邻标注（补充标注），如图 6.38 所示。在图 6.38 中，a 为公差框格，b 为辅助平面和要素标注，c 为相邻标注。

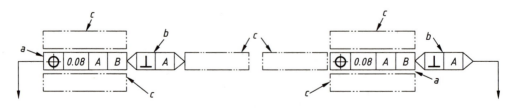

图 6.38 几何公差规范标注

【例6.3】 如图6.39所示，解读图中的形位公差。

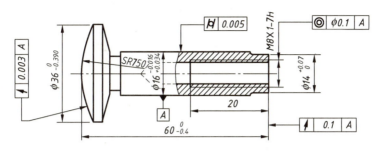

图6.39 阀杆形位公差标注综合举例

图中，

$\boxed{/\!\!/\ 0.005}$ 表示该阀杆杆身 $\phi16$ 的圆柱度公差为 0.005mm；

$\boxed{◎\ \phi0.1\ |\ A}$ 表示 $M8\times1-7H$ 螺孔的轴线对 $\phi16_{-0.034}^{-0.016}$ 轴线的同轴度公差为 $\phi0.1$mm；

$\boxed{↗\ 0.1\ |\ A}$ 表示阀杆右端面对 $\phi16_{-0.034}^{-0.016}$ 轴线的圆跳动公差为 0.1mm。

6.5 读零件图

读零件图是根据零件图想象出零件的结构形状和各部分之间的相对位置，了解各部分结构的特点和作用，了解零件的尺寸标注和技术要求，以便确定零件的制造方法或改进创新。

6.5.1 读零件图的步骤

支架零件图（一）

支架零件图（二）

1．了解概况

从标题栏了解零件名称、材料、比例等，初步认识零件的类型及其在机器中的作用、加工方法等情况。

2．表达分析，读懂零件的结构形状

从主视图入手，分析各视图的配置及相互之间的投影关系。运用形体分析法和面形分析法读懂零件的各部分结构，综合想象零件的整体形状。

3．分析尺寸和技术要求，读懂全图

根据零件的结构和尺寸分析，首先找出零件图上长、宽、高三个方向的尺寸基准；然后从尺寸基准出发，按形体分析法，找出各组成部分的定形尺寸、定位尺寸和总体尺寸，分析零件的表面粗糙度、尺寸公差和几何公差等技术要求，以根据现有加工条件确定合理的制造工艺和加工方法，保证产品质量。

4．综合归纳

零件图表达零件的结构形式、尺寸及其精度要求等内容，读图时应综合考虑视图、尺寸和技术要求，必要时阅读与该零件有关的零件图、装配图和技术资料，进一步理解零件结构和所标注技术要求的意图，对零件形成完整的认识。

6.5.2　典型零件图读图举例

读图 6.40 所示的主动齿轮轴零件图。

(1) 了解概况。

从标题栏可知零件的名称为主动齿轮轴，此零件为轴套类零件，主要由不同直径的回转体组成，一般用来支承传动件和传递动力。

(2) 表达分析。

主动齿轮轴主视图用一个基本视图，按加工位置将轴线水平放置，并将带有加工工序较多的齿轮一端朝左，平键键槽结构朝前。

一处移出断面图和两处局部放大图表达轴上键槽的深度及退刀槽处的局部形状和结构尺寸。从主视图看，该主动齿轮轴局部结构有倒角、退刀槽、齿轮、键槽、螺纹等。

其轴线是设计基准也是径向基准，重要尺寸位置有尺寸公差和表面粗糙度及几何公差要求。

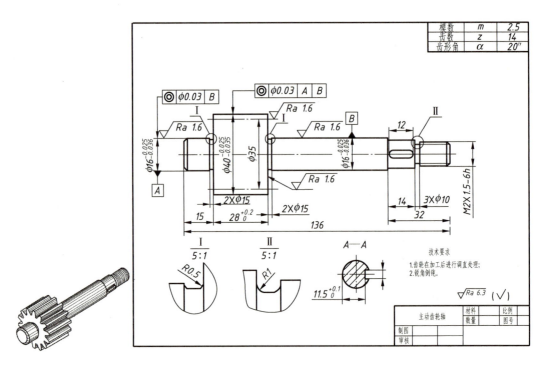

图 6.40　主动齿轮轴零件图

读图 6.41 所示的泵体零件图。

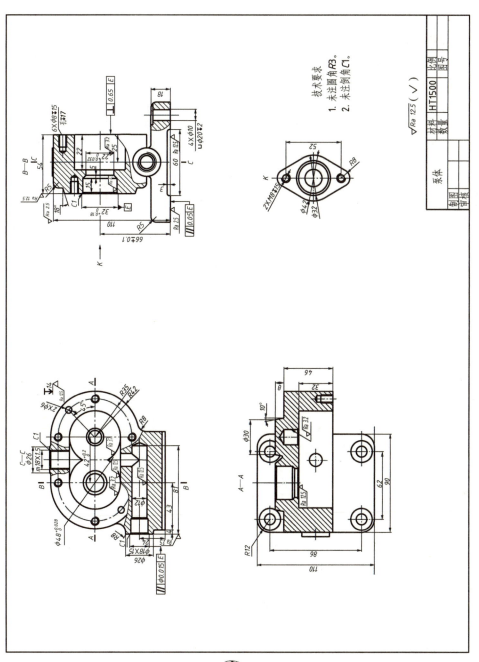
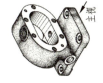
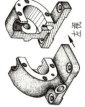

图 6.41 泵体零件图

(1) 了解情况。

该类零件是部件的主体零件，一般起容纳、支承、定位和密封等作用。这类零件结构复杂，加工位置多，多为铸件或锻件。

(2) 表达分析。

箱体类零件的主视图常按其形状特征和工作位置来确定。一般需要三个（或三个以上）基本视图来表达。内部结构形状采用剖视图和断面图，外部结构形状采用斜视图、局部视图及其他规定画法和简化画法来表达。箱体类零件常以轴孔中心线、对称平面、结合面及安装基面作为各方向的主要尺寸基准。定位尺寸很多，其中有些定位尺寸常有公差要求。

素养提升

人无精神则不立，国无精神则不强。党的二十大报告中指出，全面建设社会主义现代化国家，必须坚持中国特色社会主义文化发展道路，增强文化自信，围绕举旗帜、聚民心、育新人、兴文化、展形象建设社会主义文化强国，发展面向现代化、面向世界、面向未来的，民族的、科学的、大众的社会主义文化，激发全民族文化创新创造活力，增强实现中华民族伟大复兴的精神力量。

零件图的绘制直接影响产品的功能性、安全性、可靠性和经济性，因此学习机械制图时要多看多练、手脑并用，掌握画图和读图的技巧，传承工匠精神，培养家国情怀，增强文化自信和创新意识，在实践中厚植工匠精神、职业精神，做有理想、有抱负的创新型人才。

建议学生课后搜索观看节目《大国工匠》第七集及《大国重器》（第二季）。

习　　题

一、简答题

1. 零件图的基本内容有哪些？
2. 常见的零件工艺结构有哪些？
3. 主视图的视图选择原则有哪些？
4. 零件图的尺寸基准有哪些？
5. 合理标注零件尺寸应注意哪些问题？
6. 零件图的技术要求有哪些？
7. 什么是零件的公称尺寸？什么是零件的公差？什么是公差代号？

二、判断题

1. 公差值为正值。（　　）
2. 标准公差 IT 后面的数值越小，精度越低。（　　）
3. 装配图内容包括一组视图、全部尺寸、技术要求、标题栏和明细栏。（　　）

4. 铸造零件应有的铸造结构为倒圆、壁厚、过渡线及倒角。 （　　）
5. 配合制度规定了基孔配合制和基轴配合制。 （　　）

三、试说明读拨叉零件图的步骤。

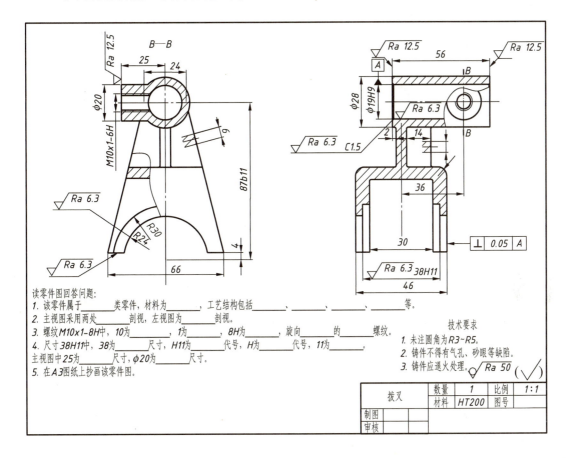

读零件图回答问题：
1. 该零件属于_____类零件，材料为_____，工艺结构包括_____、_____、_____、_____等。
2. 主视图采用两处_____剖视，左视图为_____剖视。
3. 螺纹M10x1-8H中，10为_____，1为_____，8H为_____，旋向_____的_____螺纹。
4. 尺寸38H11中，38为_____尺寸，H11为_____代号，H为_____代号，11_____。
   主视图中25为_____尺寸，φ20为_____尺寸。
5. 在A3图纸上抄画该零件图。

第 7 章 装配图

装配图是表示产品及其组成部分的连接、装配关系及其技术要求的图样。本章主要介绍装配图的作用和内容、表达方法、尺寸标注和技术要求，装配图中的零件序号、标题栏和明细栏，装配结构的合理性，部件测绘和装配图的画法，读装配图和由装配图拆画零件图。由于本章内容与生产实际联系紧密，因此在教学过程中应尽可能让学生接触实际的机器结构。

通过学习本章内容，要求学生了解装配图的作用和内容，熟悉装配图的规定画法、特殊画法和简化画法，掌握绘制装配图的步骤，读装配图和由装配图拆画零件图的方法。

7.1 装配图的作用和内容

表示产品及其组成部分的连接、装配关系及其技术要求的图样称为装配图。

7.1.1 装配图的作用

在新产品设计、旧设备改造过程中，一般先根据功能要求绘制装配图，再根据装配图提供的总体结构和尺寸绘制零件图。在产品生产阶段，装配图是生产准备、制订装配工艺规程、装配、安装、检验、调试、使用和维修等工作的技术依据，也是了解部件结构、进行技术交流的重要技术文件。装配图能反映设计者的意图，表达机器或部件的工作原理、性能要求、零件间的装配关系、连接关系和零件的主要结构形状，以及在装配、安装、检验时所需尺寸数据和技术要求。可见，装配图是生产中不可缺少的基本技术文件。

7.1.2 装配图的内容

滑动轴承立体图如图 7.1 所示。立体图可以直观展示滑动轴承的外形、内部结构、零件间的位置关系及连接关系；但不能清晰地表达滑动轴承中各零件之间的装配关系及零件的主要结构形状等，给后续安装、检验、维修等工作带来困难。

图 7.1 滑动轴承立体图

图 7.2 所示为滑动轴承装配图，完整表达了滑动轴承的主体结构、尺寸、零件的装配关系及零件的结构形状等重要技术数据。

由此可以看出，一张完整的装配图必须包括以下四方面内容。

1. 一组视图

一组视图用一般表达方法和特殊表达方法，正确、完整、清晰、简便地表达机器或部件的工作原理、装配关系、连接关系和主要零件的结构形状等。图 7.2 中的主视图采用半剖视图，表达了该滑动轴承的工作原理、主要装配关系和主要零件的结构形状；俯视图采用拆卸画法和沿结合面剖切画法，表达了部分装配关系及结构形状；左视图采用半剖视图，表达了部分装配关系。

2. 必要尺寸

根据由装配图拆画零件图及装配、安装、检验和使用机器的需要，在装配图中必须标注机器或部件的性能、规格、配合要求、安装情况、部件和零件间的相对位置等尺寸。图 7.2 中的尺寸标注明确了与滑动轴承有关的性能、规格、装配、安装、外形等信息。

3. 技术要求

技术要求是指用文字或符号在装配图中说明机器或部件的质量、装配、安装、检验、调试、使用及维修等方面的要求。图 7.2 中的技术要求是关于滑动轴承安装时的注意事项及使用温度方面的要求。

4. 零件序号、明细栏和标题栏

为了便于生产管理和读图，装配图中所有零部件均应编号并按一定的格式排列，还要与明细栏中的序号一一对应。明细栏用于填写零件的序号、名称、数量、材料，以及标准件的规格尺寸、质量、备注等。标题栏一般包括机器或部件名称、设计者姓名、设计单位、图号、比例、绘图人员及审核人员的签名等。图 7.2 中表达了滑动轴承由 8 种零件装配而成，零件序号 1～8 对应的名称、数量、材料、备注等信息填写在明细栏中；标题栏内注明了滑动轴承的名称、比例，以及制图人员、校对人员、审核人员的姓名、日期等。

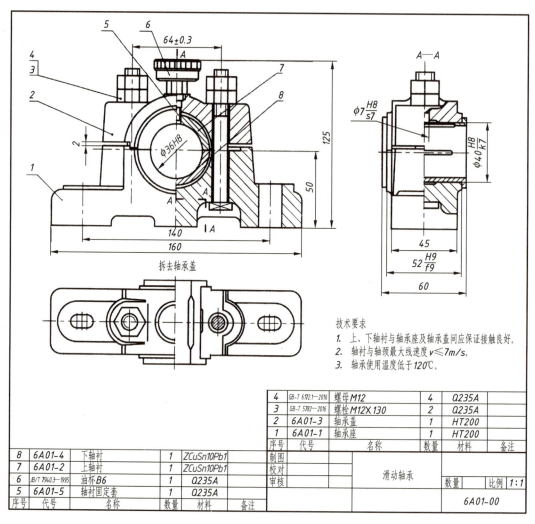

图 7.2　滑动轴承装配图

7.2　装配图的表达方法

前面章节讲解的机件表达方法都适用于装配图。但由于装配图表达的是由若干个零件组成的机器或部件，其内容主要以表达机器或部件的工作原理和主要装配关系为中心，同时表示清楚内部构造、外部形状和零件的主要结构形状。因此，除前述各种表达方法外，还有装配图的规定画法、特殊画法和简化画法。

7.2.1 装配图的规定画法

1. 相邻两零件的接触表面和配合表面

相邻两零件的接触表面和配合表面只画一条粗实线，非接触表面或不配合表面画两条粗实线。只要两相邻零件的基本尺寸不相同，即使间隙很小，也必须画出两条粗实线，如图 7.3 所示。

2. 相邻零件的剖面线

在剖视图或断面图中，相邻两零件的剖面线方向相反（图 7.3）；三个或三个以上零件接触时，除其中两个零件的剖面线倾斜方向不一致外，第三个零件应采用不同的剖面线间隔开，或者与相同方向的剖面线错开；在同一张装配图中，各视图中同一个零件的剖面线的方向、间隔和倾斜角度必须一致；当零件厚度小于或等于 2mm 时，剖切后允许用涂黑代替剖面符号。

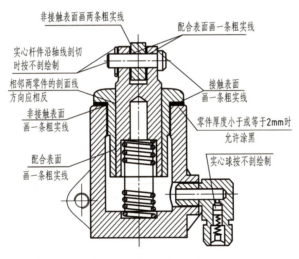

图 7.3 接触表面、配合表面、剖面线的画法

3. 螺纹紧固件及实心件

对于螺栓等螺纹紧固件及实心的轴、连杆、手柄、销、球、键等零件，当剖切面通过其对称平面或基本轴线时，均按不剖绘制，即不画剖面线，如图 7.4 中的螺钉、螺母、垫圈、平键、轴等。表明零件的凹槽、键槽、销孔等构造时，可用局部剖视图表示，如图 7.4 中的键槽。当剖切平面垂直于上述零件的轴线时，需画出剖面线，参见图 7.2 俯视图中右半部分的螺栓。

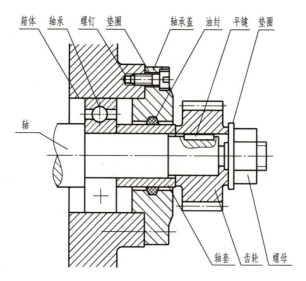

图 7.4 实心件的画法

7.2.2 装配图的特殊画法

为了适应部件结构的复杂性和多样性，清晰表达机器（部件），画装配图时可根据表达需要选用以下几种特殊画法。

1. 拆卸画法

当某个或某几个零件在装配图的某视图中遮住大部分装配关系或其他零件时，可假想拆去一个或几个零件，只画出所要表达部分的视图，这种画法称为拆卸画法。如图 7.2 中的俯视图就是拆去轴承盖、螺栓和螺母后画出的。使用拆卸画法时需要加注"拆去××"。拆卸画法不等于机器中没有这些零件，在其他视图上仍应画出其投影。

2. 假想画法

（1）运动零（部）件极限位置表示法。

在装配图中，当需要表达某些零（部）件的运动范围或极限位置时，可用细双点画线表示该运动零（部）件极限位置的轮廓线，如图 7.5 中手柄的极限位置表示法。

（2）相邻零（部）件表示法。

在装配图中，当需要表示与本零（部）件有装配或安装关系但又不属于本零（部）件的相邻其他零（部）件时，可用细双点画线画出该相邻零（部）件的部分外形轮廓，如图 7.5 中管的连接、图 7.6 所示转子泵的主视图左侧细双点画线、图 7.7 中的床头箱。

3. 夸大画法

在装配图中，对薄片零件、细丝弹簧、微小间隙（直径或厚度小于 2mm）及较小的斜度和锥度等，按它们的实际尺寸无法在装配图中画出，或者虽然能画出，但不能明确表达其结构时，此时可按比例采用夸大画法。如图 7.2 中轴承盖与轴承座之间、图 7.8 平键上顶面与齿轮上键槽之间的间隙、轴承盖内孔与轴套外柱面之间的间隙都采用了夸大画法。

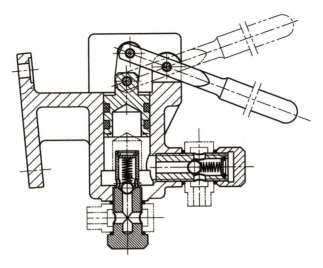

图 7.5　假想画法

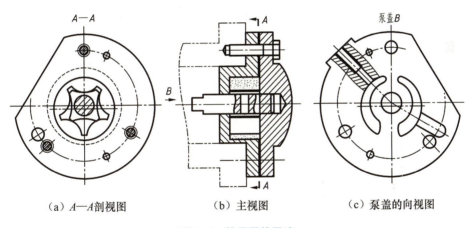

（a）A—A剖视图　　　（b）主视图　　　（c）泵盖的向视图

图 7.6　转子泵的画法

4. 沿结合面剖切画法

在装配图中，为了清楚表达内部结构和装配关系，可假想沿某些零件的结合面剖切，画出其剖视图，此时在结合面上不画剖面线，但应在被切断的其他零件断面上画出相应的剖面符号。例如，在图 7.6 所示转子泵的 A—A 剖视图中，结合面上不画剖面线，被截切的螺钉、轴、销的横断面都画剖面线。

5. 单独表达某个零件

若所选择的视图已将大部分零件的形状、结构表达清楚，但仍有少数零件的某些地方还未表达清楚，则可单独画出这些零件的视图或剖视图，如图 7.6 所示转子泵的泵盖 B 的向视图。

6. 展开画法

为表达某些重叠的装配关系（如齿轮传动顺序和装配关系），可以假想将空间轴系按传动顺序沿各轴线剖切后依次展开在同一平面上，画出剖视图，并在剖视图上方加注"×—×展开"，这种画法称为展开画法。三行星齿轮传动机构的剖视图展开画法如图 7.7 所示。

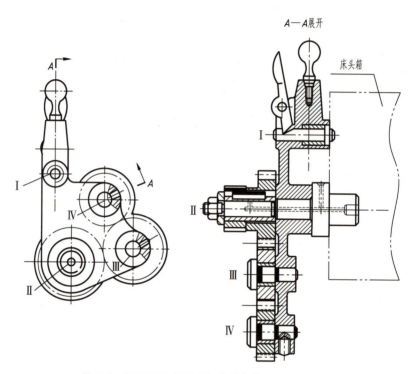

图 7.7　三行星齿轮传动机构的剖视图展开画法

7.2.3　装配图的简化画法

装配图的简化画法是对某些标准件或工艺结构的固定形式的省略，以及对相同部分的简化。

在装配图中，零件的局部工艺结构（如倒角、圆角、退刀槽等）允许省略。

在装配图中，螺母和螺栓头部的截交线（双曲线）的投影允许省略，简化为六棱柱，如图 7.8 中的螺母；对于螺纹连接等相同的零件组，在不影响读图的情况下，允许只详细地画出其中一组，而其余用细点画线表示中心位置即可，如图 7.8 中的螺钉连接组。

在部件的剖视图中，若对称于轴线的同一轴承的两部分的图形完全一样，则可只画出一部分，另一部分用相交细实线画出，如图 7.8 中的轴承。

在视图或剖视图中，若零件在图中的厚度小于或等于 2mm 时，则允许用涂黑代替剖面符号。当有玻璃或其他材料不宜涂黑时，可不画剖面符号。

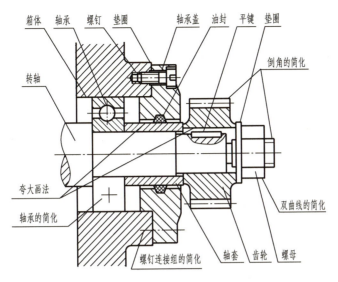

图 7.8　简化画法和夸大画法

7.3　装配图的尺寸标注和技术要求

7.3.1　装配图的尺寸标注

由于装配图和零件图在生产中的作用不同，因此在装配图中无须标注全部尺寸，只需标注一些必要的尺寸。这些尺寸按作用不同大致可分为以下五类。

1. 性能（规格）尺寸

表示机器或部件的性能或规格的尺寸称为性能（规格）尺寸。它在设计时就已确定，是设计、了解和选用机器的依据。例如，图 7.2 中滑动轴承的轴孔直径 $\phi 36H8$ 表明该滑动轴承所支承的轴的直径。

2. 装配尺寸

表示机器或部件内部零件间装配关系的尺寸称为装配尺寸。它可分为配合尺寸和相对位置尺寸。

（1）配合尺寸：表示两零件间配合性质和相对运动情况的尺寸，如图 7.2 中的 $\phi 7\frac{H8}{s7}$、$\phi 40\frac{H8}{k7}$、$52\frac{H9}{f9}$ 等。它是拆画零件图时确定零件尺寸偏差的依据。

（2）相对位置尺寸：保证装配后零件之间较重要的距离、间隙等相对位置的尺寸，如图 7.2 中轴孔中心到底面的中心高 50。它使两轴承所支承的轴的轴线处于水平位置，保证轴上零件正常运转。有些重要的相对位置尺寸还可以在装配时采用增减垫片或更换垫片的方法得到。

3. 安装尺寸

机器或部件安装在地基上或与其他零、部件相连接时所需要的尺寸称为安装尺寸，如图 7.2 中的底板上两安装孔的中心距 140。

4. 外形尺寸（总体尺寸）

表示机器或部件的外形轮廓的尺寸称为外形尺寸（总体尺寸），即总长、总宽、总高。它表明机器或部件所占空间，是包装、运输及厂房设计和安装机器时需要考虑的外形尺寸，如图 7.2 中的总长尺寸 160、总宽尺寸 60 和总高尺寸 125。

5. 其他重要尺寸

除以上四类尺寸外，还有在设计中经过计算确定或选定的尺寸及在装配或使用中必须说明的尺寸。拆画零件图时，这类尺寸不能改变，如设计减速器时选定的齿轮宽度、运动零（部）件的位移尺寸等。

上述五类尺寸之间不是孤立无关的，装配图上的某些尺寸有时兼具多种意义。同样，不是每张装配图中都有上述五类尺寸。标注尺寸时，必须明确每个尺寸的作用，对装配图没有意义的尺寸无须标注。

7.3.2　装配图的技术要求

装配图的技术要求主要针对机器或部件的工作性能，装配、检验、调试要求及使用与维护要求提出。不同的机器或部件具有不同的技术要求。

装配图上的技术要求一般用文字注写在明细栏上方或图样左下方的空白位置，逐条书写并编写序号。如果技术要求仅有一条，则可不编写序号，但标题不能省略。技术要求内容较多时，可以另外编写技术要求文件。

装配图中的技术要求一般有以下内容。

（1）有关机器或部件装配、检验和调试方面的要求。

装配要求包括装配过程中的注意事项和装配后应满足的要求，如装配时应满足的间隙、精度、密封性等要求，如图 7.2 中"上、下轴衬与轴承座及轴承盖间应保证接触良好"等字样。

检验要求是指机器或部件基本性能的检验方法和要求，装配过程中及装配后必须保证其精度的各种检验方法说明及其他检验要求，如图 7.2 中"轴衬与轴颈最大线速度 $v \leqslant 7 \text{m/s}$"等字样。

调试要求是指根据机器或部件的设计要求，对设备进行检查和测试，确保设备无故障，各项指标符合规定标准。滑动轴承的调试包括调试径向游隙和端面游隙，检查是否有不正常的游隙。

（2）有关机器或部件性能指标方面的要求。

性能要求是指机器或部件的规格、参数、性能指标等。

（3）使用要求。

使用要求是对机器或部件的操作、维护、保养等有关要求，如图 7.2 中"轴承使用温度低于 120℃"等字样。

（4）机器或部件的涂饰、包装、运输等方面的要求。

7.4 装配图中的零件序号、标题栏和明细栏

装配图上各零件都必须编写序号,并填写标题栏和明细栏,以便统计零件数量,进行生产准备工作。同时,在读装配图时,根据零件序号查阅明细栏,以了解零件名称、材料和数量等信息。

7.4.1 零件序号的标注

编号的原则如下:形状、尺寸完全相同的零件只编一个序号,一般只标一次;形状相同、尺寸不同的零件要分别编写序号;图中零件的序号应与明细栏中该零件的序号一致;序号应尽可能标注在反映装配关系最清楚的视图上,而且应沿水平方向或垂直方向排列整齐,并按顺时针或逆时针方向依次排列;零件序号是用指引线和数字标注的;序号应标注在图形轮廓线外。

1. 指引线的画法

指引线应从所指零件的可见轮廓内用细实线向图外引出,并在指引线的引出端画一个小圆点,如图 7.9(a)所示。当所指部分很薄或剖面涂黑不宜画小圆点时,可在指引线的引出端用箭头代替,箭头指到该部分的轮廓线上,如图 7.9(b)所示。指引线应尽可能分布均匀,不允许彼此相交。当通过有剖面线的区域时,不应与剖面线平行。必要时,指引线可以画成折线,但只可曲折一次,如图 7.9(c)所示。同一连接件组成的装配关系清楚的紧固零件组(如螺栓、螺母和垫圈)可以采用公共指引线,如图 7.9(d)所示。

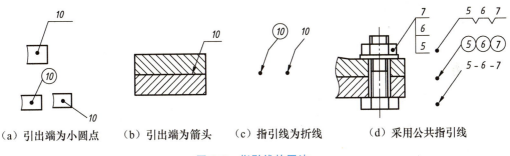

(a)引出端为小圆点　　(b)引出端为箭头　　(c)指引线为折线　　(d)采用公共指引线

图 7.9　指引线的画法

2. 零件序号的标注形式

在装配图中,零件序号的常用标注形式有以下三种[参见图 7.9(a)]。

(1)在指引线的终端画一条水平横线(细实线),并在该横线上方标注序号,其字高比该装配图中所注尺寸数字大一号或大两号。

(2)在指引线的终端画一个细实线圆,并在圆内标注序号,其字高比该装配图中所注尺寸数字大一号或大两号。

(3)在指引线终端附近标注序号,其字高比该装配图中所注尺寸数字大两号。

标注零件序号时的注意事项如下。

（1）为了使全图布置美观整齐，在同一装配图中采用的序号标注形式要一致。标注零件序号时，应先按一定位置画好横线或圆，再与零件一一对应，画出指引线。

（2）常用的序号编排方法有两种：一种是一般件和标准件混合编排，如滑动轴承装配图（图7.2）；另一种是将一般件编号填入明细栏，而标准件直接在装配图上标注规格、数量和国家标准号，或另列专门表格。

7.4.2 标题栏和明细栏的填写规定

1. 标题栏

每张装配图都必须有标题栏。标题栏的格式和尺寸在 GB/T 10609.1—2008 中都有规定。学生制图作业推荐使用本书第1章提供的标题栏。

2. 明细栏

明细栏是机器或部件中全部零件的详细目录。明细栏画在标题栏正上方，其底边线与标题栏的顶边线重合，其内容和格式在 GB/T 10607.2—2009 中有规定。学生制图作业推荐使用的明细栏格式如图7.10所示。

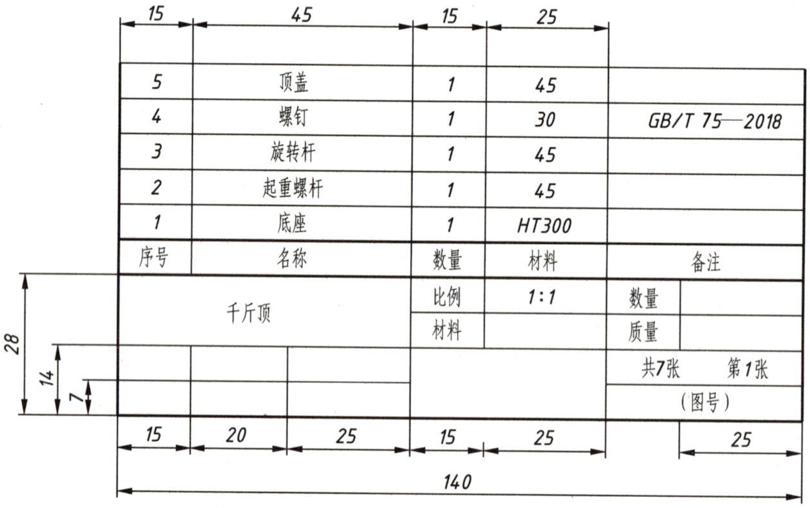

图7.10 学生制图作业推荐使用的明细栏格式

绘制和填写明细栏时，应注意以下几点。

（1）明细栏和标题栏的分界线为粗实线，明细栏的外框竖线为粗实线，明细栏内部横线和竖线均为细实线（包括最上面一条横线）。

（2）序号应自下而上填写，如向上延伸位置不够，则可以在标题栏紧靠左边的位置自下而上延续，参见图7.2。

（3）标准件的国家标准编号可写入备注栏。

明细栏中各项内容填写如下。

（1）序号：填写图样中相应组成部分的序号。

(2) 代号：填写图样中相应组成部分的图样代号或标准号。
(3) 名称：填写图样中相应组成部分的名称。必要时，可写出其形式与尺寸。
(4) 数量：填写图样中相应组成部分在装配中所需数量。
(5) 材料：填写图样中相应组成部分的材料标记。
(6) 备注：填写该项的附加说明（如该零件的热处理和表面处理等）或其他相关内容（如分区代号，常用件的主要参数，齿轮的模数、齿数，弹簧的内径、外径、簧丝直径、有效圈数、自由长度等）。

螺栓、螺母、垫圈、键、销等标准件的标记通常分两部分填入明细栏，其规格尺寸等填在名称栏，标准代号填入代号栏或备注栏。

7.5 装配结构的合理性

为使零件装配成机器或部件后达到性能要求，并考虑装配和拆卸方便，对装配结构要求有一定的合理性，在设计和绘制装配图时应考虑采用合理的装配工艺结构，以保证机器和部件的工作性能，并给零件的加工、装配和拆卸带来方便。下面介绍常见的装配结构。

7.5.1 接触面与配合面的结构

1. 两个零件相互接触

当两个零件相互接触时，在同一方向上只能有一对平面接触，如图 7.11 所示，即 $b > a$，既保证了零件良好接触，又降低了加工难度。

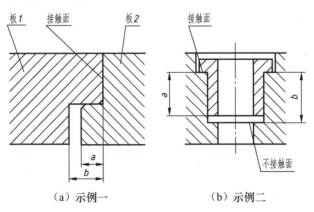

（a）示例一　　　（b）示例二

图 7.11　两个零件相互接触

2. 轴和孔配合

当轴和孔配合时，如图 7.12 所示，由于在 ϕA 处已经形成配合关系，因此 ϕB 和 ϕC 处不能再形成配合关系，即保证 $\phi B < \phi C$。

3. 锥面配合

当锥面配合时，锥体顶部与锥孔底部之间必须留有间隙，即 $L_1 < L_2$，如图 7.13 所示。

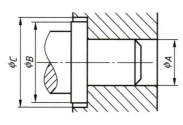
图 7.12 轴和孔配合

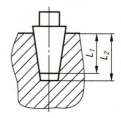
图 7.13 锥面配合

4. 轴肩和端面相互接触

当轴和孔配合且轴肩和端面相互接触时,应在接触端面制成倒角或在轴肩部切槽,以保证两零件良好接触,如图 7.14(a)所示。

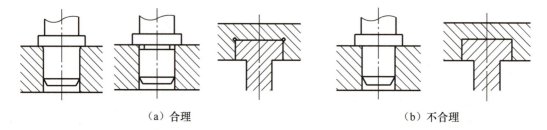

(a)合理　　　　　　　　　　　　　(b)不合理

图 7.14 轴肩和端面相互接触

5. 合理减小接触面积

零件加工时的面积越大,其不平度和不直度越大,接触面的不平稳性越大,加工成本也会越高。因此,应合理减小接触面积,如图 7.15 所示。

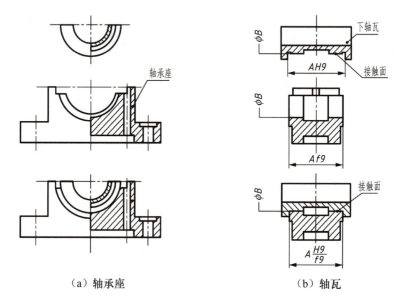

(a)轴承座　　　　　　　　　　　(b)轴瓦

图 7.15 合理减小接触面积

7.5.2 螺纹连接的合理结构

1. 螺纹连接的装配和拆卸空间

采用螺纹连接之处要留有足够的装配和拆卸空间，如图 7.16（a）所示；否则会给部件的装配和拆卸带来不便，甚至无法进行 [图 7.16（b）]。

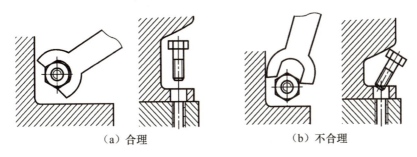

（a）合理　　　　　　　　（b）不合理

图 7.16　螺纹连接的装配和拆卸空间

2. 被连接件通孔直径

被连接件通孔直径应比螺杆直径稍大，以便装配，如图 7.17 所示。

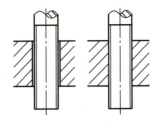

（a）合理　（b）不合理

图 7.17　被连接件通孔直径

3. 螺纹连接工艺结构

为了保证拧紧，要适当加长螺纹尾部，在螺杆上加工出退刀槽、凹坑、倒角，如图 7.18 所示。

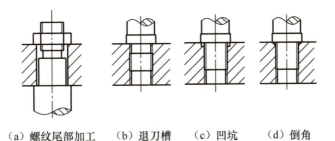

（a）螺纹尾部加工　（b）退刀槽　（c）凹坑　（d）倒角

图 7.18　螺纹连接工艺结构

4. 螺纹连接表面的沉孔和凸台

为了保证拧紧，减少加工表面，降低加工成本，在螺纹连接表面设计成沉孔或凸台，如图 7.19 所示。

5. 螺纹连接的合理装配和拆卸

螺栓连接无法拧紧时，必须增加手孔或改用双头螺柱连接，如图 7.20 所示。

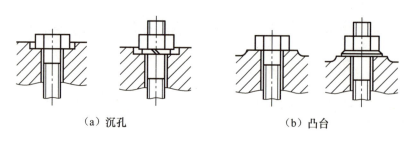

（a）沉孔　　　　　　　　（b）凸台

图 7.19　螺纹连接表面的沉孔和凸台

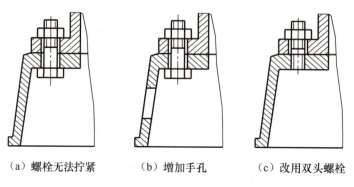

（a）螺栓无法拧紧　　　（b）增加手孔　　　（c）改用双头螺栓

图 7.20　螺纹连接合理装配和拆卸

7.5.3　定位销的合理装配结构

为了保证安装后两零件相对位置的精度，常采用圆柱销或圆锥销定位。为了加工销孔和拆卸销方便，一般将销孔做成通孔，如图 7.21（a）所示。如果不能做成通孔，则应在销端部加工内螺纹孔，如图 7.21（b）所示。

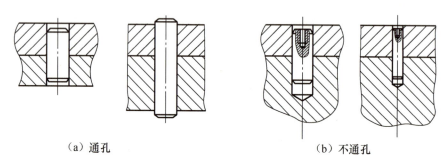

（a）通孔　　　　　　　　　　　　　（b）不通孔

图 7.21　定位销的合理装配结构

7.5.4　螺纹防止松动结构

1. 用双螺母锁紧

如图 7.22（a）所示，用双螺母锁紧的原理是拧紧两螺母后，螺母之间产生轴向力，使螺母牙与螺栓牙之间的摩擦力增大而防止螺母松动。

2. 用弹簧垫圈锁紧

如图 7.22（b）所示，用弹簧垫圈锁紧的原理是拧紧螺母后，垫圈受压变平，这个变形力使螺母牙与螺栓牙之间的摩擦力增大，且垫圈开口的刀刃阻止螺母转动，从而防止螺母松动。

3. 用开口销锁紧

如图 7.22（c）所示，用开口销锁紧的原理是开口销直接锁住六角槽形螺母，使之不能松动。

4. 用止动垫圈锁紧

如图 7.22（d）和图 7.22（e）所示，用止动垫圈锁紧的原理是止动垫圈与圆螺母配合使用，直接锁住螺母。这种装置常用来固定安装轴端部的零件。

5. 用止动垫片锁紧

如图 7.22（f）所示，用止动垫片锁紧的原理是拧紧螺母后，弯曲止动垫片的止动边即可锁紧螺母。

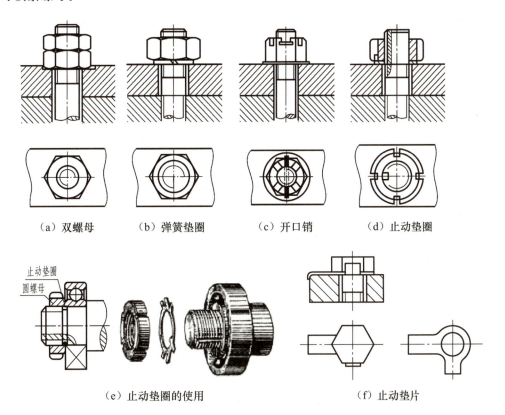

图 7.22 螺纹防止松动结构

7.5.5　防漏结构

为了防止外界的灰尘、铁屑、水汽和其他不洁净的物质进入机器或部件，以及防止内部液体外溢，常需要采用密封装置。如图 7.23 所示，该密封装置是用于泵和阀类部件中的常见密封装置，它依靠盖螺母、填料压盖将填料压紧，从而起到防漏作用。填料压盖与阀体端面之间应留有一定的间隙，以便填料磨损后，还可拧紧填料压盖将填料压紧，使之继续起到防漏作用。图 7.24 所示为两种常见的滚动轴承的密封装置，其中图 7.24（a）为毡圈式密封装置，图 7.24（b）为圆形油沟式密封装置。这些密封装置的结构都已标准化。

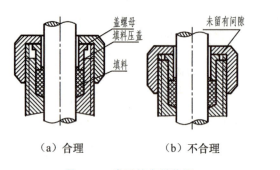

（a）合理　　　　　　　（b）不合理

图 7.23　常见的密封装置

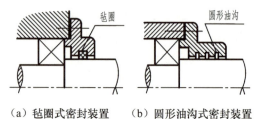

（a）毡圈式密封装置　　（b）圆形油沟式密封装置

图 7.24　两种常见的滚动轴承的密封装置

7.6　部件测绘和装配图的画法

7.6.1　部件测绘

部件测绘是对机器或部件及其所属零件进行测量并绘制草图，再经整理绘制装配图和零件图的过程。

测绘工作是技术交流、产品仿制和旧设备革新改造等工作中的常规技术工作，也是工程技术人员必须掌握的基本技能。

1．了解测绘对象

对测绘对象进行认真细致的观察、分析，了解其用途、性能、工作原理、结构特点、各零件间的装配关系，以及主要零件的作用、加工方法等。

了解测绘对象的方法有两种：一种是参阅有关资料、说明书或同类产品的图样；另一种是通过拆卸全面了解、分析部件及其零件，并为画零件草图做准备。

2．拆卸部件

第一，周密制定拆卸顺序，根据部件的组成情况及装配工作的特点，把部件分为若干个组成部分，依次拆卸，并用打钢印、扎标签或写件号等方法对每个零件进行编号、分组并放到指定位置，避免损坏（生锈）、丢失或乱放，以便测绘后重新装配时保证部件的性能和使用要求。

第二，拆卸工作要有相应的工具和正确的方法，以保证拆卸顺利进行。对不可拆卸连接和过盈配合连接的零件尽量不拆开，以免损坏零件。拆卸要求保证部件原有的完整性、精确性和密封性。

3. 绘制装配示意图

全面了解测绘对象后，可以绘制简单的装配示意图。因为只有在拆卸之后才能显示出零件之间的装配关系，所以拆卸时必须同步补充、修改前面绘制的示意图，并记录各零件之间的装配关系、对各零件进行编号，作为绘制装配图和重新装配的依据。

装配示意图是用简单的图线画出零件的大致轮廓，GB/T 4460—2013《机械制图　机构运动简图用图形符号》规定了机构运动简图中使用的图形符号。

4. 绘制零件草图

由于测绘工作往往受时间及工作场地的限制，因此，必须徒手绘制各零件的草图，根据零件草图和装配示意图绘制装配图，再由装配图拆画零件图。绘制零件草图时，应注意以下几点。

（1）绘制非标准件的草图时，所有工艺结构（如倒角、圆角、凸台、退刀槽等）都应画出。但因制造产生的误差和缺陷（如对称形状不对称、圆形不圆及砂眼、缩孔、裂纹等）不应画出。

（2）零件上标准结构要素（如螺纹、退刀槽、键槽等）的尺寸经测量后，应查阅相关手册选取标准值。零件上的非加工表面和非主要尺寸应圆整为整数，并尽量符合标准尺寸系列。两零件的配合尺寸和互有联系的尺寸应在测量后同时填入两零件的草图，以免出错。

（3）零件的技术要求（如表面粗糙度、热处理方式、硬度、材料牌号等）可根据零件的作用、工作要求确定，也可参考同类产品图样和资料类比确定。

（4）标准件无须绘制草图，但要测绘其主要尺寸，辨别其类型，然后查阅标准表格对照绘制。

5. 绘制装配图和零件图

根据零件草图绘制装配图如 7.6.2 节所述，而零件图的绘制参见第 6 章。

7.6.2　装配图的画法

下面通过实例介绍装配图的画法。

【例 7.1】　绘制图 7.25 所示的球阀装配图。

在绘制球阀装配图前，应充分了解其用途、性能、工作原理、结构特点、所有的零件草图或零件图（标准件除外），以及各零件间的装配关系等。

1. 了解分析测绘对象

分析部件的功能，部件的组成，部件中主要零件的形状、结构与作用，以及各零件间的相互位置和连接装配关系及各条装配线。弄清各零件间相互配合的要求，以及零件间的定位方式、连接方式、密封关系等，并进一步认清运动零件与非运动零件的相对位置关系

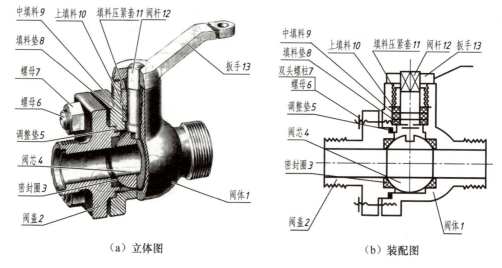

(a) 立体图　　　　　　　　　　(b) 装配图

图 7.25　球阀立体图及装配图

等，可对部件的工作原理和装配关系有所了解。

在管道系统中，阀是用于启/闭和调节流体流量的部件。球阀是阀的一种，因其阀芯为球形而得名。

下面根据图 7.25 分析运动关系、密封关系、连接关系及工作原理。

（1）运动关系。转动扳手，可通过阀杆带动阀芯转动，从而使阀芯中的水平圆柱形空腔与阀体及阀盖的水平圆柱形空腔连通或封闭。

（2）密封关系。两个密封圈为第一道防线，调整垫为阀体阀盖之间的密封装置，阀芯与密封圈之间的松紧程度可调节。填料垫、填料及填料压紧套可防止球阀从转动零件阀杆漏油，此为第二道防线。

（3）连接关系。阀体和阀盖是球阀的主体零件，均带有方形凸缘，它们之间以四组双头螺柱连接，在阀体上部有阀杆，阀杆下部有凸块，榫接阀芯上的凹槽。阀芯通过两个密封圈定位于阀体中，通过填料压紧套与阀体的螺纹旋合，将填料垫、中填料和上填料固定于阀体中。

（4）工作原理。扳手的方孔套进阀杆上部的四棱柱，当扳手处于图 7.25 所示位置时，阀门全部开启，管道畅通；当扳手按顺时针方向旋转（扳手处于图 7.27 的俯视图中细双点画线位置）时，阀门全部关闭，管道断流。

2. 拟订表达方案

装配图表达的主要内容是部件的工作原理及零件之间的装配关系，这是确定装配图表达方案的主要依据。装配图与零件图一样，要以主视图的选择为中心来确定最终的表达方案。

（1）主视图的选择。

选择主视图时，通常考虑以下几方面。

① 主视图应能反映部件的工作状态或安装状态。

② 主视图应能反映部件的整体形状特征。

③ 主视图应能表示主装配干线上零件之间的装配关系。
④ 主视图应能表示部件的工作原理。
⑤ 主视图应尽量多地反映零件间的相对位置关系。

球阀的工作位置情况不唯一，但一般是将其通道水平放置。从对球阀各零件间装配关系的分析可以看出，阀芯、阀杆、压紧套等部分和阀体、密封圈、阀盖等部分为球阀的两条主要装配轴线，它们相互垂直相交。因而将其通道水平放置，以剖切面通过该两装配轴线的全剖视图作为主视图，不仅可以将球阀的工作原理表达完全，而且可以清晰地表达各主要零件间的主要装配关系及零件间的相对位置关系。

(2) 其他视图的选择。

确定主视图后，针对球阀在主视图中尚未表达清楚的内容，选取一些能反映其他装配关系、外形及局部结构的视图。一般情况下，部件中的每种零件至少应在视图中出现一次。

在本例中，虽然球阀沿前后对称面剖开的主视图清楚地反映了各零件间的主要装配关系和球阀的工作原理，但用以连接阀盖及阀体的双头螺柱分布情况和阀盖、阀体等零件的主要结构形状未能表达清楚，于是选取其左视图。根据球阀前后对称的特点，它的左视图可采用半剖视图。在左视图上，左半边为视图，主要表达阀盖的基本形状和四组双头螺柱的连接方位；右半边为剖视图，用以补充表达阀体、阀芯和阀杆的结构。

选取俯视图，并作 B—B 局部剖视图，反映扳手与定位凸块的关系。

从以上对球阀视图选择的过程中可以看出，每个视图表达内容应有明确的目的和重点。对球阀主要装配关系应在基本视图上表达；对次要的装配、连接关系可采用局部剖视图或断面图等表达。

3. 画图步骤

确定部件的视图表达方案后，根据视图表达方案、部件大小和其复杂程度，选取适当的比例安排各视图的位置，从而选定图幅并着手画图。安排各视图的位置时，要注意留有供编写零部件序号、明细栏及标注尺寸和技术要求的位置。

画图时，应先画出各视图的主要轴线（装配干线）、对称中心线和作图基准线（某些零件的基面和端面）。由主视图开始，多个视图配合进行。画剖视图时，以装配干线为准，由内向外逐个画出各零件，也可由外向里画，视作图方便而定。

绘制球阀装配图底稿的步骤如下。

(1) 画出各视图的主要轴线、对称中心线和作图基准线，留出标题栏、明细栏位置，如图 7.26 (a) 所示。

(2) 画出主要零件阀体的轮廓线，多个基本视图要保证"三等关系"，关联作图如图 7.26 (b)、图 7.26 (c) 所示。

(3) 逐一画出其他零件的三视图，如图 7.26 (d) 所示。

(4) 检查校核、画出剖面符号、标注尺寸及公差配合、加深图线等。

(5) 给零件编号、填写标题栏、明细栏、技术要求，完成球阀装配图，如图 7.27 所示。

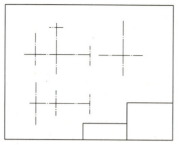
（a）画出各视图的主要轴线、对称中心线和作图基准线

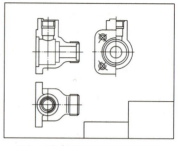
（b）画出主要零件阀体的轮廓线

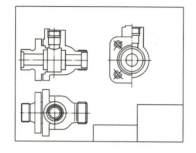
（c）根据阀盖和阀体的位置画出三视图

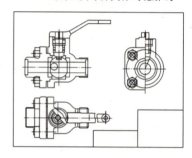
（d）逐一画出其他零件的三视图

图 7.26　绘制球阀装配图底稿的步骤

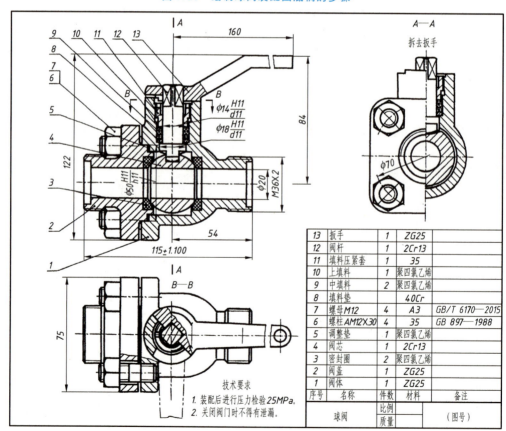

图 7.27　球阀装配图

7.7 识读装配图和由装配图拆画零件图

在设计、制造、装配、使用、维修和技术交流等过程中，都会遇到装配图的识读问题；而在设计中常要在读懂装配图的基础上，根据装配图拆画零件图。因此，工程技术人员必须具备识读装配图的能力。

7.7.1 识读装配图的方法和步骤

识读装配图的目的是了解产品名称、功用和工作原理，弄清各零件的主要结构、作用、零件之间的相互位置关系、装配关系、连接关系及装拆顺序等。

1. 概括了解

(1) 通过调查和查阅明细栏及说明书获知零件的名称和用途。

(2) 对照零件序号，在装配图上查找这些零件的位置，了解标准零件和非标准零件的名称与数量。

(3) 分析视图，根据装配图上视图的表达情况，找出各视图、剖视图、断面图等配置的位置及投射方向，从而理解各视图的表达重点。

通过对以上这些内容的了解，并参阅有关尺寸，对零件的大体轮廓与内容有一个基本的印象。

2. 详细分析

对照视图分析研究装配关系和工作原理，这是识读装配图的一个重要环节。读图时，应先从反映装配关系比较明显的视图入手，再配合其他视图。首先分析装配干线，其次分离零件，读懂零件形状。分离零件是依据装配图的各视图对应关系、剖视图上零件的剖面线及零件序号的标注范围进行的。当零件在装配图中表达不完整时，可先对有关的其他零件仔细观察分析后，再对其进行结构分析，从而确定零件的内、外形状。在分析零件形状的同时，分析零件在部件中的运动情况，零件之间的配合要求、定位方式和连接方式等，从而了解其工作原理。

3. 归纳总结

在进行上述分析后，应参考下列问题重新研究装配图，综合想象各部分的结构及总体形状。

(1) 是否读懂对反映部件工作原理的装配关系和各运动部分的动作。

(2) 是否读懂全部零件（特别是主要零件）的基本结构和作用。

(3) 分析标注尺寸在装配图上的作用。

(4) 该部件的拆装顺序。

识读装配图时，上述三个步骤是不能分开的，通常要穿插进行。

7.7.2 读装配图举例

【例 7.2】 识读图 7.28 所示机用虎钳装配图。

识读球心阀装配图

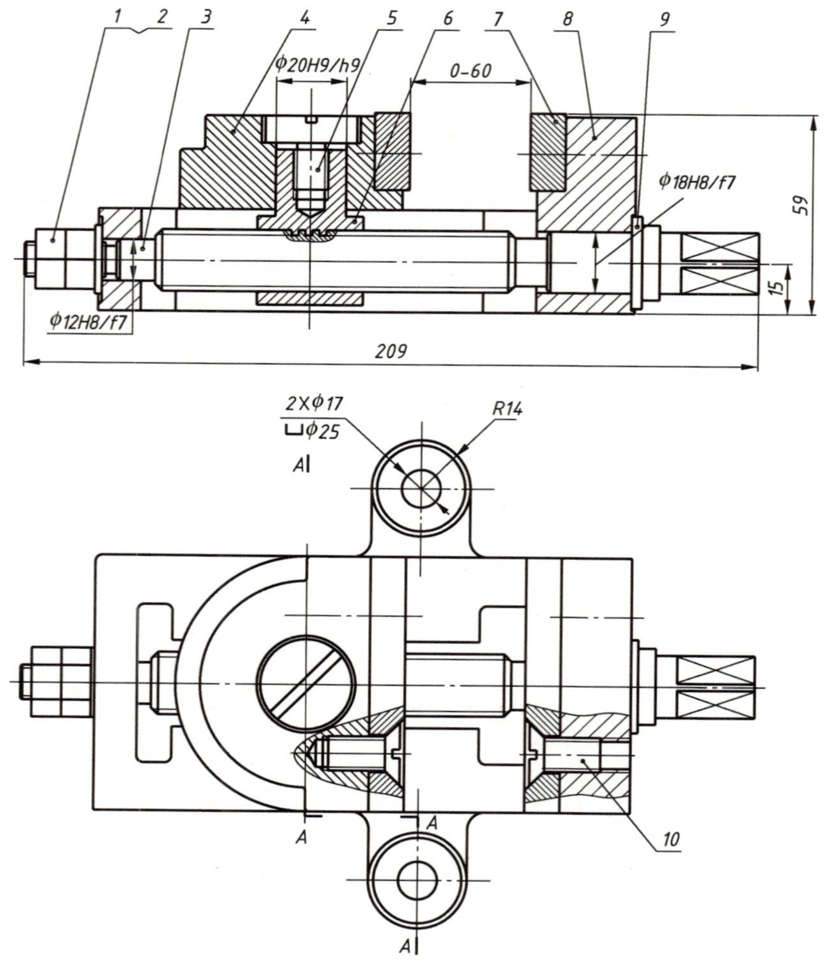

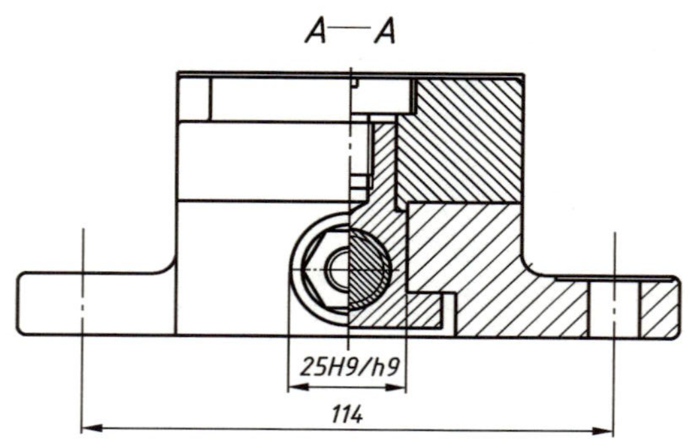

技术要求

1. 装配后螺杆转动灵活。
2. 装配过程中零件不允许磕、碰、划伤和锈蚀。
3. 装配前应对零、部件的主要配合尺寸和相关精度进行复查。

序号	名称	数量	材料	备注
10	螺钉M10X16	4	Q235	GB/T 68—2016
9	垫圈	1	Q235	
8	固定钳身	1	HT150	
7	钳口板	2	Q235	
6	方螺母	1	45	
5	紧定螺钉	1	Q235	
4	活动钳身	1	HT150	
3	螺杆	1	45	
2	垫圈10	1	Q235	GB/T 97.1—2002
1	螺母M10	1	Q235	GB/T 6170—2015

机用虎钳	比例	1:1	数量
	材料		质量
			共 张 第 张
			（图号）

图 7.28 机用虎钳装配图

1. 概括了解

(1) 从标题栏、明细栏中可以看出，该部件名称是机用虎钳，它是一种机械加工中用来夹持工件，以便加工工件的夹具。根据零件编号和明细栏中的序号得知，机用虎钳共有 10 种零件，其中标准件有 3 种，其余为非标准件。

(2) 该装配体用三个基本视图表示。

主视图为通过螺杆轴线的全剖视图，表达机用虎钳的工作原理，以及固定钳身、螺杆、方螺母、活动钳身和钳口扳等零件的装配关系。

左视图采用 A—A 阶梯剖视图，左半部分表示固定钳身、活动钳身、螺母、垫圈的外形；右半部分表示活动钳身的断面形状及紧定螺钉与方螺母、螺杆与方螺母的装配情况，还表示固定钳身连接孔的结构。

俯视图表示零件之间的安装位置关系，采用两处局部剖视图。

2. 详细分析

工作原理分析：将扳手（图中未标）套在螺杆右端的方头处，转动螺杆时，由于螺杆左侧用螺母锁住，右侧被轴肩限位，其只能在固定钳身的两个圆柱孔中转动，而不能做轴向移动，这时螺杆会带动方螺母，而方螺母与活动钳身用紧定螺钉连成一体，因此使活动钳身沿固定钳身的轨道左右移动，机用虎钳的两钳口闭合或开放，用于夹紧或松开零件。

根据工作原理和各视图的表达情况可知，机用虎钳中螺杆的轴线是一条主要装配干线，读图时从这条装配干线的主视图入手，结合其他视图，把装配干线上的每个零件弄懂。

从主视图可以看出，螺杆左端旋入方螺母的螺纹孔，插入固定钳身左侧的圆柱孔（采用间隙配合）并伸出，外端用两个螺母加垫圈固定；螺杆右端装配在固定钳身右侧的圆柱孔中，并采用间隙配合，同时右侧垫圈加轴肩限位，保证螺杆转动灵活。右端面垫圈的作用是防止磨损。方螺母与活动钳身采用间隙配合装配，并用紧定螺钉连接。

从左视图中可以看出，活动钳身与方螺母之间的配合，紧定螺钉与方螺母装配，活动钳身与固定钳身之间采用间隙配合，使活动钳身能沿着固定钳身上的导轨灵活、平稳移动，保证被夹紧的工件定位准确、牢靠。

从俯视图中可以看出，固定钳身的左、右端均有一个长方形的槽，用来保证两钳口的最大距离为 60mm。固定钳身和活动钳身的形状特征主要体现在俯视图中，同时利用两处局部剖视图表达钳口板与活动钳身、钳口板与固定钳身的连接情况，采用螺钉连接。

3. 分析尺寸

(1) 性能（规格）尺寸。

主视图中 0～60 为机用虎钳的性能（规格）尺寸，表达机用虎钳的活动范围。

(2) 装配尺寸。

$\phi12H8/f7$、$\phi20H9/h9$、$\phi12H8/f7$、$25H9/h9$ 为装配尺寸，15 为重要的相对位置尺寸。

(3) 外形尺寸。

总长 208、总高 59、总宽 142，$R14$ 为外形尺寸。

(4) 安装尺寸。

2×ϕ11、114 为安装尺寸。

4. 归纳总结

(1) 机用虎钳的安装及工作原理。

通过机用虎钳固定钳身两端的安装通孔，采用螺栓连接将机用虎钳固定在工作台上。转动手柄，使螺杆转动，钳口打开，把工件放在两钳口板之间，反向旋转手柄，使钳口开度逐渐减小，直至钳口板夹紧工件。

(2) 机用虎钳的装配结构。

机用虎钳零件间的连接方式均为可拆连接。因该部件工作时不会高速运转，故无须润滑。

(3) 机用虎钳的拆装顺序。

拆卸过程：拧下螺母、取出垫圈、拧下紧定螺钉、取下活动钳身、旋出螺杆、取出方螺母、拿下垫圈、拧下螺钉、卸下钳口扳。

装配过程：首先用螺钉将钳口板与活动钳身钳口和固定钳身钳口连接（也可放在最后进行）；然后将垫圈从螺杆左端套入、将方螺母放入固定钳身，把螺杆左端从固定钳身右侧孔插入；接着旋入方螺母的螺纹孔，直至从固定钳身左侧孔伸出，当旋转螺杆不能再向左移动时，在左侧套上垫圈，拧上两个螺母；最后把活动钳身装到方螺母上，并拧紧紧定螺钉。

7.7.3 由装配图拆画零件图

由装配图拆画零件图是设计工作的一个重要环节，也是一项细致的工作，它是在全面读懂装配图的基础上进行的。拆图时，应先对所拆零件的作用进行分析，再分离该零件（把零件从与其组装的其他零件中分离出来）。具体方法如下：首先在装配图中各视图的投影轮廓中找出该零件的范围，将其从装配图中分离出来；然后结合分析结果，补齐所缺的轮廓线；最后根据零件图的视图表达要求重新安排视图，选定和画出零件的各视图后，应按零件图的要求标注尺寸及技术要求。这种由装配图画出零件图的过程称为拆画零件图。

1. 拆画零件图的一般方法和步骤

(1) 读懂装配图。

拆图前，必须认真识读装配图，全面了解设计意图，分析清楚装配关系、技术要求和各零件的主要结构。

(2) 确定视图表达方案。

读懂零件的结构后，要根据零件在装配图中的工作位置或零件的加工位置，重新选择视图，确定表达方案。此时可以参考装配图的表达方案，但要注意不应受原装配图的限制。

(3) 补全工艺结构。

在装配图上，零件的细小工艺结构（如倒角、倒圆、退刀槽等）往往省略不画。拆图时，这些结构必须补全，并使之标准化。

(4) 标注尺寸。

由于装配图上标注的只是必要的尺寸，而在零件图上要求完整、正确、清晰、合理地标注零件各组成部分的全部尺寸，因此很多尺寸是在拆画零件图时确定的。在拆画出的零件图上标注尺寸时，一般按以下步骤进行。

① 抄：装配图上已标注的有关该零件的尺寸都应直接照抄，不能随意改变。

② 查：零件上的某些尺寸（如与螺纹紧固件连接的零件通孔直径和螺纹尺寸，与键、销连接的尺寸，标准结构要素的倒角、倒圆、退刀槽等）应从明细栏或有关国家标准中查得。

③ 算：如果所拆零件是齿轮、弹簧等传动零件或常用件，则设计时所需参数（如齿轮的分度圆和齿顶圆、弹簧的自由高度和展开长度等）应根据装配图中提供的参数通过计算确定。

④ 量：在对所拆画的零件进行整体尺寸分析后，对照正确、完全、清晰、合理的基本要求，对装配图中没有标注的该零件的其他尺寸，可在装配图中直接测量，并按装配图的绘图比例换算、圆整后标出。

拆画零件图是一种综合能力训练，不仅需要具有读懂装配图的能力，而且应具备有关专业知识。随着计算机绘图技术的普及，拆画零件图的方法将会变得更加容易。如果是由计算机绘出的机器或部件的装配图，则可对被拆画的零件进行复制并整理、标注尺寸，即可画出零件图。

2. 拆画零件图举例

【例 7.3】 从图 7.28 所示的机用虎钳装配图中拆画固定钳身的零件图。

(1) 分离零件，想象零件的结构。

先在装配图中各视图的投影轮廓中找出该零件的范围，再根据图中的剖面线及零件序号的标注范围将固定钳身从装配图中分离出来，如图 7.29 所示。

(2) 确定零件的表达方案。

根据零件的工作位置确定主视图的安放位置，并按形状特征原则决定投射方向，该零件的视图选为基本视图的主视图、俯视图、左视图，主视图确定为图 7.28 所示的主视方向。俯视图和左视图也与原装配图中表达基本一致，俯视图表达固定钳身内腔及外体的形状及安装孔的形状和位置；左视图采用半剖视图表达内部结构及连接孔结构，与钳口板连接的螺纹孔位置和大小等，如图 7.30 所示。

(3) 标注尺寸及技术要求，填写标题栏。

按零件图的要求，并根据上述"抄、查、算、量"的步骤，正确、完整、清晰、合理地标注尺寸；再经过查阅标准和各种技术资料及与同类零件的分析类比，标注各项技术要求，完成固定钳身零件图，如图 7.31 所示。

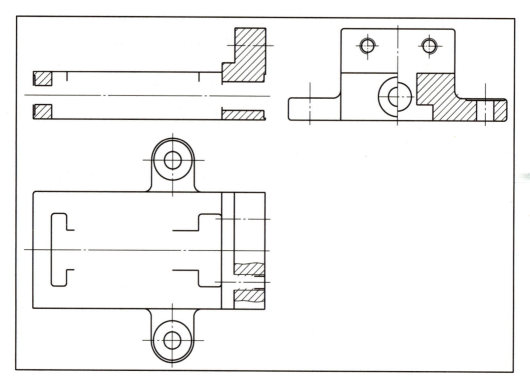

图 7.29　分离固定钳身

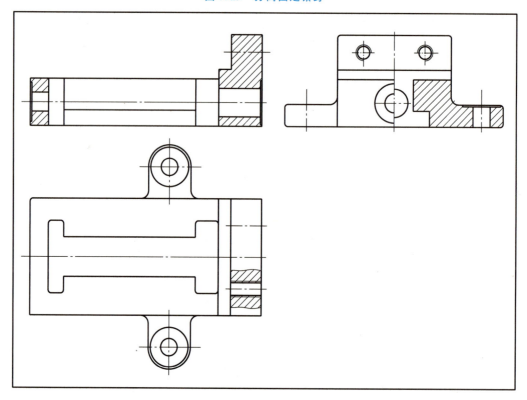

图 7.30　确定固定钳身的表达方案

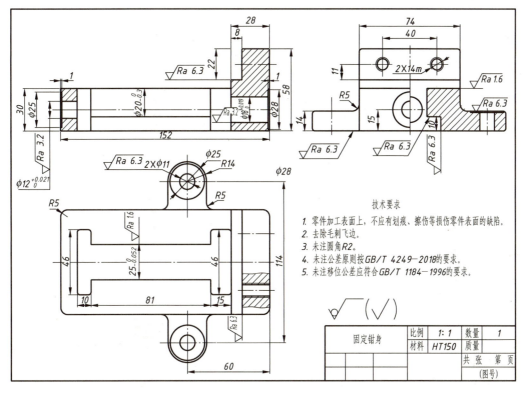

图 7.31　固定钳身零件图

读懂装配图是了解机器或部件工作特点的起点，画出装配图是表达机器或部件的最终目的。了解装配图的内容、表达方法及常见的装配结构等基本内容，可以对零件在机器或部件中的作用有进一步的了解。由于绘制和识读机械图（零件图和装配图）是本课程的学习目标，因此装配图是本课程的重点内容。由于装配图和零件图在设计、制造过程中起不同的作用，因此它们有不同的内容和各自的特点，学生学习时要与零件图作对比理解、记忆，以突出重点，融会贯通。装配图和零件图的比较见表 7-1。

表 7-1　装配图和零件图的比较

项目	零件图	装配图
视图方案选择	完全表达和确定零件的结构和各部分相对位置	以表达工作原理、装配关系为主，各零件结构不要求完全表达清楚
尺寸标注	标注全部尺寸	标注与装配、安装等有关的尺寸
尺寸公差	标注偏差值或公差带代号	只标注配合代号
形位公差	需标注	不需要标注
表面粗糙度	需标注	不需要标注
技术要求	为保证加工制造质量而设，多以代（符）号标注为主，以文字说明为辅	标注性能、装配、调试等要求，多以文字表述为主
标题栏、明细栏和序号	有标题栏	除有标题栏外，还有零件编号、明细栏，以便读图和管理

画装配图和读装配图是从不同途径培养形体表达能力和分析想象能力,也是一种综合运用制图知识、投影理论和制图技能的训练。因此,画装配图和读装配图时,应掌握以下要领。

(1) 画装配图的关键在于首先选择装配图的视图表达方案,而选择表达方案的关键在于对部件的装配关系和工作情况进行分析,弄清它的装配干线;然后考虑选用的视图,在各视图上应作的剖视图,将各装配干线上的装配关系表示清楚。

(2) 画装配图时,先画主要装配线,再画次要装配线,由内而外,先定位置再画结构,先画大体再画细节。

(3) 读装配图并由装配图拆画零件图的关键在于准确分离零件,即在对装配体的工作原理、对照明细栏认识各零件及其相互关系的前提下,根据轮廓线、剖面线及零件序号标注的范围,将所要拆画的零件从装配图中分离出来,然后根据零件的类型进行视图选择、尺寸和技术要求的标注等工作。

> **素养提升**
>
> 制造业是国民经济的主体,是立国之本、兴国之器、强国之基,也是中华民族从站起来、富起来到强起来的基础支撑。大国重器的案例已经证明,面对全球新一轮制造业竞争,我们不能只是简单地"引进、消化、吸收",还要在此基础上更多、更好地实现自主创新;不能对某个尖端领域局部突破或者不计成本地运动式投入,而是需要整个社会、全产业链的成熟配套和效率提升。学生要勇于担负重任,努力掌握制图基本功,为中国制造的强国梦作出自己的贡献。
>
> 建议学生搜索观看节目《大国工匠》第三集。

习 题

1. 装配图与零件图有什么不同?
2. 装配图的规定画法有哪些?
3. 装配图的特殊画法有哪些?
4. 装配图的尺寸有哪几类?解释各类尺寸的含义。
5. 装配图中填写明细栏和给零件编号时要注意哪些事项?
6. 简述识读装配图的方法和步骤。
7. 试述由装配图拆画零件图的方法和步骤。

装配图的习题讲解

第 8 章 AutoCAD 二维绘图基础

本章主要介绍计算机绘图软件 AutoCAD 2023 中文版的操作、二维绘图命令、图形编辑、尺寸标注及综合应用。

通过本章学习,要求学生熟练掌握 AutoCAD 2023 中文版的操作、二维绘图命令、图形编辑、尺寸标注等。

AutoCAD 软件是现今应用较为广泛的计算机辅助设计软件,它提供了一个开放的平台、面向任务的绘制环境和简易的操作方法,能够完成机械产品的二维图形设计与三维模型创建、标注图形尺寸、渲染图形及打印输出图纸。因其具有完善的绘图功能、强大的图形编辑功能、较强的数据交换功能,支持多种硬件设备和操作平台,具有通用性和易用性,故适用于机械、建筑、电子、农业及航空航天等领域,能满足工程设计人员的需求,深受广大工程技术人员的喜爱。

8.1 AutoCAD 2023 中文版的操作

8.1.1 AutoCAD 2023 中文版的操作界面

1. 启动 AutoCAD 2023 中文版

常用以下方法启动 AutoCAD 2023 中文版。

(1) 双击桌面 AutoCAD 2023 中文版快捷图标![A],即可进入 AutoCAD 2023 中文版的操作界面。

（2）单击桌面左下角"开始"按钮，在弹出的菜单中选择"程序"—"Autodesk"—"AutoCAD 2023"命令。

（3）在"我的电脑"文件夹双击任一个 AutoCAD 图形文件，即 *.dwg 文件。

2. AutoCAD 2023 中文版的操作界面

AutoCAD 2023 中文版的操作界面是通过工作空间组织的。工作空间是由分组组织的菜单、工具栏、选项板和功能区控制面板组成的，用户可以在专门的、面向任务的绘图环境中工作。AutoCAD 2023 中文版为用户提供"二维草图与注释""三维基础""三维建模"三种预设的工作空间，利用应用程序状态栏中的工作空间列表框或工作空间工具栏可切换工作空间。图 8.1 所示为 AutoCAD 2023 中文版操作界面。

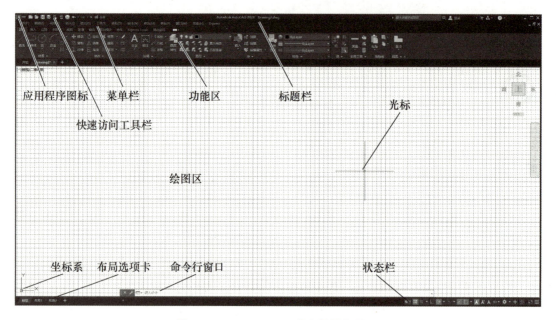

图 8.1　AutoCAD 2023 中文版操作界面

AutoCAD 2023 中文版操作界面（"二维草图与注释"工作空间的操作界面）包括标题栏、菜单栏、功能区、绘图区、命令行窗口、状态栏、工具栏等。

（1）标题栏。

标题栏位于 AutoCAD 2023 中文版操作界面的最顶部，左边显示应用程序图标及当前操作图形文件的名称。单击应用程序图标，打开应用程序菜单；"快速访问工具栏"显示常用工具；"程序名称显示区"显示正在运行的程序名和被激活的图形文件名称；"信息中心"可以快速获取所需信息、搜索所需资源；"窗口控制按钮"控制 AutoCAD 窗口的大小和关闭。

（2）菜单栏。

菜单栏由"文件""编辑""视图""插入""格式""工具""绘图""标注""修改""参数""窗口""帮助""Express"13 个菜单组成，几乎包括 AutoCAD 2023 中文版的全部功能和命令。

(3) 功能区。

功能区由绘图、修改、图层等选项卡组成，每个选项卡的面板上都包含许多工具按钮。

(4) 绘图区。

绘图区是功能区下方大片空白区域，也是用户使用 AutoCAD 2023 中文版绘制、编辑图形的区域，用户在绘图区完成设计图形的主要工作。窗口中的"十"字光标显示当前点的位置，用来绘制和选择图形对象；窗口左下角为坐标系，用于反映坐标系类型和坐标方向；窗口左下方的布局选项卡可以实现模型空间与图纸空间之间的切换。

若用户想要修改图形窗口中"十"字光标的大小和背景颜色，可在绘图窗口中右击，在弹出的快捷菜单中选择"选项"命令，弹出对话框，通过"显示"选项卡调整"十"字光标的大小，单击"颜色"按钮来更改绘图窗口的颜色。

(5) 命令行窗口。

命令行窗口位于绘图区的下方，有若干文本行，是用户输入命令和显示命令提示信息的区域。

(6) 状态栏。

状态栏位于工作界面的最底部，左端显示光标定位点坐标值 x、y、z，右侧依次有"捕捉""栅格""正交""极轴""对象捕捉"等功能开关按钮，中部显示注释比例，右端是状态栏快捷菜单。

(7) 工具栏。

工具栏是一组图标型工具的集合，把光标移动到某个图标，稍停片刻即在该图标一侧显示相应的工具提示，同时在状态栏中显示对应的说明和命令名。

在默认的情况下，可以看到绘图区顶部的"绘图""注释""特性""图层"工具栏和位于右侧的"块""组""实用工具"等工具栏。用户可以打开或关闭工具栏、调整工具栏的位置及自定义需要的工具按钮。

8.1.2 文件管理

1. 新建文件

执行菜单"文件"—"新建"命令或者单击"快速访问工具栏"上的 ![] 按钮，弹出"选择样板"对话框，如图 8.2 所示。从样板文件"名称"列表框中选择"acadiso"，单击"打开"按钮，即可开始绘制一幅新图。

2. 打开图形文件

选择菜单"文件"—"打开"命令或单击"快速访问工具栏"上的 ![] 按钮，弹出"选择文件"对话框，如图 8.3 所示。在"文件类型"下拉列表框中可选择图形（*.dwg）、标准（*.dws）、DXF（*.dxf）、样板文件（*.dwt）四种文件类型，还可以选择以"打开""以只读方式打开""局部打开""以只读方式局部打开"四种方式打开图形文件。

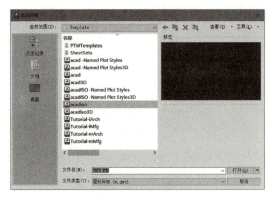
图 8.2 "选择样板"对话框

图 8.3 "选择文件"对话框

3. 保存图形文件

AutoCAD 2023 中文版可以用多种方式以文件形式保存所绘图形。选择"文件"—"保存"命令或单击"快速访问工具栏"上的 按钮,以当前使用的文件名保存图形,也可以选择"文件"—"另存为"命令,以新的名称保存当前图形。

在第一次保存创建的图形时,系统弹出"图形另存为"对话框;在默认情况下,文件以"AutoCAD 2018 图形(＊.dwg)"格式保存,也可以在"文件类型"下拉列表框中选择其他格式,如图 8.4 所示。

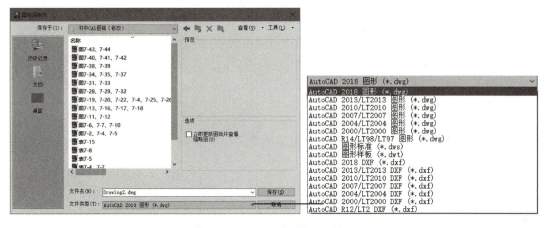
图 8.4 "图形另存为"对话框

8.1.3 基本操作

1. 鼠标的操作

鼠标是主要命令的输入和操作工具。最常用的是三键滚轮鼠标,其功能见表 8-1。掌握鼠标左、右键的配合及滚轮的使用,可大大提高绘图效率。

表 8-1　三键滚轮鼠标的功能

鼠标按键	功能	操作说明
左键（MB1）	选择菜单栏和工具栏等对象，也可在绘图过程中指定点和拾取操作对象	单击鼠标左键（MB1）
滚轮（MB2）	放大或缩小图形	向上或向下转动滚轮，可以将图形放大或缩小，默认缩放量为10%
	平移图形	按下MB2保持不放并拖动鼠标
	旋转图形	按下"Shift+MB2"组合键并移动光标，可旋转图形
右键（MB3）	弹出快捷菜单	单击鼠标右键（MB3）
	Enter键	单击鼠标右键，选择"确认"选项

用鼠标选择对象时，常用的选择方式有"点选""窗口选择""窗交选择""栏选"。

（1）点选：最基本、最简单的方式，一次仅能选择一个对象，在命令行窗口"选择对象："的提示下，系统自动进入点选模式，此时光标指针切换为矩形选择框，将选择框放在对象的边沿上单击即可选择该图形，被选择的图形对象以虚线显示。

（2）窗口选择：一次可以选择多个对象。在命令行窗口"选择对象："的提示下从左到右指定角点创建窗口选择框，显示的方框为实线方框，完全位于窗口内部的对象被选中。

（3）窗交选择：使用频率非常高的选择方式，一次可以选择多个对象。在命令行窗口"选择对象："的提示下从右到左指定角点创建窗交选择框，显示的方框为虚线方框，完全位于窗口内部和与选择框相交的对象被选中。

（4）栏选：在栏选方式下，在视图中可绘制多段线，多段线经过的对象都被选中。

2．命令的调用及取消

（1）命令的调用。

① 通过键盘在命令行窗口输入命令全称或简称，不区分大小写，如"LINE"或者"L"。

② 单击下拉菜单中的选项，在状态栏中可以看到对应的命令说明和命令名。

③ 单击"功能区"或者"工具栏"中的对应图标，可以看到对应的命令说明和图例。

④ 在命令行窗口右击打开快捷菜单或在绘图区右击。

（2）命令的取消。

在命令执行的任何时刻都可以按"Esc"键取消或终止执行命令。

（3）命令的重复。

若在命令执行完毕再次执行该命令，则可在命令行窗口中的"命令："提示下按"Enter"键或"空格"键，还可以在绘图区任意位置右击来重复执行前一条或前几条命令。

（4）命令的撤销与重做。

已撤销的命令还可以恢复重做，使用UNDO（撤销）列表箭头 ⬅ 或REDO（重做）列表箭头 ➡，可以选择要放弃或重做的命令。

3. 坐标系统和数据的输入方法

（1）两种坐标系。

AutoCAD 2023 中文版图形中各点的位置都是由坐标确定的。AutoCAD 2023 中文版有两种坐标系：世界坐标系（WCS）和用户坐标系（UCS）。

① 世界坐标系。世界坐标系存在于任何一个图形中且不可更改。世界坐标系是 AutoCAD 2023 中文版的默认坐标系，也是坐标系统中的基准，位于绘图窗口的左下角，其原点位置有一个方块标记。

② 用户坐标系。AutoCAD 2023 中文版为了能够更好地辅助绘图，经常需要修改坐标系的原点和方向，这时坐标系变为用户坐标系。用户坐标系的原点及 X 轴、Y 轴、Z 轴方向都可以移动或旋转，甚至可以依赖于图形中某个特定的对象。在菜单栏中选择"工具"—"工具栏"—"AutoCAD"—"UCS"命令，可设置需要的用户坐标系。

（2）坐标点的输入。

在命令行窗口输入点的坐标，常用直角坐标和极坐标。

直角坐标有两种输入方式：$x，y[z]$（点的绝对坐标值，如 60，40）和 @$x，y[z]$（相对于上一点的坐标值，如 @80，60）。

极坐标也有两种输入方式，但其只能表示二维点的坐标。在绝对坐标值输入方式下，其表示为长度＜角度（其中长度为点到坐标原点的距离，角度为原点到该点连线与 X 轴的正向夹角，如 80＜60）。在相对坐标值输入方式下，表示为@长度＜角度（相对于上一点的极坐标，如@50＜50）。

（3）动态数据输入。

单击状态栏上的"DYN"按钮，启用动态输入功能，此时在命令行窗口输入的数据、命令选项及命令行的信息都显示在光标附近。例如，绘制直线时，直角坐标的动态输入如图 8.5 所示，极坐标的动态输入如图 8.6 所示。

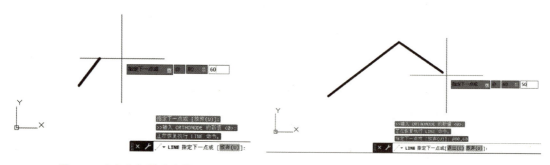

图 8.5　直角坐标的动态输入　　　　图 8.6　极坐标的动态输入

8.1.4　绘图辅助工具

1. 精确定位工具

（1）栅格和捕捉。

启用栅格可以使绘图区出现可见的网格。启用捕捉功能时，光标只能在栅格的节点上移动,从而使用户精确地捕捉和选择栅格上的点。

右击状态栏上的"栅格"■或"捕捉"■按钮,再选择"设置"命令,可在弹出的"草图设置"对话框中对"捕捉和栅格"选项卡进行设置,如图8.7所示。

(2)捕捉。

捕捉是指AutoCAD 2023中文版可以生成一个隐含分布于屏幕上的栅格,这种栅格能够捕捉光标,使光标只能落在其中一个栅格点上。捕捉分为矩形捕捉和等轴测捕捉,AutoCAD 2023中文版默认采用矩形捕捉。

(3)对象捕捉。

对象捕捉是指在绘图过程中,通过捕捉这些特征点,迅速、准确地将新的图形定位在现有对象的确切位置上。使用对象捕捉功能,可以迅速、准确地捕捉到圆心、切点、线段或圆弧的端点、中点等。

单击状态栏上的"对象捕捉"■按钮,可打开或关闭对象捕捉功能;右击"对象捕捉"按钮,选择"设置"命令,可在弹出的"草图设置"对话框中的"对象捕捉"选项卡下设置捕捉类型,如图8.8所示。

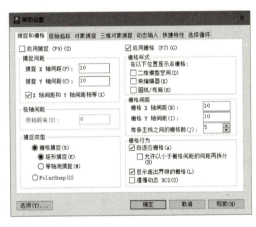

图8.7 "捕捉和栅格"选项卡

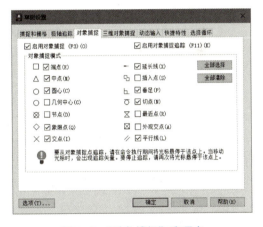

图8.8 "对象捕捉"选项卡

(4)自动对象捕捉。

启用自动对象捕捉功能后,屏幕会出现临时辅助线,帮助用户在指定的角度和位置精确地追踪图形对象。

自动对象捕捉功能分"对象捕捉追踪"■和"极轴追踪"■两种,可在状态栏上同时启用。若用户事先不知道追踪方向(角度),但知道与其他对象的某种关系(如相交),则使用"对象捕捉追踪"功能;若用户事先知道追踪方向(角度),则使用"极轴追踪"功能。

(5)正交绘图。

在状态栏中单击"正交"按钮或按"F8"键可启用正交模式。在正交模式下,只能画平行于坐标轴的正交线段。

2. 图形显示工具

(1) 缩放视图。

在菜单栏选择"视图"—"缩放"命令,或在命令行窗口执行"ZOOM↙",命令行窗口提示"指定窗口的角点,输入比例因子(nX 或 nXP),或者〔全部(A)/中心(C)/动态(D)/范围(E)/上一个(P)/比例(S)/窗口(W)/对象(O)〕<实时>:",用户可输入不同的选项进行缩放操作。用户还可以使用功能区"视图"选项卡下的各种缩放按钮缩放图形。

(2) 图形平移。

在命令行窗口输入 PAN 命令(缩写名为 P),或在菜单栏选择"视图"—"平移"—"实时"选项,光标变成手形,按住鼠标左键即可拖动图形移动;也可直接按住鼠标中间滚轮移动图形。

(3) 重生成。

在命令行窗口输入 REGEN 命令(缩写名为 RE),或在菜单栏选择"视图"—"重生成"选项,可刷新当前窗口中的所有图形对象,使原来显示不光滑的图形变得光滑。

8.1.5 设置图形样板文件

通常存储在图形样板文件中的惯例和设置包括图形(栅格)界限、单位、精度、捕捉、栅格和正交、线型比例、图层、图框和标题栏、文字样式、标注样式等。

下面以横装的 A3 图纸为例,说明设置图形样板文件的一般方法和步骤。

1. 打开图形样本文件并设置绘图区背景及显示精度

(1) 打开图形样本文件。

单击工具栏中的"新建"  按钮,或者单击菜单栏中"文件"—"新建"选项,也可以按快捷键"Ctrl+N",弹出"选择样板"对话框,从中选择一种样板文件作为新文件,如 acadiso.dwt。单击"打开"按钮,创建对应的新图形。

(2) 设置显示精度。

单击菜单栏中的"工具"—"选项",在弹出的"选项"对话框中选择"显示"选项卡,在"显示精度"选项中,将圆弧和圆的平滑度由"1000"改成"9000",使圆的弧线更平滑。在"十字光标大小"中可以修改数字或者用鼠标拖动设置光标的大小。

2. 设置尺寸关联及显示线宽

(1) 设置关联尺寸。

单击菜单栏中的"工具"—"选项",在弹出的"选项"对话框中选择"用户系统设置"选项卡,在"关联标注"区选中"使新标注可关联"复选框,单击"确定"按钮。

(2) 设置显示线宽。

如图 8.9 所示,在"线宽设置"对话框中,用鼠标拖动"调整显示比例"滑块到适当位置。单击"确定"按钮。

3. 设置图形单位和图形界限

(1) 设置图形单位。

在新建的"acadiso.dwt"空白文档中选择菜单栏"格式"—"单位"命令,弹出

图 8.10 所示的"图形单位"对话框,采用默认设置。

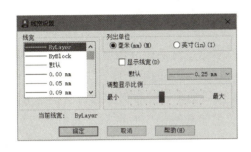

图 8.9 "线宽设置"对话框　　　　图 8.10 "图形单位"对话框

(2) 设置图形界限。

图形界限是一个矩形绘图区域,它标明用户的工作区域和图纸边界。设置图形界限可以避免绘制的图形超出图纸边界。

单击菜单栏"格式"—"图形界限"命令,在命令行窗口提示下输入图形界限左下角的 X、Y 坐标 (0,0) 和图形界限右上角的 X、Y 坐标 (420,297),设置图形界限。

在状态栏中单击"栅格"按钮,视图中显示栅格点矩阵,栅格点的范围就是图形界限。

4. 设置图层

在工程制图中,整个图形包含不同功能的图形对象,要针对不同的图形设置不同的颜色、线型和线宽。

单击"图层特性"按钮 ,弹出"图层特性管理器"对话框,按图 8.11 所示创建新的图层,可以设置各图层的名称、线条颜色、线型及线宽。

图 8.11　图层名称、线条颜色、线型及线宽设置

下面以定义中心线图层和粗实线图层为例，设置过程如下。

（1）定义中心线图层。

第一步：按序单击功能区中图层工具栏中的"图层特性"按钮、单击菜单栏中"格式"—"图层"命令或在命令行窗口输入"LAYER✓"命令。

第二步：单击"新建图层"按钮，自动创建图层1，修改图层名称为"中心线"。单击"中心线"图层中的黑色选项，弹出"选择颜色"对话框（图8.12），将其修改为红色。设置线型，单击"中心线"图层中的"Continuous"选项，弹出"选择线型"对话框，在"已加载的线型"列表框中选择对应的绘图线型，若没有需要的线型，则需要加载对应的线型。单击"加载"按钮，弹出"加载或重加载线型"对话框，选中"CENTER"线型后，单击"确定"按钮。返回"选择线型"对话框，在"已加载的线型"列表框中显示"CENTER"线型，如图8.13所示。选中该线型，单击"确定"按钮，完成线型设置。线宽可采用默认设置（0.25mm）。

图 8.12 "选择颜色"对话框

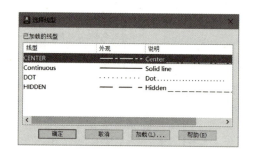

图 8.13 "选择线型"对话框

（2）定义粗实线图层。

在"图层特性管理器"对话框中再次单击"新建图层"按钮，将图层名称"图层1"修改为"粗实线"。单击"粗实线"图层中的"线宽"下的默认的细实线，弹出"线宽设置"对话框，选择"0.5mm"选项，单击"确定"按钮，完成线宽设置。

为了绘图方便、便于管理，根据需要创建图8.11所示的图层。

图层一般有三种状态。第一种是开关状态，单击"开"列对应的灯泡图标实现打开或关闭图层，灯泡亮时，图层上的图形可以显示，也可以打印；灯泡灭的状态正好相反。第二种是冻结与解冻，冻结的图层显示为雪花图标，此时图层上的图形不可见，不能打印输出和编辑；解冻的图层显示为太阳图标，此时显示图层上的图形对象，能打印输出和编辑修改。第三种是锁定和解锁，锁定图层可以避免对象被意外修改或删除，仍然可以将对象捕捉应用于锁定图层上的对象，并且可以执行不会修改对象的其他操作；锁定某个图层时并不影响显示图像对象，只是该图层上的所有对象均不可修改，但可以绘制新图形对象。

5. 设置文字样式

文字在工程图纸中用于说明、列表、标题等项目，它是工程图纸中必不可少的内容。具体设置详见 8.4.1 节部分内容。其中图形中的汉字采用长仿宋体，符合国家标准的中文字体是 gbcbig.shx。拉丁字母和阿拉伯数字区分大小写，可以分别写成正体和斜体。英文字体正体和斜体分别是 gbenor.shx 和 gbeitc.shx。

6. 设置尺寸标注样式

机械制图标准对尺寸标注样式有具体要求，需要定义的尺寸标注样式详见 8.4.2 节部分内容。

7. 绘制图框和标题栏

绘图时，由于图形界限不能直观地显示出来，因此需要通过图框确定绘图范围，使所有图形都在图框内。在"粗实线"图层，单击绘图工具栏中的"矩形"按钮 ▭，绘制图框线。在图框的右下角，可以单击注释工具栏中的"表格"按钮 ▦ 绘制标题栏。

8. 保存图形样板文件

选择菜单栏"文件"—"保存"命令或"文件"—"另存为"命令，在弹出的对话框中输入文件名"A3 图幅-横装"，选择文件类型为"AutoCAD 图形样板（*.dwt）"，确定文件存储路径，保存图形样板文件。

8.2 二维绘图命令

AutoCAD 2023 中文版常用的绘图工具见表 8-2。

表 8-2 AutoCAD 2023 中文版常用的绘图工具

工具	功能	图例
直线（LINE）	绘制一条或多条连续的线段，每条都是独立的操作对象	绝对直角坐标 (60,50)　相对极坐标 (@40<30)　(@15,-20) 相对直角坐标
多段线（PLINE）	由多个宽度相同或不同的线段（直线或圆弧）组成的单一图形对象	R5　10　10　25　R5

续表

工具	功能	图例
 圆 (CIRCLE)	可以通过圆心、半径，圆心、直径，两点，三点，相切、相切、半径，相切、相切、相切等方式绘制圆	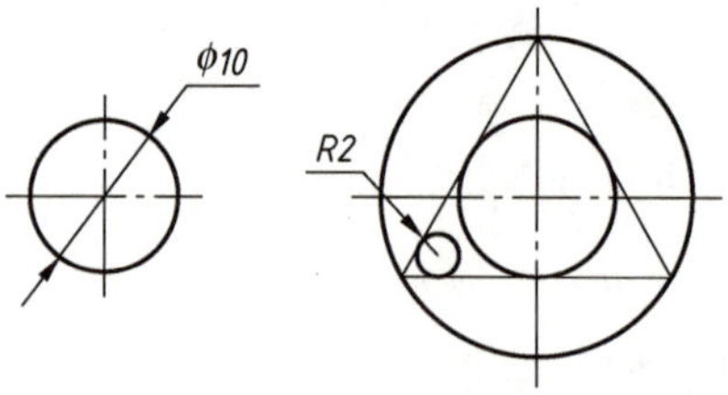
 圆弧 (ARC)	可以通过三点，起点、圆心、端点，起点、圆心、角度，起点、端点、半径，圆心、起点、角度等方式绘制圆弧	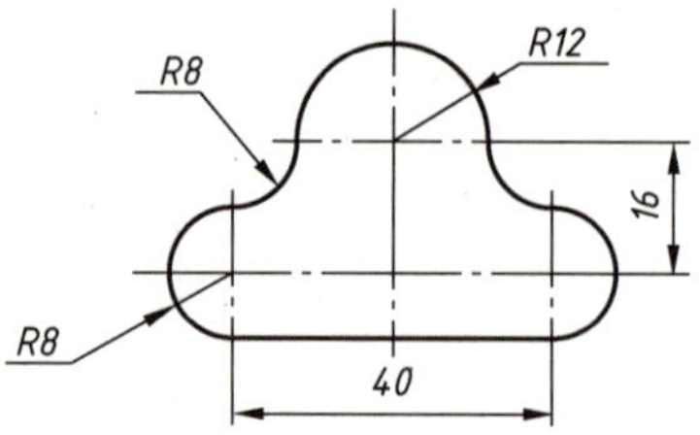
 椭圆 (ELLIPSE)	可以通过圆心、两个端点（长半轴、短半轴的象限点）或轴、端点绘制椭圆	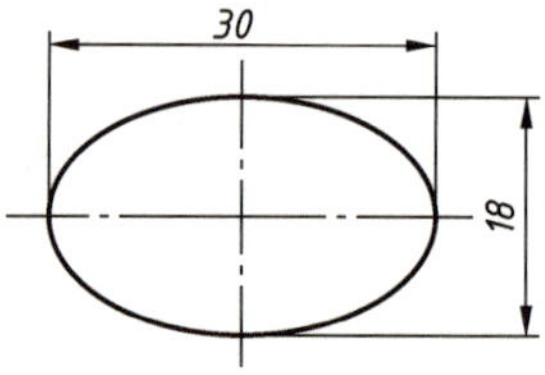
 正多边形 (POLYGON)	通过内接于圆和外切于圆的半径绘制正多边形，也可以通过正多边形的边长绘制	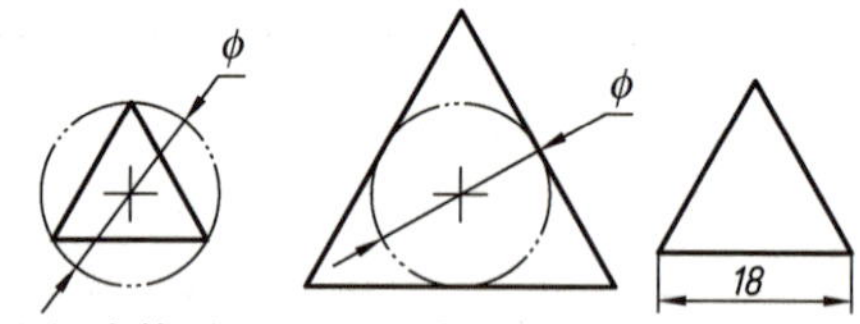 (a) 内接于圆　(b) 外切于圆　(c) 正多边形的边长
 图案填充 (HATCH)	用于剖视图、断面图中剖面区域的表达（细实线）	
 样条曲线拟合 (SPLINE)	使用拟合点绘制样条曲线，一般用于绘制局部视图、斜视图断裂线或局部剖视图的分界线	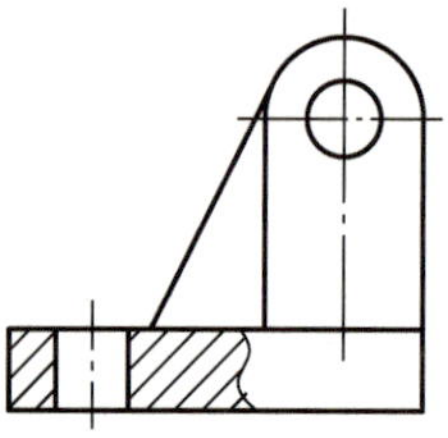

续表

工具	功能	图例
面域 （REGION）	由现有的封闭图形对象可产生面域。形成面域的图形对象之间可进行布尔运算	（a）并集　（b）差集　（c）交集
点 （POINT）	对某条线段进行定数等分或定距等分	（a）定数等分　（b）定距等分

8.3　图形编辑

AutoCAD 2023 中文版常用的图形编辑命令见表 8-3。

表 8-3　AutoCAD 2023 中文版常用的图形编辑命令

工具	功能	图例
移动 （MOVE）	将对象移动到指定位置点或指定方向上的指定距离点	
复制 （COPY）	将对象复制到指定位置或某一方向上的指定距离处	
旋转 （ROTATE）	将选定对象以指定的中心和角度旋转	
镜像 （MIRROR）	以指定直线为对称轴创建对称图形	

续表

工具	功能	图例
偏移 （OFFSET）	创建同心圆、平行线和等距曲线	
阵列 （ARRAY）	创建按环形、矩形或其他路径排列的多个对象副本	（a）环形阵列　　（b）矩形阵列
对齐 （ALIGN）	将对象与其他对象对齐	
修剪、延伸 （TRIM，EXTEND）	修剪或延伸对象以适合其他对象的边	（a）修剪　　（b）延伸
拉伸、缩放 （STRETCH，SCALE）	拉伸或缩放选定对象	（a）拉伸　　（b）缩放
圆角、倒角 （FILLET，CHAMFER）	给对象加圆角或倒角	（a）圆角　　（b）倒角
打断、合并 （BREAK，JION）	在两点或一点打断选定对象或合并相似对象成为完整对象	（a）打断　（b）打断于点　（c）合并

8.4 尺寸标注

8.4.1 文字注释

AutoCAD 2023 中文版具有强大的文字处理功能，包括设置文字样式、文本输入等。

1. 设置文字样式

单击"默认"选项卡中的"注释"面板（图 8.14），显示隐藏的按钮，然后单击"文字样式"按钮 ![]。在弹出的"文字样式"对话框（图 8.15）中进行设置。设置顺序如下：单击"新建"按钮—输入样式名—单击"确定"按钮—选择字体—确定宽度因子—确定倾斜角度—单击"应用"按钮。如果需要创建多个样式，则重复以上步骤，最后单击"关闭"按钮。

图 8.14 "注释"面板

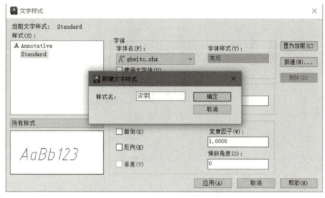

图 8.15 "文字样式"对话框

三种文字样式的设置见表 8-4。

表 8-4 三种文字样式的设置

文字样式	字体	宽度因子	倾斜角度	注意事项
汉字	gbcbig.shx	1	0	字高默认值为 0，即 2.5mm。推荐默认字高，书写时再确定字高
数字	gbeitc.shx	1	0	
字母	gbenor.shx	1	15	

2. 文本输入

"注释"面板上的"多行文字"按钮 ![] 和"单行文字"按钮 ![] 分别用于输入多行文本和单行文本。通常一些简短的内容采用单行文字输入，较长或复杂的内容采用多行文字输入。

书写文本时，命令行窗口会提示选择文字的对正方式有左上（TL）、中上（TC）、右上(TR)、左中(ML)、正中(MC)、右中(MR)、左下(BL)、中下(BC)、右下(BR),根据需要选择合适的对正方式;还可通过输入控制代码创建特殊字符,如圆的直径符号为%%c(ϕ)、度符号为%%d(°)、正/负公差符号为%%p(±)。

8.4.2 尺寸标注

1. 设置尺寸标注样式

图纸中尺寸标注的格式和外观都有规范,如尺寸数字和箭头的大小等,这些都是由尺寸标注样式控制的。所以,标注尺寸前要设置标注样式。

单击"默认"选项卡下"注释"面板上的 按钮,弹出"标注样式管理器"对话框,单击"新建"按钮,弹出"创建新标注样式"对话框,默认新样式名为"副本ISO-25",如图8.16所示。

图8.16 "创建新标注样式"对话框

单击"继续"按钮,弹出"新建标注样式:副本ISO-25"对话框(图8.17),修改各选项卡下的内容,完成尺寸标注样式设置。

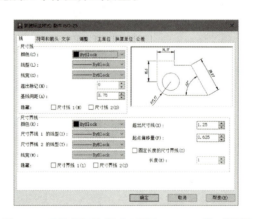

图8.17 "新建标注样式:副本ISO-25"对话框

下面创建一个符合机械制图国家标准的尺寸标注样式,并将其命名为"工程标注"。具体创建步骤如下。

(1) 标注父样式的创建。

以 ISO-25 为基础样式新建"工程标注"尺寸标注样式,在"线"选项卡下修改起点偏移量为"0";在"文字"选项卡下设置文字样式为"数字",文字高度为"3.5",文字对齐方式为"ISO 标准",其余设置不变。

(2) 标注类型相同的子样式的创建。

① "角度"子样式:以"工程标注"为基础样式,单击"新建(N)…"按钮,弹出"创建新标注样式"对话框,在"用于(U):"下拉列表框中选择"角度标注"选项,如图 8.18 所示。单击"继续"按钮,将"文字"选项卡下的"文字对齐"设置为"水平",其余设置不变。

② "直径"子样式:以"工程标注"为基础样式,单击"新建(N)…"按钮,弹出"创建新标注样式"对话框,在"用于(U):"下拉列表框中选择"直径标注"选项,单击"继续"按钮,在"调整"选项卡下进行图 8.19 所示的设置。

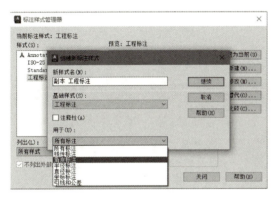

图 8.18 角度标注

图 8.19 "调整"选项卡的设置

③ "半径"子样式:各项设置与直径子样式的设置相同。为了标注方便,在非圆视图上标注直径时,可创建另一个父样式,如在"工程标注"尺寸标注样式为基础样式下创建名为"非圆直径"的标注样式,只在"主单位"选项卡下的"前缀(X)"文本框中输入"%%c",其余设置不变;也可以根据需要设置或修改其他选项卡下的内容,如在"符号和箭头"选项卡下可以设置箭头的大小及样式等。

2. 尺寸标注

标注样式设置完成后,把新建的"工程标注"尺寸标注样式设置为当前标注样式,然后利用"注释"面板上的 按钮或在 线性 下拉列表选择合适的标注按钮进行标注。

8.4.3 图块

在标注工程图样或技术要求时,经常反复应用表面粗糙度符号、基准符号、标题栏等图形,这些图形可以由用户定义为图块,并根据需要创建属性。定义为图块的实体被当作单一对象处理,需要时可以插入图形任意指定位置,同时可以改变缩放比例和旋转角度,从而提高绘图速度、节省存储空间、便于图形修改。

1. 创建图块

表面粗糙度图块的创建步骤见表 8-5。

表 8-5 表面粗糙度图块的创建步骤

步骤说明	图示
将 0 层置为当前层,根据右图所示尺寸画出表面粗糙度符号	
单击"块"下拉列表,展开隐藏的工具栏,单击"属性定义"按钮,弹出"属性定义"对话框,按右图内容定义属性,最后单击"确定"按钮。在表面粗糙度符号上选择合适的位置安置数值,如下所示	
单击"块"工具栏中的 按钮,弹出"块定义"对话框,首先输入图块名称,单击"拾取点"按钮,在绘图区单击表面粗糙度符号三角形下方顶点作为基点;单击"选择对象"按钮,在绘图区全选上图定义属性的表面粗糙度符号及字母,按 Enter 键,单击"确定"按钮,完成图块的创建,如下所示	

2. 插入图块

单击"插入块"按钮,弹出"当前图形块"对话框,如图 8.20 所示,选择要插入的块,确定 X、Y、Z 方向的缩放比例和旋转角度,单击"确定"按钮,返回绘图区,拾取插入图块的位置点,此时命令行窗口提示"请输入表面粗糙度值 <Ra 3.2>:",修改属性值或按 Enter 键选择默认值。

3. 保存图块

利用"块定义"对话框创建的图块是"内部块",它只能保存于当前图形,不能插入其他图形;用"wblock"命令存盘的图块是"外部块",它是一个图形文件,其扩展名为".dwg",可供所有图形插入和引用。

在命令行窗口输入"WBLOCK↙"命令,弹出图 8.21 所示的"写块"对话框,"写块"对话框比"块定义"对话框多一个"目标"栏,需要指定"外部块"的存储路径。

图 8.20 "当前图形块"对话框

图 8.21 "写块"对话框

8.5 综合应用

绘制图 8.22 所示端盖零件图。

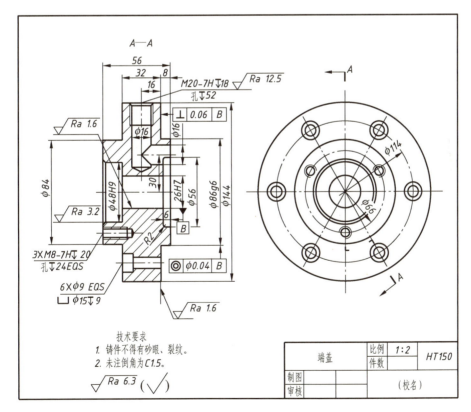

图 8.22 端盖零件图

绘图之前要设置绘图环境，零件的图纸幅面为 A3（420mm×297mm）；创建图层，设置图层颜色、线型和线宽（参见图 8.11）；设置文字样式（参见表 8-4）；设置尺寸标注样式（参见 8.4.2 节部分内容）。端盖零件图的绘图步骤见表 8-6。

表 8-6 端盖零件图的绘图步骤

步骤	图例
1. 画基准线 设置"中心线"为当前图层，用"直线"和"偏移"命令绘制各视图的轴线及中心线，并适当"修剪"或"打断"中心线，大致符合绘图要求	
2. 画端盖的主视图和左视图 先画端盖左视图。在"粗实线"图层，用"圆"命令在左视图上画出直径分别为 84 和 144 的圆；再按投影关系，用"直线"命令绘制 A—A 剖视图的外形（另一外形圆直径为 86）	
3. 画中心孔 先用"圆"和"直线"命令绘制主体中心孔（直径分别为 48、26、56），再用"圆角"和"倒角"命令绘制圆角和倒角	

续表

步骤	图例
4. 画其他孔腔及螺纹孔 按给定尺寸，通过"圆""偏移""直线""阵列""修剪"等命令画出其他孔腔；在"细实线"图层，用"填充"命令画出剖面线	
5. 标注尺寸 将"尺寸"图层置为当前图层，使用"线性""对齐""直径""半径""引线"等命令对图形进行标注，如右图所示	
6. 标注技术要求 通过创建的块标注表面粗糙度和基准符号，几何公差可采用引线标注"qleader"命令实现；对于尺寸公差，可通过双击尺寸并在"特性"工具栏中编辑；标注剖视图符号；填写文字的技术要求，如右图所示；最后填写标题栏，完成全图，如图8.22所示	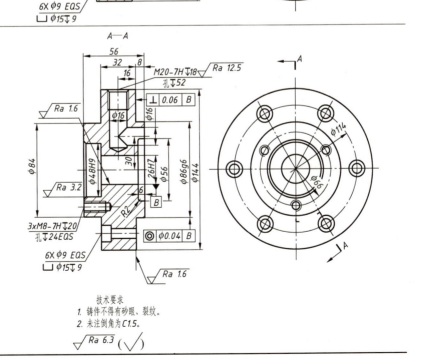

本章我们学习了计算机绘图软件 AutoCAD 2023 中文版的操作。计算机辅助设计（CAD）与传统手工绘图的思路相同，都是替代徒手绘图的形式，其特点为快速、准确、高效。近年来，计算机信息科技高速发展并与传统机械科技融合，为"中国制造 2025"提出了中国制造业的主攻方向——智能制造。

我们在本课程中与时俱进，加大现代信息技术的使用，着力培养学生软件绘图、构图等实践能力，完成从知识到技能的真正转化。我国已踏上实现中华民族伟大复兴中国梦的历史征程，飞天梦、探海梦、铸军强国梦不断地激励我们要铸大国重器，继而育科创英才。

建议学生搜索观看节目《时代楷模发布厅》《大国工匠》。

习　题

一、判断题

（1）在同一个图形中，可以根据需要定义不同的尺寸标注样式。（　　）

（2）利用对齐标注功能，可以标注直线的长度尺寸。（　　）

（3）连续标注、基线标注适用于线性尺寸、对齐尺寸及角度尺寸的标注。（　　）

（4）AutoCAD 2023 中文版的绘制圆心标记功能只能用于圆或圆弧绘制圆心标记或中心线，而不能用于标注尺寸。（　　）

（5）使用"DIMDIAMETER"命令标注圆或圆弧的直径尺寸时，如果以 AutoCAD 2023 中文版的测量值为尺寸值，则 AutoCAD 2023 中文版会自动在直径值前添加直径符号 ϕ。（　　）

（6）如果标注的尺寸没有公差，就可以利用 AutoCAD 2023 中文版提供的"DDEDIT"等命令修改尺寸，为其添加公差。（　　）

（7）使用 AutoCAD 2023 中文版标注尺寸后，可以更改尺寸文字的位置。（　　）

（8）使用 AutoCAD 2023 中文版可以标注各种几何公差，但不能直接绘制作为基准的符号。（　　）

二、上机习题

（1）设置图层，分层绘图。图层、颜色、线型要求见表 8-7。

表 8-7　图层、颜色、线型要求

图层	颜色	线型	线宽	用途	打印
粗实线	黑/白	Continuous	0.4mm	粗实线	打开
细实线	黑/白	Continuous	默认	细实线	打开
虚线	洋红	DASHED2	默认	细虚线	打开
中心线	红	CENTER2	默认	中心线	打开
尺寸线	绿	Continuous	默认	尺寸、文字	打开
剖面线	蓝	Continuous	默认	剖面线	打开

(2) 绘制图 8.23 所示的主动齿轮轴零件图。

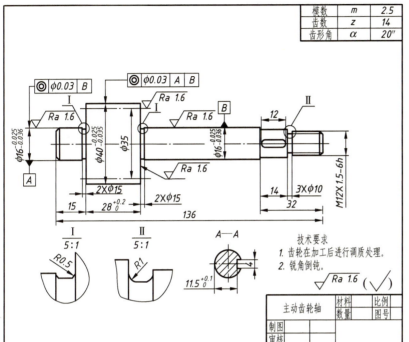

图 8.23 主动齿轮轴零件图

计算机绘图的习题讲解

第 9 章 SolidWorks 三维软件入门

SolidWorks 是世界上第一套基于 Windows 系统开发的三维绘图软件,可生成装配图和零件图立体模型等,用于指导实际生产。

通过本章学习,要求学生掌握 SolidWorks 软件的基本操作、绘制草图、创建零件三维模型及生成工程图。

9.1 SolidWorks 软件的基本操作

SolidWorks 软件是常用的三维绘图软件,在生成工程图方面非常方便,在机械、工业设备、家电产品等领域发挥着重要的作用。其设计流程为绘制草图、创建零件三维模型及生成工程图。

9.1.1 SolidWorks 基础知识

使用 SolidWorks 工程图环境中的工具可创建三维模型的工程图,并且视图与模型关联。该软件提供"拉伸凸台/基体""旋转凸台/基体""扫描凸台/基体""放样凸台/基体"四类"叠加"立体基础特征建模方法,以及对应的"拉伸切除""旋转切除""扫描切除""放样切除"四类立体基础特征建模方法。

9.1.2 工作环境设置

SolidWorks 软件与其他软件一样,可根据用户需要显示或者隐藏工具栏,以及添加或删除工具栏中的命令按钮,还可根据需要设置零件、装配体和工程图的工作界面。

1. 工具栏设置

受绘图区的区域限制，软件中不显示所有的工具栏。在建模过程中，用户可根据需要显示或隐藏工具栏，设置方法有以下两种。

（1）利用菜单命令设置工具栏。

① 选择菜单栏中的"工具"—"自定义"命令，或在工具栏区域右击，在弹出的快捷菜单中选择"自定义"选项，弹出图 9.1 所示的"自定义"对话框。

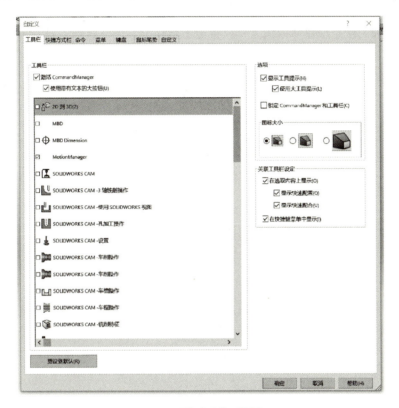

图 9.1 "自定义"对话框

② 选择"工具栏"选项卡，在"工具栏"列表框中勾选需要的工具栏。

③ 单击"确定"按钮，在操作界面上显示选择的工具栏。如需隐藏显示的工具栏，则再次单击取消勾选相应的工具栏，然后单击"确定"按钮，此时在操作界面隐藏取消勾选的工具栏。

（2）利用鼠标右键设置工具栏。

① 在操作界面的工具栏中右击，弹出"工具栏"快捷菜单，如图 9.2 所示。

图 9.2 "工具栏"快捷菜单

② 单击所需工具栏，复选框颜色会加深，此时在操作界面上显示选择的工具栏，再次单击则隐藏选择的工具栏。

2. 工具栏命令按钮设置

默认系统工具栏中的命令按钮，也可根据需要添加或者删除命令按钮。选择菜单栏中的"工具"—"自定义"命令，或在工具栏区域右击，在弹出的快捷菜单中选择"自定义"选项，弹出"自定义"对话框，单击"命令"选项卡，如图 9.3 所示。单击"类别"选项，找到命令所在工具栏，在"按钮"列表框中出现该工具栏所有的命令按钮，用鼠标右键选中要添加的命令按钮并拖拽至要放置的工具栏上，松开鼠标左键，单击"确定"按钮，在工具栏上会显示添加的命令按钮。

图 9.3 "命令"选项卡

3. 快捷键设置

除了使用菜单栏和工具栏命令按钮执行命令，还可以通过自行设置快捷键方式执行命令。选择菜单栏中的"工具"—"自定义"命令，或者在工具栏区域右击，在弹出的快捷菜单中选择"自定义"选项，弹出"自定义"对话框，选择"键盘"选项卡，设置快捷键，如图 9.4 所示。

4. 背景设置

在 SolidWorks 软件中，可设置个性化的操作界面背景及颜色。选择菜单栏中的"工具"—"选项"命令，在弹出的"系统选项（S）-颜色"对话框中的"系统选项（S）"选项卡下选择"颜色"选项，如图 9.5 所示。在"颜色方案设置"栏中单击"编辑"按钮，弹出"颜色"对话框，如图 9.6 所示，选择要设置的颜色，单击"确定"按钮。采用此方法可设置选项中的任意颜色。

5. 实体颜色设置

在零件及装配体模型中，为了增强图形的层次感和真实感，可改变实体的颜色（默认为灰色）。在"特征管理器"中选择需要改变颜色的特征，此时绘图区中相应的特征变色，然后右击，在弹出的快捷菜单中选择"特征属性"选项，如图 9.7（a）所示，在弹出的"特征属性"对话框中单击"确定"按钮，如图 9.7（b）所示。

图 9.4 "键盘"选项卡

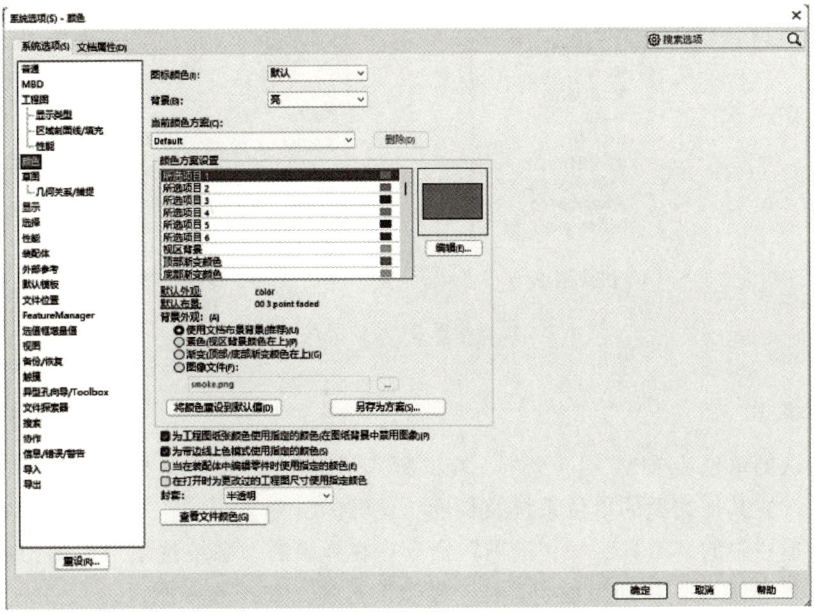

图 9.5 "系统选项（S）-颜色"对话框

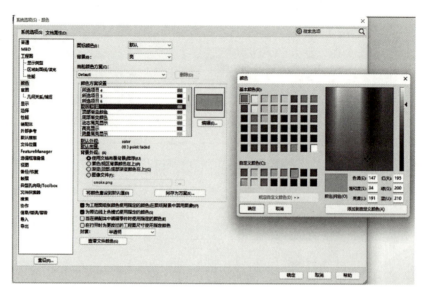

图 9.6 "颜色"对话框

(a) 快捷菜单　　　　　　　(b) "特征属性"对话框

图 9.7　快捷菜单及"特征属性"对话框

6. 单位设置

系统默认的单位为 MMGS（毫米、克、秒），如需在三维实体建模前更改，则可使用自定义方式设置其他类型的单位系统及长度单位等。

选择菜单栏中的"工具"—"选项"命令。在弹出的"系统选项"对话框中单击"文档属性（D）"选项卡，在列表框中选择"单位"选项，如图 9.8 所示。

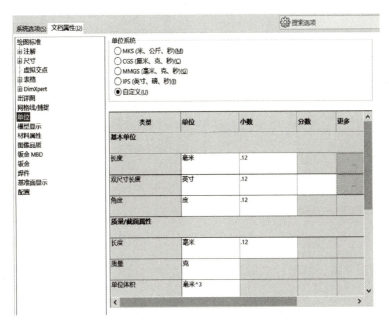

图 9.8 "单位"选项

9.2 绘制草图

SolidWorks 软件的大部分特征是由二维草图绘制的。草图一般是由点、线、圆弧、圆和抛物线等基本图形构成的封闭几何图形或不封闭几何图形,它是三维实体建模的基础。完整的草图包括几何形状、几何关系和尺寸标注等。

草图绘制包括直线、多边形、圆/圆弧、椭圆/椭圆弧、抛物线、中心线、样条曲线和文字等;草图编辑包括圆角、倒角、等距实体、转换实体引用、剪裁/延伸草图、镜像实体和阵列实体等。

9.2.1 进入与退出草图设计环境

进入草图设计环境的方法如下:启动 SolidWorks 软件,选择菜单栏中的"文件"—"新建"命令,弹出"新建 SOLIDWORKS 文件"对话框,如图 9.9(a)所示;单击"零件"模板,单击"确定"按钮,进入零件建模环境,如图 9.9(a)所示。选择菜单栏中的"插入"—"草图绘制"命令,在绘图区选取"前视基准面"作为草图基准面,进入草图设计环境,如图 9.9(b)所示。

在草图设计环境中,选择菜单栏中的"插入"—"退出草图"命令,或单击绘图区右上角的"退出草图"按钮,退出草图设计环境。在草图绘制状态下,相关的草图绘制工具和菜单被激活,方便绘制和编辑草图。

绘制草图的一般步骤如下。

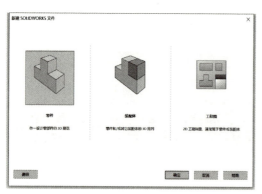
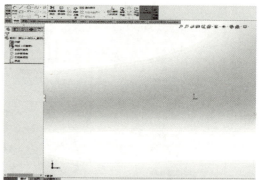

(a)"新建SOLIDWORKS文件"对话框　　　　　(b)草图设计环境

图 9.9　"新建 SOLIDWORKS 文件"对话框及草图设计环境

（1）确定绘制平面。单击"草图平面"，从关联工具栏中单击"草图绘制"按钮，进入草图设计环境。

（2）绘制草图大致轮廓。正确绘制轮廓后，通过几何关系、尺寸确定草图的大小和位置。

（3）检查和添加几何关系。检查自动添加的几何关系，了解绘制的草图轮廓是否符合设计意图；如果草图轮廓中相关的几何关系不正确，就应人工添加相应的几何关系。

（4）标注尺寸。通过标注尺寸，用户不仅可以确定草图实体的大小，而且是保证完全定义草图的重要环节。

9.2.2　基本草图绘制工具

基本草图绘制工具分为实体绘图工具、辅助绘图工具。实体绘图工具主要用于绘制几何形状，辅助绘图工具配合修改或编辑实体。基本草图绘制工具见表 9-1。

表 9-1　基本草图绘制工具

工具类型	按钮图标	含义	使用说明
实体绘图工具	⊙	圆	确定圆心、半径
	╱	直线	选择点，确定长度、方向
	⋯	中心线	选择点，确定长度、方向
	⌒	三点圆弧	选择起点、终点，确定中点

续表

工具类型	按钮图标	含义	使用说明
实体绘图工具		矩形	选择两个对角线
		多边形	选择中心点，给定边数、外接圆或内切圆及圆的大小
		切线弧	选择草图实体，确定相切方法及圆弧大小
辅助绘图工具		转换实体引用	将其他特征的边线投影到草图平面内
		剪裁	剪裁或延伸草图实体
		绘制倒角	连接两个倒角实体
		绘制圆角	给定半径绘制圆角

9.2.3 常用草图绘制工具

SolidWorks 软件中的草图绘制和编辑工具多种多样，用户可根据设计需要绘制符合要求的图形，下面简要介绍常用草图绘制工具的使用方法。

(1) 圆和圆弧的绘制。选择"草图"工具栏中的"圆"命令，单击确定圆心位置，通过移动光标确定圆的半径，再次单击完成圆的绘制，如图 9.10 所示。圆弧绘制有三种方法：切线弧、三点圆弧和圆心-起点-终点弧，如图 9.11 所示。

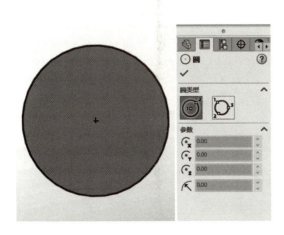

图 9.10　圆的绘制

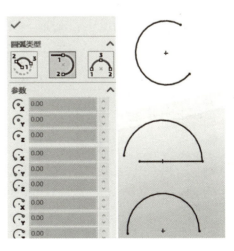

图 9.11　圆弧的绘制

(2)直线和中心线的绘制。直线可用于构建特征，中心线为辅助线或构造线，二者绘制方法相同。单击"直线"或（"中心线"）按钮，在直线起点位置单击，移动光标至直线结束点，再次单击，完成直线绘制。在命令状态下，继续在任意位置单击可连续绘制直线（或"中心线"）。

(3)平行四边形、矩形和多边形的绘制。平行四边形和矩形均通过单击"矩形"按钮绘制。单击"矩形"按钮，默认为确定矩形两个顶点，也可以在下拉工具栏中使用绘制平行四边形和矩形的工具，如图 9.12 所示。绘制多边形时，使用"多边形"命令，在"PropertyManager 属性管理器"中制定多边形的边数（3～40）和相关参数（外接圆或内切圆），如图 9.13 所示。

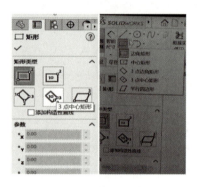

图 9.12　平行四边形和矩形的绘制

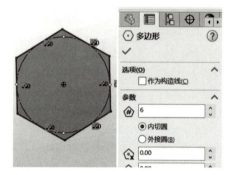

图 9.13　多边形的绘制

9.2.4　常用草图编辑工具

常用草图编辑工具包括镜像（SolidWorks 软件中为"镜向"）实体、延伸实体和剪裁实体等。

(1)镜像实体。绘制草图时，经常需要绘制对称的图形，可以使用"镜像实体"命令实现。选择菜单栏中的"镜向实体"命令，或单击"草图"工具栏上的"镜像实体"按钮，选择实体和镜像点，单击"确定"按钮，镜像后的实体与原来的实体自动建立"对称"的几何关系，如图 9.14 所示。

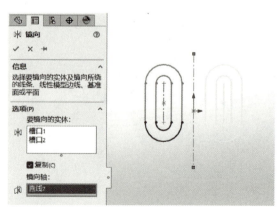

图 9.14　镜像实体

（2）延伸实体和剪裁实体。延伸实体可将实体延长，剪裁实体可将实体缩短，分别用相应命令实现。使用延伸实体工具时，单击"剪裁实体"按钮，移动光标至所选直线，直线变色，按住鼠标右键，移动光标，延伸直线左端至左侧圆弧，如图 9.15 所示。剪裁实体工具可将草图中多余的实体缩短，或将交叉的草图实体某部分删除。剪裁实体方式有"强劲剪裁""边角""在内剪除""在外剪除""剪裁到最近端"。使用时，按住鼠标左键并移动光标至要剪裁的草图实体上即可，如图 9.16 所示。

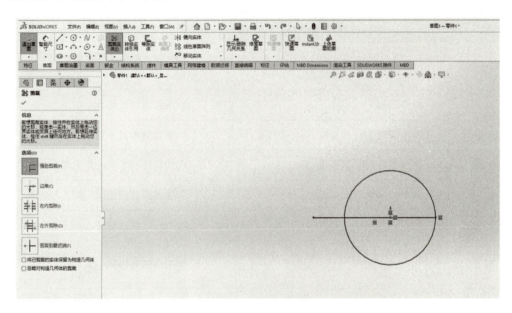

图 9.15　延伸实体

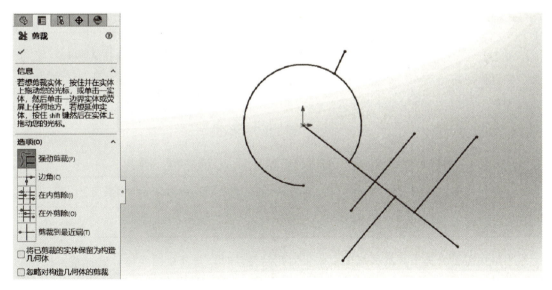

图 9.16　剪裁实体

9.2.5　几何关系类型

几何关系是草图实体和特征几何体设计的重点，它是指各几何元素与基准面、轴线、边线或端点的相对位置关系。添加几何关系有两种方式：自动添加几何关系和手动添加几何关系。常见几何关系类型见表9-2。

表9-2　常见几何关系类型

几何关系类型	所选实体	几何关系特点
水平/竖直	一条或多条直线、两个或两个以上点	直线会变成水平或竖直，点会水平或竖直对齐
垂直	两条直线	两条直线相互垂直
平行	两条或两条以上直线	所选直线相互平行
共线	两条或两条以上直线	所选直线位于同一条无限长的直线上
全等	两个或两个以上圆弧	所选圆弧共用相同的圆心和半径
相切	圆弧、椭圆、样条曲线、直线	两个所选项目保持相切
同心	两个或两个以上圆弧、一个点和一个圆弧	所选圆弧共用同一圆心
重合	一个点和一条直线、圆弧或椭圆	点位于直线、圆弧或椭圆上
中点	两条直线或一个点和一条直线	点保持位于线段的中点
交叉点	两条直线和一个点	点保持于直线的交叉点处
相等	两条或两条以上直线、两个或两个以上圆弧	直线长度或圆弧半径保持相等
对称	一条中心线和两个点、直线、圆弧或椭圆	所选项目保持与中心线相等距离，并位于中心线垂直的直线上
穿透	一个草图点和一个基准轴、边线、直线或样条曲线	草图点与基准轴、边线或曲线在草图基准轴的位置重合
固定	任何实体	实体的大小和位置被固定
合并点	两个草图点或端点	两个点合并为一个点

当用户需要为某个或某些草图实体添加几何关系时，选择草图实体，选择菜单栏中的"工具"—"几何关系"—"添加"命令，或者单击"尺寸/几何关系"工具栏上的"添加几何关系"按钮，选择相应的几何关系添加；同理，可选择相应的几何关系删除，如图9.17所示。

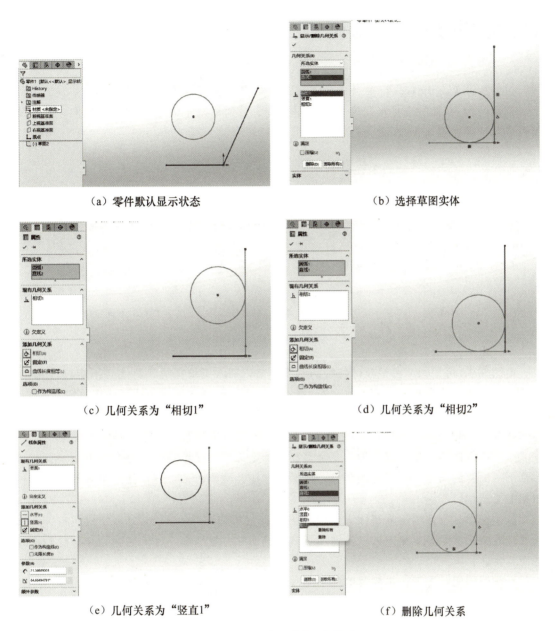

图 9.17 添加/删除几何关系

9.3 创建零件三维模型

草图绘制和标注完毕后，就要进行特征建模。特征是构成三维实体的基本元素，任何复杂的三维实体都是由多个特征组成的，特征建模就是将所有的特征组合起来并生成零件三维模型。特征建模分为基础特征建模和附加特征建模两类。

9.3.1 基础特征建模

1. 拉伸凸台/基体特征

拉伸特征是 SolidWorks 软件中较基础、较常用的特征建模工具。

拉伸凸台/基体特征是将二维平面草图按特定数值沿与平面垂直的方向拉伸一定距离而形成的特征。图 9.18 所示为拉伸过程。

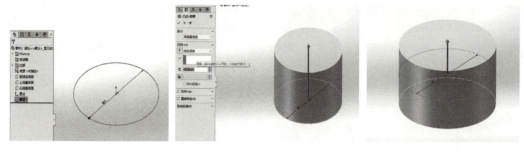

（a）拉伸草图　　　　　　（b）单向拉伸效果　　　　　　（c）双向拉伸效果

图 9.18　拉伸过程

由图 9.18 可知，草图是拉伸特征的基本要素，通常要求其形状封闭且不能自行交叉，先指定拉伸方向（有正、反两个方向），再沿指定方向将基本要素拉伸至终止位置。

在草图编辑状态下，选择菜单栏中的"插入"—"凸台/基体"—"拉伸"命令，弹出"凸台-拉伸"属性管理器，如图 9.19 所示，按需设置参数，单击"确定"按钮。

拉伸特征的终止条件有 8 种：完全贯穿、给定深度、成形到一顶点、成形到一面、成形到下一面、到离指定面指定的距离、成形到实体、两侧对称。其拉伸效果各不相同，可根据需要选用。

拉伸切除是指在给定的基体上按设计需要进行拉伸切除。其参数与"凸台-拉伸"属性管理器中的参数基本相同，只是增加了"反侧切除"复选框，反侧切除是指移除轮廓外的所有实体。

在草图编辑状态下，选择菜单栏中的"插入"—"切除"—"拉伸"命令，弹出"切除-拉伸"属性管理器，按需设置参数，单击"确定"按钮。

2. 旋转特征

旋转特征命令通过绕中心线旋转一个或多个轮廓来生成特征。旋转轴线一般为中心线，旋转轮廓为封闭的草图，可以与轴线接触但不能穿过。其主要应用在环形零件、球形零件、轴类零件及形状规则的轮毂类零件中。

在草图绘制状态下绘制旋转轮廓及旋转轴线的草图，选择菜单栏中的"插入"—"凸台/基体"—"旋转"命令，弹出"旋转"属性管理器，如图 9.20 所示，按需设置参数，单击"确定"按钮。

图9.19 "凸台-拉伸"属性管理器

图9.20 "旋转"属性管理器

3. 扫描特征

扫描特征是指草图轮廓沿一条路径移动获得的特征,在扫描过程中可设置一条或多条引导线,最终生成实体或薄壁特征。要求扫描轮廓是闭环的(曲面扫描特征轮廓可开环),路径可以是一张草图、一条曲线或者一组模型边线中包含的一组草图曲线,路径的起点需在轮廓的基准面上。

(1) 不带引导线的扫描特征。

下面以内六角扳手模型为例,介绍不带引导线的扫描特征的操作步骤。

① 在"前视基准面"中绘制图9.21所示的草图,标注相应尺寸并添加约束,作为扫描的轮廓曲线。

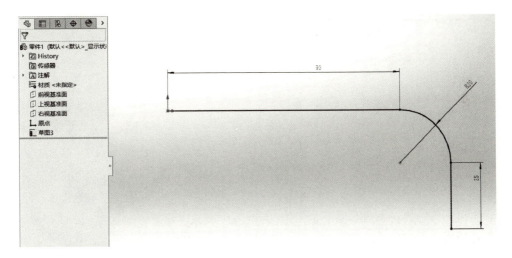
图9.21 绘制草图

② 选择菜单栏中的"插入"—"参考几何体"—"基准面"命令,弹出"基准面"属性管理器,在"第一参考"中选择轮廓曲线的一个端点,在"第二参考"中选择上述绘制的轮廓曲线,单击"确定"按钮,创建基准面。

③ 进入新创建的基准面的草图绘制模式,绘制一个中心经过扫描"路径"端点的正

六边形,其内切圆半径为 4.5。

④ 单击"特征"工具栏中的"扫描"按钮,设置"轮廓和路径(P)",单击"确定"按钮,完成"内六角扳手"模型的绘制,如图 9.22 所示。

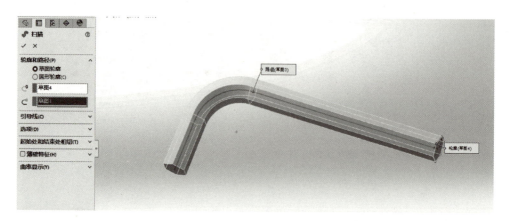

图 9.22 "内六角扳手"模型

(2) 带引导线的扫描特征。

如图 9.23 所示,以葫芦为例,说明带引导线的扫描特征的操作步骤。

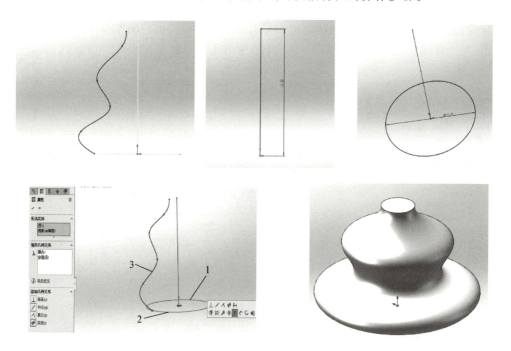

图 9.23 带引导线的扫描特征

① 在"前视基准面"中绘制竖直中心线作为路径草图,然后退出草图绘制状态。

② 选择菜单栏中的"工具"—"草图绘制实体"—"样条曲线"命令,绘制样条曲线并标注尺寸,退出草图绘制状态。

③ 选择菜单栏中的"工具"—"草图绘制实体"—"圆"命令，以原点为圆心绘制一个直径为 40 的圆，退出草图绘制状态。

④ 单击"标准视图"工具栏中的"等轴测"按钮，以等轴测方向显示视图。

⑤ 选择菜单栏中的"插入"—"凸台/基体"—"扫描"命令，执行扫描命令。

⑥ 在弹出的"扫描"属性管理器"轮廓"列表框中选择图 9.23 中的圆 1，在"路径"列表框中选择直线 2，在"引导线"列表框中选择样条曲线 3，按图示设置。

⑦ 单击"扫描"属性管理器中的"确定"按钮即可完成扫描特征。

9.3.2 附加特征建模

附加特征建模是指对已经构建的模型实体进行局部修饰，以增强美观效果并避免重复工作。

在 SolidWorks 软件中，附加特征建模主要包括圆角特征、倒角特征、抽壳特征、圆顶特征、筋特征、拔模特征、特型特征、圆周阵列特征、线性阵列特征、镜像特征、孔特征与异型孔特征等。

9.4 生成装配体

对于机械设计而言，单纯的零件没有实际意义，需要将设计完成的各独立零件根据需要装配成一个完整的实体。在此基础上对装配体进行运动测试，检查其能否完成整机的设计功能。

9.4.1 装配体基本文件

零件设计完成后，要将零件装配到一起，必须创建装配体基本文件。创建步骤如下：选择菜单栏中的"文件"—"新建"命令，弹出图 9.9 所示的"新建 SOLIDWORKS 文件"对话框，单击"装配体"模板，单击"确定"按钮，装配体基本文件创建完成。

9.4.2 插入零件

选择菜单栏中的"插入"—"零件"—"现有零件/装配体"命令，弹出图 9.24 所示的"插入零件"属性管理器，单击"确定"按钮，添加一个或多个零件。单击"浏览"按钮，弹出"打开"对话框，选择需要插入的文件，单击选中视图中的一点并插入合适的位置。重复上述操作步骤，插入所有零件后，单击"确定"按钮，插入零件完成。

9.4.3 移动零件

在"PehreMenge 设计树"中，只要前面有"（一）"符号，零件就可被移动。选择菜单栏中的"工具"—"零件"—"移动"命令，弹出图 9.25 所示的"移动"属性管理器，选择需要移动的类型并拖拽到合适位置，单击"确定"按钮。移动有五种类型：自由拖动、沿装配体 XYZ、沿实体、由三角形 XYZ、到 XYZ 位置。

图 9.24 "插入零件"属性管理器

图 9.25 "移动"属性管理器

9.4.4 旋转零件

在"PehreMenge 设计树"中，只要前面有"（一）"符号，零件就可被旋转。选择菜单栏中的"工具"—"零件"—"旋转"命令，弹出图 9.26 所示的"旋转零件"属性管

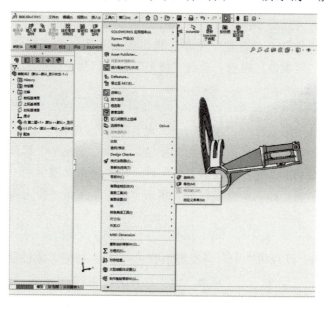

图 9.26 "旋转零件"属性管理器

理器，选择要旋转的类型，根据需要确定旋转的角度，单击"确定"按钮。旋转有三种类型：自由拖动、对于实体、由三角形 XYZ。

9.4.5 配合方式及装配体检查

配合是指在装配体零件之间生成几何关系。空间零件共有三个移动自由度和三个转动自由度，在装配体中，需要对零件进行相应的约束来限制各零件的自由度，控制零件相应的位置。需要确定插入零件的配合关系及装配体检查，此即完成装配过程。

SolidWorks 软件提供两种配合方式来装配零件：一般配合方式和 SmartMates 配合方式。从"配合"属性管理器中可以看出，一般配合方式主要有重合、平行、垂直、相切、同轴心、距离和角度。SmartMates 配合方式是一种快速的装配方式，只需选择配合的两个对象即可自动配合。SolidWorks 软件还提供两种智能的装配方式：一种是插入零件至装配环境时只能装配，另一种是在装配环境中进行智能装配。

装配体检查主要包括碰撞测试、动态间隙、体积干涉检查及装配体统计等，用来检查装配体各零件装配后的正确性、装配信息等。

9.5 生成工程图

完成零件装配体后，为了在制造、维修及销售中直观地分析各零件间的相互关系，将装配图按零件的配合方式来生成爆炸图。装配体爆炸以后，不可以对装配体添加新的配合方式。工程图是为三维实体零件和装配体创建的二维的三视图、投影图、剖视图、辅助视图、局部放大视图等。

9.5.1 工程图概述

新建工程图文件的步骤如下：单击"新建"按钮，在弹出"新建 SOLIDWORKS 文件"对话框（图 9.27）中单击"高级"按钮，在弹出的"模板"选项卡（图 9.28）中有

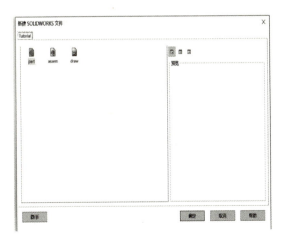

图 9.27 "新建 SOLIDWORKS 文件"对话框

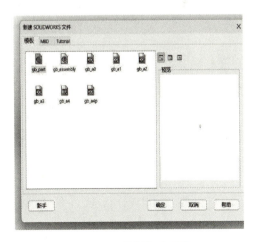

图 9.28 "模板"选项卡

六种国家标准规定的图纸格式，用户可根据需要选择所需图纸，单击"确定"按钮，新建一个空白的工程图。在工程图界面上，可以自行设置"视图布局""注解""草图""图纸格式"等。

工程图设置命令及其作用见表9-3。

表9-3 工程图设置命令及其作用

工程图设置命令	作用
模型视图	根据现有零件或装配体添加正交或命名视图
投影视图	从现有视图展开新视图来添加投影视图
辅助视图	从线性实体通过展开新视图来添加视图，生成向视图或斜视图
剖面视图	利用剖面线使用父视图来添加剖视图
移除的剖面	用于添加移出断面图
局部视图	用于添加局部放大视图
剪裁视图	剪裁视图，使其保留部分视图，可用于生成局部视图
断开的剖视图	将部分现有视图断开以生成剖视图的命令，可用于生成局部剖视图、半剖视图等

9.5.2 工程图参数设置

要想将三维模型生成为符合国家标准的二维工程图，就要对工程图参数进行设置。参数设置步骤如下：单击菜单栏中的"工具"—"选项"命令，在弹出的"系统选项（S）-显示类型"对话框中选择"系统选项"选项卡下的"工程图"选项，可指定视图显示和更新选项。在"显示类型"选项下可指定"显示样式""相切边线"，如图9.29所示。单击"区域剖面线/填充"选项，可设置剖面线样式，如图9.30所示。

图9.29 "显示类型"选项

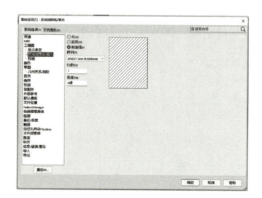

图9.30 区域剖面线/填充"选项

首先在SolidWorks软件的FeatureManager设计树中右键单击"工程图"选项（图9.31），然后单击"文档属性"选项（图9.32），就可弹出图9.33所示页面，单击"尺寸"选项，可修改"文本""箭头"等大小和样式，也可对不同尺寸标注的样式分别修改。

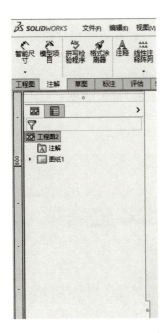
图 9.31 FeatureManager 设计树中的"工程图"选项

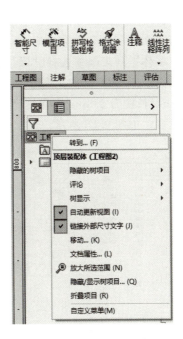
图 9.32 "文档属性"选项

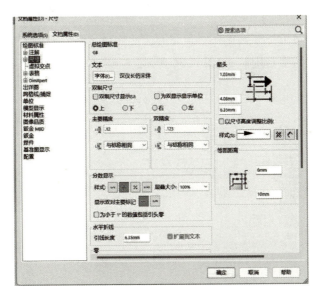
图 9.33 "尺寸"选项

9.5.3 工程图生成实例

下面以轴承座的三维模型工程图为例,说明工程图生成的操作步骤。

(1) 新建工程图。单击"新建"按钮,弹出"新建 SOLIDWORKS 文件"对话框,如图 9.34 所示,依次单击"高级"—"gb_a4"(横向放置的 A4 图纸)选项,单击"确定"按钮。

(2)设置字体及尺寸样式。单击菜单栏中的"工具"—"选项"命令,在弹出的对话框中单击"文档属性"选项卡,单击"尺寸"—"字体"选项,弹出"选择字体"对话框,在"字体"列表框中选择"汉仪长仿宋体",在"字体样式"列表框中选择"倾斜",高度设置为 3.5mm,单击"确定"按钮,完成字体样式设置;在"箭头"栏中设置宽度为 0.6mm,长度为 3.5mm,保证字体高度与箭头长度相等,单击"确定"按钮,完成尺寸样式设置,如图 9.35 所示。

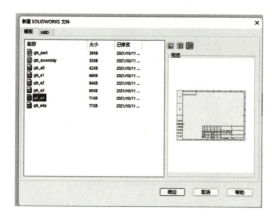

图 9.34　新建"SOLIDWORKS 文件"对话框　　　图 9.35　字体及尺寸样式设置

(3)设置线型。单击"文档属性"选项卡,选择"线型"选项,将"可见边线"设置成粗实线宽度(依据需要自定),如图 9.36 所示。

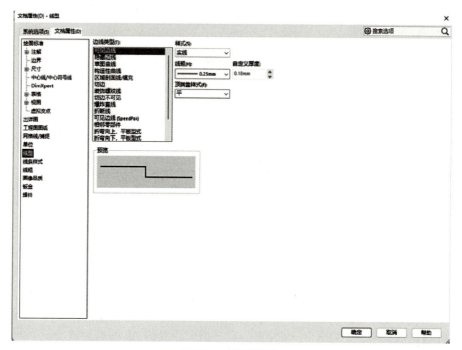

图 9.36　线宽设置

(4) 添加三视图。单击"工程图"—"模型视图"按钮，在弹出的对话框中单击"浏览"按钮，选择建立的轴承座三维模型文件，在"模型视图"属性管理器中选择"前视"标准视图，选择"消除隐藏线"选项，尺寸类型为"真实"，在图纸内单击适当位置，放置三视图和轴测图，如图 9.37 所示。

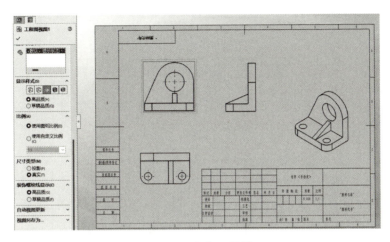

图 9.37　添加三视图

(5) 选择恰当视图。该轴承座三维模型结构左右不对称，主视图采用局部剖视图表示。在"草图"工具栏中单击"矩形"按钮，绘制图 9.34 所示的包含主视图右半侧的矩形草图，单击"确定"按钮；然后单击"工程图"工具栏中的"断开的剖视图"按钮，完成主视图的绘制，如图 9.38 所示。

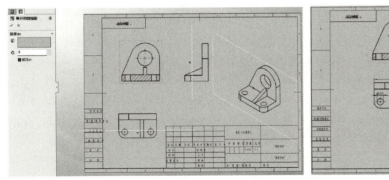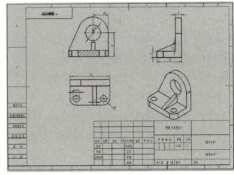

图 9.38　主视图的绘制

(6) 尺寸标注。单击"注解"—"模型项目"（来源为"整个模型"），单击"确定"按钮，标注尺寸并调整。

(7) 打印输出。单击菜单栏中的"文件"—"另存为"—"选项"命令，将绘制完成的轴承座工程图另存为 PDF 文件，轴承座工程图输出效果如图 9.39 所示。

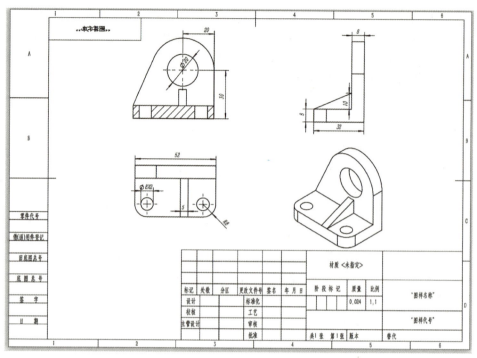

图 9.39　轴承座工程图输出效果

素养提升

对于比较复杂的平面图形，要看清其结构是有一定难度的。本章介绍了利用 SolidWorks 软件实现三维建模的方法，形象、直观地表达了机件的形体结构和装配关系等。三维设计本身就是从三维概念到三维模型，符合人类的思维习惯，便于创新。

"工匠精神"就是追求卓越的创造精神、精益求精的品质精神、用户至上的服务精神；青年一代有理想、有本领、有担当，国家就有前途。中铁宝桥集团有限公司轨道线路研究院副院长、高级工程师张莉相继参与全国铁路三次提速建设，并参与 250km/h、350km/h 客运专线、重载线路所需 30 多种新型道岔的研发和 10 多项工艺改进工作，先后获得 5 项国家专利。张莉在多年工作中用一段段经历和一项项成绩诠释着认真做到极致的"工匠精神"。我们在学习的过程中要不忘初心、牢记使命，注重品德与技能、知识与能力的培养，掌握扎实的绘图基本功，为中国制造的强国梦作出自己的贡献。

建议学生搜索观看节目《时代楷模发布厅》《大国工匠》。

泵体工程图的习题讲解

习　题

上机练习，请用 SolidWorks 软件完成图 9.40 所示泵体工程图。

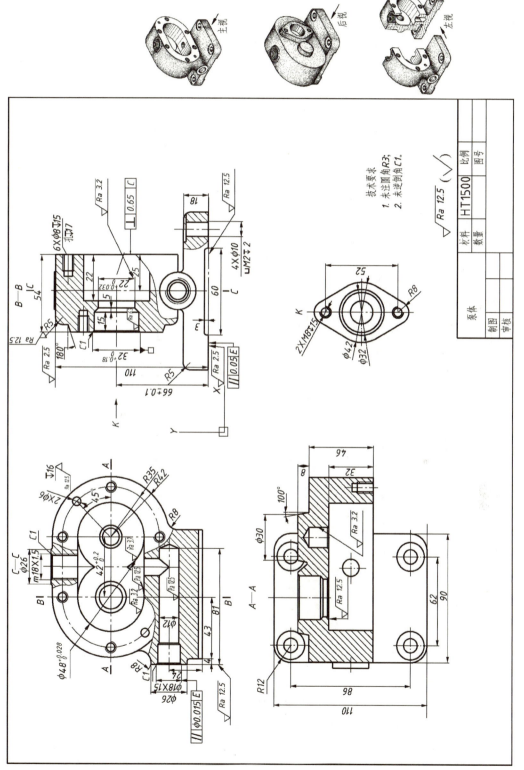

图 9.40　泵体工程图

附　　录

附录A　螺　　纹

表 A1　普通螺纹（摘自 GB/T 193—2003、GB/T 196—2003）　　　　单位：mm

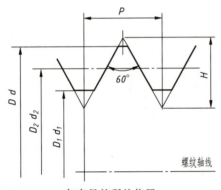

各直径的所处位置

$$d_2 = d - 2 \times \frac{3}{8}H, \quad D_2 = D - 2 \times \frac{3}{8}H$$

$$d_1 = d - 2 \times \frac{5}{8}H, \quad D_1 = D - 2 \times \frac{5}{8}H$$

$$H = \frac{\sqrt{3}}{2}P$$

式中，D、d——内、外螺纹基本大径；
D_2、d_2——内、外螺纹基本中径；
D_1、d_1——内、外螺纹基本小径；
P——螺距；
H——原始三角形高度。

公称直径 D、d		螺距 P		粗牙小径 D_1、d_1	公称直径 D、d		螺距 P		粗牙小径 D_1、d_1
第1系列	第2系列	粗牙	细牙		第1系列	第2系列	粗牙	细牙	
3		0.5	0.35	2.459	16		2	1.5、1	13.835
	3.5	0.6		2.850		18	2.5		15.294
4		0.7	0.5	3.242	20		2.5	2、1.5、1	17.294
	4.5	0.75		3.688		22	2.5		19.294
5		0.8		4.134	24		3		20.752
6		1	0.75	4.917		27	3		23.752
8		1.25	1、0.75	6.647	30		3.5	(3)、2、1.5、1	26.211
10		1.5	1.25、1、0.75	8.376		33	3.5	(3)、2、1.5	29.211
12		1.75	1、1.25	10.106	36		4	3、2、1.5	31.670
	14	2	1.5、1.25[①]、1	11.835		39	4		34.670

① 仅用于发动机的火花塞。

表 A2　管螺纹（摘自 GB/T 7306.1—2000、GB/T 7306.2—2000、GB/T 7307—2001）

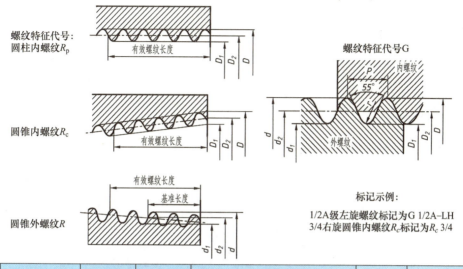

尺寸代号	每 25.4mm 内所包含的牙数/n	螺距 P /mm	牙高 h /mm	基本直径/mm			基准距离/mm	有效螺纹/mm
				大径 $D=D$	中径 $d_2=D_2$	小径 $d_1=D_1$		
1/16	28	0.907	0.581	7.723	7.142	6.561	4	6.5
1/8				9.728	9.147	8.566	4	6.5
1/4	19	1.337	0.856	13.157	12.301	11.445	6	9.7
3/8				16.662	15.806	14.950	6.4	10.1
1/2	14	1.814	1.162	20.955	19.793	18.631	8.2	13.2
5/8*				22.911	21.749	20.587		
3/4				26.441	25.279	24.117	9.5	14.5
7/8*				30.201	29.039	27.877		
1	11	2.309	1.479	33.249	31.770	30.291	10.4	16.8
1 1/4				37.897	40.431	38.952	12.7	19.1
1 1/2				41.910	46.324	44.845	12.7	19.1
2				59.614	58.135	56.656	15.9	23.4
2 1/2				75.184	73.705	72.226	17.5	26.7
3				87.884	86.405	84.926	20.6	29.8
4				113.030	111.551	110.072	25.4	35.8

注：1. 尺寸代号有"*"者，仅非密封管螺纹有。
　　2. 密封管螺纹的"基本直径"为基准平面上的基本直径。
　　3. "基准长度""有效螺纹"均为密封管螺纹的参数。

表 A3　梯形螺纹（摘自 GB/T 5796.2—2022、GB/T 5796.3—2022）　　　单位：mm

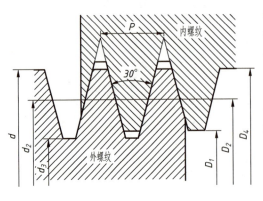

d——外螺纹大径；D_4——内螺纹大径；
d_2——外螺纹中径；D_2——内螺纹中径；
d_3——外螺纹小径；D_1——内螺纹小径。

标记示例

公称直径为 28mm，螺距为 5mm，中径公差带代号为 7H 的单线右旋梯形内螺纹标记为 Tr28×5—7H。

公称直径为 28mm，导程为 10mm，螺距为 5mm，中径公差带代号为 8e 的 c 双线左旋梯形外螺纹标记为 Tr28×10(P5)LH—8e。

公称直径 d		螺距 P	基本中径 $d_2=D_2$	基本大径 D_4	基本小径		公称直径 d		螺距 P	基本中径 $d_2=D_2$	基本大径 D_4	基本小径	
第1系列	第2系列				d_3	D_1	第1系列	第2系列				d_3	D_1
8		1.5	7.250	8.300	6.200	6.500		26	3	24.500	26.500	22.500	23.000
									5	23.500		20.500	21.000
	9	1.5	8.250	9.300	7.200	7.500			8	22.000	27.000	17.000	18.000
		2	8.000	9.500	6.500	7.000	28		3	26.500		24.500	25.000
10		1.5	9.250	10.300	8.200	8.500			5	25.500	28.500	22.500	23.000
		2	9.000	10.500	7.500	8.000			8	24.000	29.000	19.000	20.000
	11	2	10.000	11.500	8.500	9.000			3	28.500	30.500	26.500	29.000
		3	9.500		7.500	8.000	30		6	27.000	31.000	23.000	24.000
12		2	11.000	12.500	9.500	10.000			10	25.000		19.000	20.000
		3	10.500		8.500	9.000			3	30.500	32.500	28.500	29.000
	14	2	13.000	14.500	11.500	12.000	32		6	29.000	33.000	25.000	26.000
		3	12.500		10.500	11.000			10	27.000		21.000	22.000
16		2	15.000	16.500	13.500	14.000			3	32.500	34.500	30.500	31.000
		4	14.000		11.500	12.000		34	6	31.000	35.000	27.000	28.000
	18	2	17.000	18.500	15.500	16.000			10	29.000		23.000	24.000
		4	16.000		13.500	14.000			3	34.500	36.500	32.500	33.000
20		2	19.000	20.500	17.500	18.000	36		6	33.000	37.000	29.000	30.000
		4	18.000		15.500	16.000			10	31.000		25.000	26.000
	22	3	20.000	22.500	18.500	19.000			3	36.500	38.500	34.500	35.000
		5	19.500		16.500	17.000		38	7	34.500	39.000	30.500	31.000
		8	18.000	23.000	13.500	14.000			10	33.500		27.000	28.000
24		3	22.500	24.500	20.500	21.000			3	38.500	40.500	36.500	37.000
		5	21.500		18.500	19.000	40		7	36.500	41.000	32.000	33.000
		8	20.000	25.000	15.000	16.000			10	35.000		29.000	30.000

附录 B 标 准 件

表 B1 六角头螺栓（摘自 GB/T 5782—2016、GB/T 5783—2016） 单位：mm

六角头螺栓（GB/T 5782—2016）　　　　　六角头螺栓全螺纹（GB/T 5783—2016）

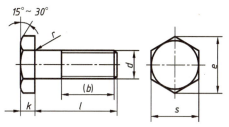 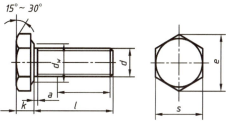

标记示例：

螺纹规格 d＝M12，公称长度 l＝80mm，性能等级为 8.8 级，表面氧化，A 级的六角螺栓标记为

螺栓　GB/T 5782　M12×80

螺纹规格 d			M3	M4	M5	M6	M8	M10	M12	M16	M20	M24
螺距 P			0.5	0.7	0.8	1	1.25	1.5	1.75	2	2.5	3
$s_{公称}$＝max			5.5	7	8	10	13	16	18	24	30	36
$k_{公称}$			2	2.8	3.5	4	5.3	6.4	7.5	10	12.5	15
r_{min}			0.1	0.2	0.2	0.25	0.4	0.4	0.6	0.6	0.8	0.8
e_{min}	产品等级	A	6.01	7.66	8.79	11.05	14.38	17.77	20.03	26.75	33.53	39.98
		B	5.88	7.50	8.63	10.89	14.20	17.59	19.85	26.17	32.95	39.55
d_{wmin}	产品等级	A	4.57	5.88	6.88	8.88	11.63	14.63	16.63	22.49	28.19	33.61
		B	4.45	5.74	6.74	8.74	11.47	14.47	16.47	22	27.7	33.25
a	max		0.4	0.4	0.5	0.5	0.6	0.6	0.6	0.8	0.8	0.8
	min		0.15	0.15	0.15	0.15	0.15	0.15	0.15	0.2	0.2	0.2
$b_{参考}$	$l≤125$		12	14	16	18	22	26	30	38	46	54
	$125<l≤200$		18	20	22	24	28	32	36	44	52	60
	$l>200$		31	33	35	37	41	45	49	57	65	73
l	GB/T 5782		20～30	25～40	25～50	30～60	35～80	40～100	45～120	55～160	65～200	80～240
	GB/T 5783		6～30	8～40	10～50	12～60	16～80	20～100	25～100	35～100	40～100	40～100
l 系列			6，8，10，12，16，20，25，30，35，40，45，50，(55)，60，(65)，70，80，90，100，110，120，130，140，150，160，180，200，220，240，260，280，300，340，360，380，400，420，440，460，480，500										

注：1. A 级用于 $d≤24$ 和 $l≤10d$ 或 $l≤150$mm 的螺栓，B 级用于 $d>24$ 和 $l>10d$ 或 $l>150$mm 的螺栓（按较小值）。

2. 括号内的为非优选系列。

表 B2.1　开槽螺钉（摘自 GB/T 65—2016、GB/T 68—2016、GB/T 67—2016）　　　　单位：mm

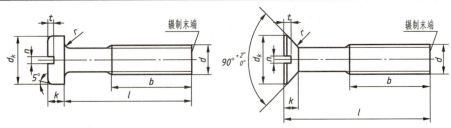

标记示例：
螺纹规格 $d=$ M5，公称长度 $l=$ 20mm，性能等级为 4.8 级，不经表面处理，A 级开槽圆柱头螺钉标记为
螺钉　GB/T 65　M5×20

螺纹规格 d		M1.6	M2	M2.5	M3	M4	M5	M6	M8	M10
GB/T 65	$d_{k\,max}$	3.00	3.80	4.50	5.50	7.00	8.50	10.00	13.00	16.00
	k_{max}	1.10	1.40	1.80	2.00	2.60	3.30	3.90	5.00	6.00
	t_{min}	0.45	0.60	0.70	0.85	1.10	1.30	1.60	2.00	2.40
	r_{min}	0.10				0.20		0.25	0.40	
	l	2～16	3～20	3～25	4～30	5～40	6～50	8～60	10～80	12～80
GB/T 67	$d_{k\,max}$	3.20	4.00	5.00	5.60	8.00	9.50	12.00	16.00	20.00
	k_{max}	1.00	1.30	1.50	1.80	2.40	3.00	3.60	4.80	6.00
	t_{min}	0.35	0.50	0.60	0.70	1.00	1.20	1.40	1.90	2.40
	r_{min}	0.10				0.20		0.25	0.40	
	l	2～16	2.5～20	3～25	4～30	5～40	6～50	8～60	10～80	12～80
GB/T 68	$d_{k\,max}$	3.00	3.80	4.70	5.50	8.40	9.30	11.30	15.80	18.30
	k_{max}	1.00	1.20	1.50	1.65	2.70	2.70	3.30	4.65	5.00
	t_{min}	0.32	0.40	0.50	0.60	1.00	1.10	1.20	1.80	2.00
	r_{max}	0.40	0.50	0.60	0.80	1.00	1.30	1.50	2.00	2.50
	l	2.5～16	3～20	4～25	5～30	6～40	8～50	8～60	10～80	12～80
螺距 P		0.35	0.40	0.45	0.50	0.70	0.80	1.00	1.25	1.50
n		0.40	0.50	0.60	0.80	1.20	1.20	1.60	2.00	2.50
b		25.00					38.00			
l 系列		2, 2.5, 3, 4, 5, 6, 8, 10, 12, (14), 16, 20, 25, 30, 35, 40, 45, 50, (55), 60, (65), 70, (75), 80 (GB/T 65 无 $l=$ 2.5；GB/T 68 无 $l=$ 2)								

注：1. 尽量不采用括号内规格。
　　2. M1.6～M3 的螺钉，$l<$ 30 时，制出全螺纹；对于开槽圆柱头螺钉和开槽盘头螺钉，M4～M10 的螺钉，$l<$ 40 时，制出全螺纹；对于开槽沉头螺钉，M4～M10 的螺钉，$l<$ 45 时，制出全螺纹。

表 B2.2 内六角圆柱头螺钉（摘自 GB/T 70.1—2008） 单位：mm

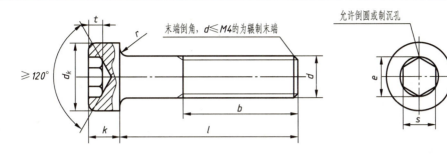

标记示例：

螺纹规格 d＝M5，公称长度 l＝20mm，性能等级为 8.8 级，表面氧化，A 级内六角圆柱头螺钉标记为

螺钉　GB/T 70.1　M5×20

螺纹规格 d	M2.5	M3	M4	M5	M6	M8	M10	M12	M16	M20	M24	M30
螺距 P	0.45	0.5	0.7	0.8	1	1.25	1.5	1.75	2	2.5	3	3.5
d_{kmax}（光滑头部）	4.50	5.50	7.00	8.50	10.00	13.00	24.00	18.00	24.00	30.00	36.00	45.00
d_{kmax}（滚花头部）	4.68	5.68	7.22	8.72	10.22	13.27	24.33	18.27	24.33	30.33	36.39	45.39
d_{kmin}	4.32	5.32	6.78	8.28	9.78	12.73	15.73	23.67	23.67	29.67	35.61	44.61
k_{max}	2.50	3.00	4.00	5.00	6.00	8.00	10.00	16.00	16.00	20.00	24.00	30.00
k_{min}	2.36	2.86	3.82	4.82	5.7	7.64	9.64	15.57	15.57	19.48	23.48	29.48
t_{min}	1.1	1.3	2	2.5	3	4	5	6	8	10	12	15.5
r_{min}	0.1	0.1	0.2	0.2	0.25	0.4	0.4	0.6	0.6	0.8	0.8	1
s 公称	2	2.5	3	4	5	6	8	10	14	17	19	22
e_{min}	2.303	2.873	3.443	4.583	5.723	6.683	9.149	11.429	15.996	19.437	21.734	25.154
b 参考	17	18	20	22	24	28	32	36	44	52	60	72
l	4～25	5～30	6～40	8～50	10～60	12～80	16～100	20～120	25～160	30～200	40～200	45～200
l 系列	2.5，3，4，5，6，8，10，12，16，20，25，30，35，40，45，50，55，60，65，70，80，90，100，110，120，130，140，150，160，180，200											

注：1. 尽可能不采用括号内规格。

2. M2.5～M3 的螺钉，l＜20 时，制出全螺纹；M4～M5 的螺钉，l＜25 时，制出全螺纹；M6 的螺钉，l＜30 时，制出全螺纹；M8 的螺钉，l＜35 时，制出全螺纹；M10 的螺钉，l＜40 时，制出全螺纹；M12 的螺钉，l＜50 时，制出全螺纹；M16 的螺钉，l＜60 时，制出全螺纹。

表 B2.3 开槽紧定螺钉（摘自 GB/T 71—2018、GB/T 73—2017、GB/T 74—2018、GB/T 75—2018）

单位：mm

开槽锥端紧定螺钉（GB/T 71—2018）

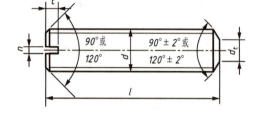

开槽平端紧定螺钉（GB/T 73—2017）

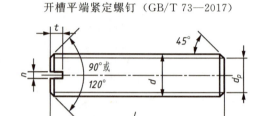

开槽凹端紧定螺钉（GB/T 74—2018）

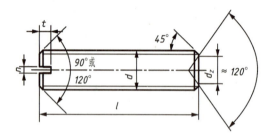

开槽长圆柱端紧定螺钉（GB/T 75—2018）

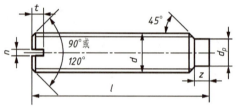

标记示例：

螺纹规格 d＝M5，公称长度 l＝12mm，性能等级为 14H 级，表面氧化，A 级开槽锥端紧定螺钉标记为

螺钉　GB/T 71　M5×20

螺纹规格 d		M1.6	M2	M2.5	M3	M4	M5	M6	M8	M10	M12
螺距 P		0.35	0.40	0.45	0.5	0.7	0.8	1	1.25	1.5	1.75
$n_{公称}$		0.25	0.25	0.4	0.4	0.6	0.8	1	1.2	1.6	2
t_{max}		0.74	0.84	0.95	1.05	1.42	1.63	2.00	2.50	3.00	3.60
d_z		0.80	1.00	1.20	1.40	2.00	2.50	3.00	5.00	6.00	8.00
d_t		0.16	0.20	0.25	0.30	0.40	0.50	1.50	2.00	2.50	3.00
d_{pmax}		0.80	1.00	1.50	2.00	2.50	3.50	4.00	5.50	7.00	8.50
z_{max}		1.05	1.25	1.50	1.75	2.25	2.75	3.25	4.30	5.30	6.30
l	GB/T 71	2～8	3～10	3～12	4～16	6～20	8～25	8～30	10～40	12～50	14～60
	GB/T 73	2～8	2～10	2.5～12	3～16	4～20	5～25	6～30	8～40	10～50	12～60
	GB/T 74	2～8	2.5～10	3～12	3～16	4～20	5～25	6～30	8～40	10～50	12～60
	GB/T 75	2.5～8	3～10	4～12	5～16	6～20	8～25	8～30	10～40	12～50	14～60
l 系列		2, 2.5, 3, 4, 5, 6, 8, 10, 12, 16, 20, 25, 30, 35, 40, 45, 50, 60									

表 B3 双头螺柱（摘自 GB/T 897—1988、GB/T 898—1988、GB/T 899—1988、GB/T 900—1988）

单位：mm

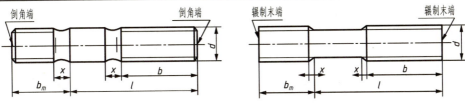

标记示例：

1. 两端为粗牙普通螺纹，$d=10$mm，$l=50$mm，性能等级为 4.8 级，B 型，$b_m=1d$ 的双头螺柱标记为

　　螺柱 GB/T 897　M10×50

2. 旋入机体一端为粗牙普通螺纹，旋螺母一端为螺距 $P=1$mm 的细牙普通螺纹，$d=10$mm，$l=50$mm，性能等级为 4.8 级，A 型，$b_m=1d$ 的双头螺柱标记为

　　螺柱 GB/T 897　A M10　M10×1×50

3. 旋入机体一端为过渡配合螺纹的第一种配合，旋螺母一端为粗牙普通螺纹，$d=10$mm，$l=50$mm，性能等级为 8.8 级，镀锌钝化，B 型，$b_m=1d$ 的双头螺柱标记为

　　螺柱 GB/T 897　G M10　M10×50　8.8　Zn·D

螺纹规格 d	b_m				l/b
	GB/T 897	GB/T 898	GB/T 899	GB/T 900	
M3			4.5	6	(16～20)/6、(22～40)/12
M4			6	8	(16～22)/8、(25～40)/14
M5	5	6	8	10	(16～22)/10、(25～50)/16
M6	6	8	10	12	(18～22)/10、(25～30)/14、(32～75)/18
M8	8	10	12	16	(18～22)/12、(25～30)/16、(32～90)/22
M10	10	12	15	20	(25～28)/14、(30～38)/16、(40～120)/30、130/32
M12	12	15	18	24	(25～30)/16、(32～40)/20、(45～120)/30、(130～180)/36
M16	16	20	24	32	(30～38)/20、(40～55)/30、(60～120)/38、(130～200)/44
M20	20	25	30	40	(35～40)/25、(45～65)/38、(70～120)/46、(130～200)/52
M24	24	30	36	48	(45～50)/30、(55～75)/45、(80～120)/54、(130～200)/60
M30	30	48	45	60	(60～65)/40、(70～90)/50、(95～120)/66、(130～200)/72、(210～250)/85
M36	36	45	54	72	(65～75)/45、(80～110)/60、120/78、(130～200)/84、(210～300)/91
M42	42	52	63	84	(70～80)/50、(85～110)/70、120/90、(130～200)/96、(210～300)/109
M48	48	60	72	96	(80～90)/60、(95～110)/80、120/102、(130～200)/108、(210～300)/121
l 系列	12, (14), 16, (18), 20, (22), 25, (28), 30, (32), 35, (38), 40, 45, 50, 55, 60, 65, 70, 75, 80, 85, 90, 95, 100, 110, 120, 130, 140, 150, 160, 170, 180, 190, 200, 210, 220, 230, 240, 250, 260, 280, 300				

表 B4.1　六角螺母（摘自 GB/T 41—2016、GB/T 6170—2015、GB/T 6172.1—2016）

单位：mm

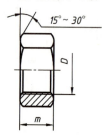
1型六角螺母C级

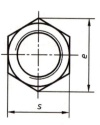
1型六角螺母 A 和 B 级

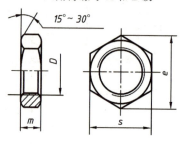
六角薄螺母 A 和 B 级

标记示例：

螺纹规格 D＝M12，性能等级为 5 级，不经表面处理、产品等级为 C 级的六角螺母标记为

螺母　GB/T 41　M12

螺纹规格 D＝M12，性能等级为 10 级，不经表面处理、产品等级为 A 级的 1 型六角螺母标记为

螺母　GB/T 6170　M12

螺纹规格 D＝M12，性能等级为 04 级，不经表面处理、产品等级为 A 级的六角薄螺母标记为

螺母　GB/T 6172.1　M12

螺纹规格 D			M3	M4	M5	M6	M8	M10	M12	M16	M20	M24	M30
螺距 P			0.5	0.7	0.8	1	1.25	1.5	1.75	2	2.5	3	3.5
e_{min}	GB/T 41		—	—	8.63	10.89	14.20	17.59	19.85	26.17	32.95	39.55	50.85
	GB/T 6170		6.01	7.66	8.79	11.05	14.38	17.77	20.03	26.75			
	GB/T 6172.1												
s_{max}			5.50	7.00	8.00	10.00	13.00	16.00	18.00	24.00	30.00	36.00	46.00
m	GB/T 41	max	—	—	5.60	6.40	7.90	9.50	12.20	15.90	19.00	22.30	26.40
		min	—	—	4.40	4.90	6.40	8.00	10.40	14.10	16.90	20.20	24.30
	GB/T 6170	max	2.40	3.20	4.70	5.20	6.80	8.40	10.80	14.80	18.00	21.50	25.60
		min	2.15	2.90	4.40	4.99	6.44	8.04	10.37	14.10	16.90	20.20	24.30
	GB/T 6172.1	max	1.80	2.20	2.70	3.20	4.00	5.00	6.00	8.00	10.00	12.00	15.00
		min	1.55	1.95	2.45	2.90	3.70	4.70	5.70	7.42	9.10	10.90	13.90

注：1. A 级用于 $D \leqslant 16$ 的螺母；B 级用于 $D > 16$ 的螺母。

2. 对 GB/T 41 允许内倒角。

表 B4.2　六角开槽螺母（摘自 GB/T 6178—1986、GB/T 6179—1986、GB/T 6181—1986）

单位：mm

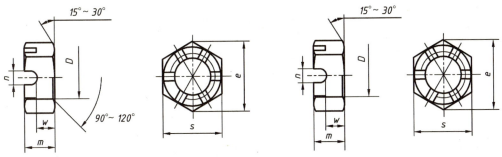

1 型六角开槽螺母 A 和 B 级　　1 型六角开槽螺母 C 级　　六角开槽薄螺母 A 和 B 级

标记示例：

螺纹规格 D＝M5，性能等级为 8 级，不经表面处理、A 级 1 型六角开槽螺母标记为

　　　　螺母　GB/T　6178　M5

螺纹规格 D＝M5，性能等级为 04 级，不经表面处理、A 级的六角开槽薄螺母标记为

　　　　螺母　GB/T　6181　M5

螺纹规格 D		M4	M5	M6	M8	M10	M12	M16	M20	M24	M30	M36
n_{min}		1.2	1.4	2	2.5	2.8	3.5	4.5	4.5	5.5	7	7
e_{min}		7.7	8.8	11	14.4	17.8	20	26.8	33	39.6	50.9	60.8
s_{max}		7	8	10	13	16	18	24	30	36	46	55
m_{max}	GB/T 6178	5	6.7	7.7	9.8	12.4	15.8	20.8	24	29.5	34.6	40
	GB/T 6179	—										
	GB/T 6181	—	5.1	5.7	7.5	9.3	12	16.4	20.3	23.9	28.6	34.7
w_{max}	GB/T 6178	3.2	4.7	5.2	6.8	8.4	10.8	14.8	18	21.5	25.6	31
	GB/T 6179	—										
	GB/T 6181	—	3.1	3.5	4.5	5.3	7.0	10.4	14.3	15.9	19.6	25.7
开口销		1×10	1.2×12	1.6×14	2×16	2.5×20	3.2×22	4×28	4×36	5×40	6.3×50	6.3×63

注：A 级用于 D≤16 的螺母；B 级用于 D＞16 的螺母。

表 B4.3　圆螺母（摘自 GB/T 812—1988）　　　　单位：mm

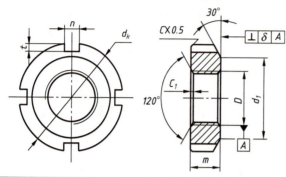

标记示例：

　　螺纹规格 $D=M16\times1.5$，材料为 45 钢，槽或全部热处理后硬度 35～45HRC，表面氧化，圆螺母标记为

　　螺母　GB/T 812　$M16\times1.5$

D	d_k	d_1	m	n_{min}	t_{min}	C	C_1	D	d_k	d_1	m	n_{min}	t_{min}	C	C_1
M10×1	22	16	8	4	2	0.5		M64×2	95	84	12	8	3.5	1.5	1
M12×1.25	25	19						M65×2*	95	84					
M14×1.5	28	20						M68×2	100	88					
M16×1.5	30	22						M72×2	105	93					
M18×1.5	32	24						M75×2*	105	93	15	10	4		
M20×1.5	35	27						M76×2	110	98					
M22×1.5	38	30		5	2.5			M80×2	115	103					
M24×1.5	42	34						M85×2	120	108					
M25×1.5	42	34						M90×2	125	112					
M27×1.5	45	37						M95×2	130	117					
M30×1.5	48	40	10			1	0.5	M100×2	135	122	18	12	5		
M33×1.5	52	43						M105×2	140	127					
M35×1.5*	52	43						M110×2	150	135					
M36×1.5	55	46						M115×2	155	140					
M39×1.5	58	49		6	3			M125×1	160	145	22	14	6		
M40×1.5*	58	49						M125×2	165	150					
M42×1.5	62	53						M130×2	170	155					
M45×1.5	68	59						M140×2	180	165					
M48×1.5	72	61				1.5		M150×2	200	180	26				
M50×1.5*	72	61						M160×3	210	190					
M52×1.5	78	67	12	8	3.5			M170×3	220	200					
M55×2*	78	67					1	M180×3	230	210		16	7	2	1.5
M56×2	85	74						M190×3	240	220	30				
M60×2	90	79						M200×3	250	230					

注：1. 当 $D\leqslant M100\times2$ 时，槽数为 4；当 $D\geqslant M105\times2$ 时，槽数为 6。
　　2. 带"*"的螺纹规格仅用于滚动轴承锁紧装置。

表 B5.1 平垫圈（摘自 GB/T 97.1—2002、GB/T 97.2—2002、GB/T 848—2002、GB/T 96.1—2002、GB/T 96.2—2002）　　　　　　　　　　　　　　　　　　　　　单位：mm

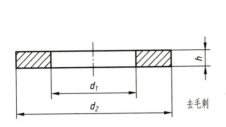
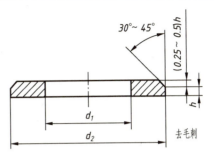

标记示例：

标准系列，螺纹规格 $d=8\text{mm}$，性能等级为 140HV 级，倒角型，不经表面处理，平垫圈标记为

垫圈　GB/T 97.2　8—140HV

螺纹规格 d	标准系列 GB/T 97.1、GB/T 97.2			大系列 GB/T 96.1、GB/T 96.2			小系列 GB/T 848		
	d_1公称	d_2公称	h公称	d_1公称	d_2公称	h公称	d_1公称	d_2公称	h公称
1.6	1.7	4	0.3	—	—	—	1.7	3.5	0.3
2	2.2	5		—	—	—	2.2	4.5	
2.5	2.7	6	0.5	—	—	—	2.7	5	0.5
3	3.2	7		3.2	9	0.8	3.2	6	
4	4.3	9	0.8	4.3	12	1	4.3	8	
5	5.3	10	1	5.3	15	1.2	5.3	9	1
6	6.4	12	1.6	6.4	18	1.6	6.4	11	1.6
8	8.4	16		8.4	24	2	8.4	15	
10	10.5	20	2	10.5	30	2.5	10.5	18	2
12	13	24	2.5	13	37	3	13	20	2.5
14	15	28		15	44		15	24	
16	17	30	3	17	50		17	28	3
20	21	37		21	60	4	21	34	
24	25	44	4	26	72	5	25	39	4
30	31	56		33	92	6	31	50	
36	37	66	5	39	110	8	37	60	5

注：1. GB/T 96.1~2—2002，垫圈两端无粗糙度符号。

2. GB/T 848—2002，垫圈主要用于带圆柱头的螺钉，其他用于标准的六角螺栓、螺钉和螺母。

3. GB/T 97.2—2002，d 的范围为 5~36mm。

表 B5.2　弹簧垫圈（摘自 GB 93—1987、GB/T 859—1987）　　　　单位：mm

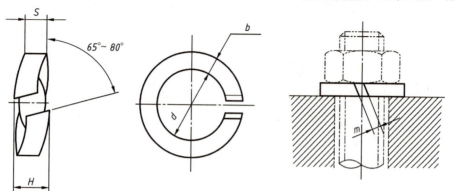

标记示例：

规格为 16mm，材料为 65Mn，表面氧化，标准型弹簧垫圈标记为

垫圈　GB/T 93　16

螺纹规格 d	d_{min}	$S_{公称}$		H_{max}		$b_{公称}$		$m \leqslant$	
		GB 93	GB/T 859	GB 93	GB/T 859	GB 93	GB/T 859	GB 93	GB/T 859
3	3.1	0.8	0.6	2	1.5	0.8	1	0.4	0.3
4	4.1	1.1	0.8	2.75	2	1.1	1.2	0.55	0.4
5	5.1	1.3	1.1	3.25	2.75	1.3	1.5	0.65	0.55
6	6.1	1.6	1.3	4	3.25	1.6	2	0.8	0.65
8	8.1	2.1	1.6	5.25	4	2.1	2.5	1.05	0.8
10	10.2	2.6	2	6.5	5	2.6	3	1.3	1
12	12.2	3.1	2.5	7.25	6.25	3.1	3.5	1.55	1.25
(14)	14.2	3.6	3	9	7.5	3.6	4	1.8	1.5
16	16.2	4.1	3.2	10.25	8	4.1	4.5	2.05	1.6
(18)	18.2	4.5	3.6	11.25	9	4.5	5	2.25	1.8
20	20.2	5	4	12.25	10	5	5.5	2.5	2
(22)	22.5	5.5	4.5	13.75	11.25	5.5	6	2.75	2.25
24	24.5	6	5	15	12.5	6	7	3	2.5
(27)	27.5	6.8	5.5	17	13.75	6.8	8	3.4	2.75
30	30.5	7.5	6	18	15	7.5	9	3.75	3

注：1. 尽可能不采用括号内规格。

　　2. $m>0$。

表 B5.3　圆螺母用止动垫圈（摘自 GB 858—1988）　　　　单位：mm

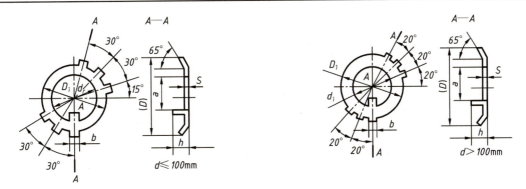

标记示例：

规格为 16mm、材料为 Q235-A，经退火、表面氧化，圆螺母用止动垫圈标记为

垫圈 GB 858　16

螺纹规格d	d₁	(D)	D₁	S	b	a	h	螺纹规格d	d₁	(D)	D₁	S	b	a	h
14	14.5	32	20	1	3.8	11	3	55*	56	82	67	2	7.7	52	6
16	16.5	34	22	1	3.8	13	3	56	57	90	74	2	7.7	53	6
18	18.5	35	24	1	3.8	15	3	60	61	94	79	2	7.7	57	6
20	20.5	38	27	1	3.8	17	3	64	65	100	84	2	7.7	61	6
22	22.5	42	30	1	4.8	19	4	65*	66	100	84	2	7.7	62	6
24	24.5	45	34	1	4.8	21	4	68	69	105	88	2	7.7	65	6
25*	25.5	45	34	1	4.8	22	4	72	73	110	93	2	9.6	69	6
27	27.5	48	37	1	4.8	24	4	75*	76	110	93	2	9.6	71	6
30	30.5	52	40	1	4.8	27	4	76	77	115	98	2	9.6	72	6
33	33.5	56	43	1	4.8	30	4	80	81	120	103	2	9.6	76	6
35*	35.5	56	43	1	4.8	32	4	85	86	125	108	2	9.6	81	6
36	36.5	60	46	1.5	5.7	33	5	90	91	130	112	2	12	86	7
39	39.5	62	49	1.5	5.7	36	5	95	96	135	117	2	12	91	7
40*	40.5	62	49	1.5	5.7	37	5	100	101	140	122	2	12	96	7
42	42.5	66	53	1.5	5.7	39	5	105	106	145	127	2	12	101	7
45	45.5	72	59	1.5	5.7	42	5	110	111	156	135	2	12	106	7
48	48.5	76	61	1.5	7.7	45	6	115	116	160	140	2	14	111	7
50*	50.5	76	61	1.5	7.7	47	6	120	121	166	145	2	14	116	7
52	52.5	82	67	1.5	7.7	49	6	125	126	170	150	2	14	121	7

注：标有"*"者仅用于滚动轴承锁紧装置。

表 B6.1　平键（摘自 GB/T 1095—2003、GB/T 1096—2003）　　　　单位：mm

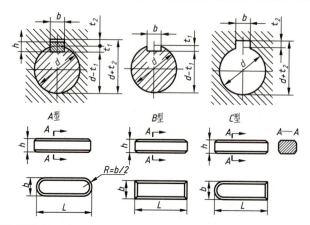

标记示例：
圆头普通平键（A 型），$b=10$mm，$h=8$mm，$l=25$mm，其标记为
GB/T 1096　键 $10\times 8\times 25$
对于同一尺寸的圆头普通平键（B 型）或单圆头普通平键（C 型），其标记分别为
GB/T 1096　键 B10×25
GB/T 1096　键 C10×25

键		键槽								
尺寸 $b\times h$	基本尺寸	宽度 b					深度			半径 r
		偏差					轴 t_1		毂 t_2	
		松联结		正常联结		紧密联结	基本尺寸	极限偏差	基本尺寸	极限偏差	
		轴 H9	毂 D10	轴 N9	毂 JS9	轴和毂 P9					
2×2	2	+0.025　0	+0.060　+0.020	−0.004　−0.029	±0.0125	−0.006　−0.031	1.2	+0.1　0	1	+0.1　0	0.08～0.16
3×3	3						1.8		1.4		
4×4	4	+0.030　0	+0.078　+0.030	0　−0.030	±0.015	−0.012　−0.042	2.5		1.8		
5×5	5						3.0		2.3		0.16～0.25
6×6	6						3.5		2.8		
8×7	8	+0.036　0	+0.098　+0.040	0　−0.036	±0.018	−0.015　−0.051	4.0		3.3		
10×8	10						5.0		3.3		
12×8	12	+0.043　0	+0.120　+0.050	0　−0.043	±0.0215	−0.018　−0.061	5.0		3.3		0.25～0.40
14×9	14						5.5		3.8		
16×10	16						6.0	+0.2　0	4.3	+0.2　0	
18×11	18						7.0		4.4		
20×12	20	+0.052　0	+0.149　+0.065	0　−0.052	±0.026	−0.022　−0.074	7.5		4.9		
22×14	22						9.0		5.4		0.40～0.60
25×14	25						9.0		5.4		
28×16	28						10.0		6.4		

注：1. 在工作图中，轴槽深用 $d-t_1$ 或 t_1 标注，轮毂槽深用 $d+t_2$ 标注。$(d-t_1)$ 和 $(d+t_2)$ 尺寸偏差按相应的 t_1 和 t_2 的极限偏差选取，但 $(d-t_1)$ 极限偏差取负号（—）。

2. l 系列：6，8，10，12，14，16，18，20，22，25，28，32，36，40，45，50，56，63，70，80，90，100，110，125，140，160，180，200，220，250，280，320，330，400，450。

表 B6.2 半圆键（摘自 GB/T 1098—2003、GB/T 1099.1—2003）　　　　　　单位：mm

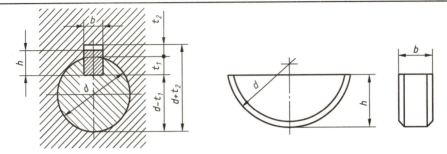

标记示例：

半圆键，$b=6$mm，$h=10$mm，$d=25$mm，其标记为

GB/T 1099.1　键 $6\times10\times25$

尺寸规定

尺寸 $b\times h\times d$	键		键槽						
	直径 d		宽度 b 极限偏差			高度 h			
			正常联结		紧密联结	轴 t_1		毂 t_2	
	基本尺寸	极限偏差	轴 N9	毂 JS9	轴和毂 P9	基本尺寸	极限偏差	基本尺寸	极限偏差
$1\times1.4\times4$	4	0 −0.120				1.0	+0.1 0	0.6	+0.1 0
$1.5\times2.6\times7$	7					2.0		0.8	
$2\times2.6\times7$	7	0 −0.150	−0.004 −0.029	±0.012	−0.006 −0.031	1.8		1.0	
$2\times3.7\times10$	10					2.9		1.0	
$2.5\times3.7\times10$	10					2.7		1.2	
$3\times5\times13$	13	0 −0.180				3.8		1.4	
$3\times6.5\times16$	16					5.3		1.4	
$4\times6.5\times16$	16					5.0	+0.2 0	1.8	
$4\times7.5\times19$	19	0 −0.210				6.0		1.8	
$5\times6.5\times16$	16	0 −0.180	0 −0.030	±0.015	−0.012 −0.042	4.5		2.3	
$5\times7.5\times19$	19					5.5		2.3	
$5\times9\times22$	22					7.0		2.3	
$6\times9\times22$	22	0 −0.210				6.5		2.8	
$6\times10\times25$	25					7.5	+0.3 0	2.8	
$8\times11\times28$	28					8.5		3.3	+0.2 0
$10\times13\times32$	32	0 −0.250	0 −0.036	±0.018	−0.015 −0.051	10.0		3.3	

注：在工作图中，轴槽深用 $d-t_1$ 或 t_1 标注，轮毂槽深用 $d+t_2$ 标注。$(d-t_1)$ 和 $(d+t_2)$ 尺寸偏差按相应的 t_1 和 t_2 的极限偏差选取，但 $(d-t_1)$ 极限偏差取负号（−）。

表 B7.1　圆柱销（摘自 GB/T 119.1—2000）　　　　　　　　　　单位：mm

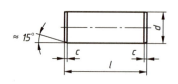

标记示例：

公称直径 $d=6$mm，公差为 m6，公称长度 $l=30$mm，材料为钢，不经淬火，不经表面处理，圆柱销标记为

销 GB/T 119.1　6 m6×30

d	0.6	0.8	1	1.2	1.5	2	2.5	3	4	5
$c\approx$	0.12	0.16	0.20	0.25	0.30	0.35	0.40	0.50	0.63	0.80
l	2～6	2～8	4～10	4～12	4～16	5～20	5～24	6～30	6～40	10～50
d	6	8	10	12	16	20	25	30	40	50
$c\approx$	1.2	1.6	2.0	2.5	3.0	3.5	4.0	5.0	6.3	8.0
l	12～60	14～80	18～95	22～140	26～180	35～200	50～200	60～200	80～200	95～200
l 系列	2, 3, 4, 5, 6, 8, 10, 12, 14, 16, 18, 20, 22, 24, 26, 28, 30, 32, 35, 40, 45, 50, 55, 60, 65, 70, 75, 80, 85, 90, 95, 100, 120, 140, 160, 180, 200									

注：1. 销的材料为不淬硬钢和奥氏体不锈钢。

　　2. l 大于 200mm，按 20mm 递增。

　　3. 表面粗糙度：公差为 m6 时，$Ra\leqslant 0.8\mu$m；公差为 h8 时，$Ra\leqslant 1.6\mu$m。

表 B7.2　圆锥销（摘自 GB/T 117—2000）　　　　　　　　　　单位：mm

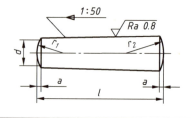

$r_1\approx d, r_2\approx \dfrac{a}{2}+d+\dfrac{(0.021)^2}{8a}$

标记示例：

公称直径 $d=6$mm，公称长度 $l=30$mm，材料为 35 钢，热处理硬度为 28～38HRC，表面氧化处理，A 型圆锥销标记为

销 GB/T 117　6×30

d	0.6	0.8	1	1.2	1.5	2	2.5	3	4	5
$a\approx$	0.08	0.1	0.12	0.16	0.2	0.25	0.3	0.4	0.5	0.63
l	4～8	5～12	6～16	6～20	8～24	10～35	10～35	12～45	14～60	22～90
d	6	8	10	12	16	20	25	30	40	50
$a\approx$	0.8	1	1.2	1.6	2	2.5	3	4	5	6.3
l	22～90	22～120	26～160	32～180	40～200	45～200	50～200	55～200	60～200	65～200
l 系列	2, 3, 4, 5, 6, 8, 10, 12, 14, 16, 18, 20, 22, 24, 26, 28, 30, 32, 35, 40, 45, 50, 55, 60, 65, 70, 75, 80, 85, 90, 95, 100, 120, 140, 160, 180, 200									

注：1. 销的材料为 35、45、Y12、Y15、30CrMnSiA、12Cr13、20Cr13 等。

　　2. l 大于 200mm，按 20mm 递增。

表 B7.3 开口销（摘自 GB/T 91—2000）　　　　　　　　　　　　　单位：mm

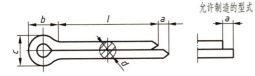

标记示例：

公称直径 5mm，公称长度 $l=50$mm，材料为 Q215 钢，不经表面处理，开口销标记为

销 GB/T 91 5×50

公称规格		0.6	0.8	1	1.2	1.6	2	2.5	3.2	4	5	6.3	8	10	13
d	max	0.5	0.7	0.9	1	1.4	1.8	2.3	2.9	3.7	4.6	5.9	7.5	9.5	12.4
	min	0.4	0.6	0.8	0.9	1.3	1.7	2.1	2.7	3.5	4.4	5.7	7.3	9.3	12.1
c	max	1	1.4	1.8	2	2.8	3.6	4.6	5.8	7.4	9.2	11.8	15	19	24.8
	min	0.9	1.2	1.6	1.7	2.4	3.2	4	5.1	6.5	8	10.3	13.1	16.6	21.7
$b\approx$		2	2.4	3	3	3.2	4	5	6.4	8	10	12.6	16	20	26
a_{max}		1.6				2.5			3.2		4			6.3	
l		4～12	5～16	6～20	8～25	8～32	10～40	12～50	14～63	18～80	22～100	32～125	40～160	45～200	71～250
l 系列		4，5，6，8，10，12，14，16，18，20，22，25，28，32，36，40，45，50，56，63，71，80，90，100，112，125，140，160，180，200，224，250，280													

注：1. 公称规格等于开口销孔的直径。
　　2. 开销的材料用 Q215、Q235、H63、Cr17Ni7、Cr18Ni9Ti。

表 B8.1 深沟球轴承（摘自 GB/T 276—2013）

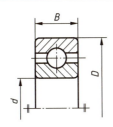

标记示例：

滚动轴承 6012 GB/T 276—2013

轴承型号	尺寸/mm			轴承型号	尺寸/mm		
	d	D	B		d	D	B
10 系列				03 系列			
6000	10	26	8	6300	10	35	11
6001	12	28	8	6301	12	37	12
6002	15	32	9	6302	15	42	13
6003	17	35	10	6303	17	47	14

续表

轴承型号	尺寸/mm			轴承型号	尺寸/mm		
	d	D	B		d	D	B
10 系列				03 系列			
6004	20	42	12	6304	20	52	15
6005	25	47	12	6305	25	62	17
6006	30	55	13	6306	30	72	19
6007	35	62	14	6307	35	80	21
6008	40	68	15	6308	40	90	23
6009	45	75	16	6309	45	100	25
6010	50	80	16	6310	50	110	27
6011	55	90	18	6311	55	120	29
6012	60	95	18	6312	60	130	31
02 系列				04 系列			
6200	10	30	9	6403	17	62	17
6201	12	32	10	6404	20	72	19
6202	15	35	11	6405	25	80	21
6203	17	40	12	6406	30	90	23
6204	20	47	14	6407	35	100	25
6205	25	52	15	6408	40	110	27
6206	30	62	16	6409	45	120	29
6207	35	72	17	6410	50	130	31
6208	40	80	18	6411	55	140	33
6209	45	85	19	6412	60	150	35
6210	50	90	20	6413	65	160	37
6211	55	100	21	6414	70	180	42
6212	60	110	22	6415	75	190	45

表 B8.2 圆锥滚子轴承（摘自 GB/T 297—2015）

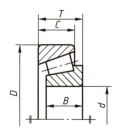

标记示例：

滚动轴承 30205 GB/T 297—2015

轴承型号	尺寸/mm					轴承型号	尺寸/mm				
	d	D	T	B	C		d	D	T	B	C
02 系列						13 系列					
30202	15	35	11.75	11	10	31305	25	62	18.25	17	13
30203	17	40	13.25	12	11	31306	30	72	20.75	19	14
30204	20	47	15.25	14	12	31307	35	80	22.75	21	15
30205	25	52	16.25	15	13	31308	40	90	25.25	23	17
30206	30	62	17.25	16	14	31309	45	100	27.25	25	18
30207	35	72	18.25	17	15	31310	50	110	29.25	27	19
30208	40	80	19.75	18	16	31311	55	120	31.5	29	21
30209	45	85	20.75	19	16	31312	60	130	33.5	31	22
30210	50	90	21.75	30	17	31313	65	140	36	33	23
30211	55	100	22.75	21	18	31314	70	150	38	35	25
30212	60	110	23.75	22	19	31315	75	160	40	37	26
30213	65	120	24.75	23	20	31316	80	170	42.5	39	27
03 系列						20 系列					
30302	15	42	14.25	13	11	32004	20	42	15	15	12
30303	17	47	15.25	14	12	32005	25	47	15	15	11.5
30304	20	52	16.25	15	13	32006	30	55	17	17	13
30305	25	62	18.25	17	15	32007	35	62	18	18	14
30306	30	72	20.75	19	16	32008	40	68	19	19	14.5
30307	35	80	22.75	21	18	32009	45	75	20	20	15.5
30308	40	90	25.75	23	20	32010	50	80	20	20	15.5
30309	45	100	27.25	25	22	32011	55	90	23	23	17.5
30310	50	110	29.25	27	23	32012	60	95	23	23	17.5
30311	55	120	31.5	29	25	32013	65	100	23	23	17.5
30312	60	130	33.5	31	26	32014	70	110	25	25	19
30313	65	140	36	33	28	32015	75	115	25	25	19

表 B8.3 推力球轴承（摘自 GB/T 301—2015）

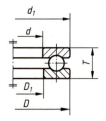

标记示例：

滚动轴承 51210 GB/T 301—2015

轴承型号	尺寸/mm			轴承型号	尺寸/mm		
	d	D	T		d	D	T
11 系列				13 系列			
51100	10	24	9	51304	20	47	18
51101	12	26	9	51305	25	52	18
51102	15	28	9	51306	30	60	21
51103	17	30	9	51307	35	68	24
51104	20	35	10	51308	40	78	26
51105	25	42	11	51309	45	85	28
51106	30	47	11	51310	50	95	31
51107	35	52	12	51311	55	105	35
51108	40	60	13	51312	60	110	35
51109	45	65	14	51313	65	115	36
51110	50	70	14	51314	70	125	40
51111	55	78	16	51315	75	135	44
51112	60	85	17	51316	80	140	44
12 系列				13 系列			
51200	10	26	11	51405	25	60	24
51201	12	28	11	51406	30	70	28
51202	15	32	12	51407	35	80	32
51203	17	35	12	51408	40	90	36
51204	20	40	14	51409	45	100	39
51205	25	47	15	51410	50	110	43
51206	30	52	16	51411	55	120	48
51207	35	62	18	51412	60	130	51
51208	40	68	19	51413	65	140	56
51209	45	73	20	51414	70	150	60
51210	50	78	22	51415	75	160	65
51211	55	90	25	51416	80	170	68
51212	60	95	26	51417	85	180	72

表 B9　普通圆柱螺旋压缩弹簧尺寸系列（摘自 GB/T 1358—2009）

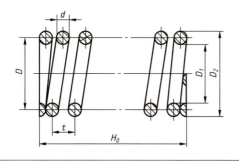

d——弹簧材料直径
D——弹簧中径
D_2——弹簧外径
D_1——弹簧内径
n——压缩弹簧有效圈数
H_0——压缩弹簧自由高度
t——弹簧节距

弹簧材料直径 d 系列	
第一系列	第二系列
0.10，0.12，0.14，0.16，0.20，0.25，0.30，0.35，0.40，0.45，0.50，0.60，0.70，0.80，0.90，1.00，1.20，1.60，2.00，2.50，3.00，3.50，4.00，4.50，5.00，6.00，8.00，10.00，12.00，16.00，20.00，25.00，30.00，35.00，40.00，45.00，50.00，60.00	0.05，0.06，0.07，0.08，0.09，0.18，0.22，0.28，0.32，0.55，0.65，1.40，1.80，2.20，2.80，3.20，5.50，6.50，7.00，9.00，11.00，14.00，18.00，22.00，28.00，32.00，38.00，42.00，55.00

弹簧中径 D 系列
0.3，0.4，0.5，0.6，0.7，0.8，0.9，1，1.2，1.6，1.8，2，2.2，2.5，2.8，3，3.2，3.5，3.8，4，4.2，4.5，4.8，5，5.5，6，6.5，7，7.5，8，8.5，9，10，12，14，16，18，20，22，25，28，30，32，38，42，45，48，50，52，55，58，60，65，70，75，80，85，90，95，100 105，110，115，120，125，130，135，140，145，150，160，170，180，190，200，210，220，230，240，250，260，270，280，290，300，320，340，360，380，400，450，500，550，600

压缩弹簧有效圈数 n 系列
2，2.25，2.5，2.75，3，3.25，3.5，3.75，4，4.25，4.5，4.75，5，5.5，6，6.5，7，7.5，8，8.5，9，9.5，10，10.5，11.5，12.5，13.5，14.5，15，16，18，20，22，25，28，30

压缩弹簧自由高度 H_0 系列
2，3，4，5，6，7，8，9，10，12，14，16，18，22，25，28，30，32，35，38，40，42，45，48，50，52，55，58，60，65，70，75，80，85，90，95，100，105，110，115，120，130，140，150，160，170，180，190，200，220，240，260，280，300，320，340，360，380，400，420，450，480，500，520，550，580，600，620，650，680，700，720，750，780，800，850，900，950，1000

注：优先采用第一系列。

附录 C 极限与配合

表 C1.1 孔的极限偏差（基本偏差 A、B、C、D、E、F）

公称尺寸/mm		基本偏差/μm											
		A	B	C	D				E		F		
大于	至	11	11	12	11	8	9	10	11	8	9	6	7	8	9
—	3	+330 +270	+200 +140	+240 +140	+120 +60	+34 +20	+45 +20	+60 +20	+80 +20	+28 +14	+39 +14	+12 +6	+16 +6	+20 +6	+31 +6
3	6	+345 +270	+215 +140	+260 +140	+145 +70	+48 +30	+60 +30	+78 +30	+105 +30	+38 +20	+50 +20	+18 +10	+22 +10	+28 +10	+40 +10
6	10	+370 +280	+240 +150	+300 +150	+170 +80	+62 +40	+76 +40	+98 +40	+130 +40	+47 +25	+61 +25	+22 +13	+28 +13	+35 +13	+49 +13
10	14	+400 +290	+260 +150	+330 +150	+205 +95	+77 +50	+93 +50	+120 +50	+160 +50	+59 +32	+75 +32	+27 +16	+34 +16	+43 +16	+59 +16
14	18														
18	24	+430 +300	+290 +160	+370 +160	+240 +110	+98 +65	+117 +65	+149 +65	+195 +65	+73 +40	+92 +40	+33 +20	+41 +20	+53 +20	+72 +20
24	30														
30	40	+470 +310	+330 +170	+420 +170	+280 +1...	+119 +80	+142 +80	+180 +80	+240 +80	+89 +50	+112 +50	+41 +25	+50 +25	+64 +25	+87 +25
40	50	+480 +320	+340 +180	+430 +180	+290 4—130										
50	65	+530 +340	+380 +190	+490 +190	+330 +140	+146 +100	+170 +100	+220 +100	+290 +100	+106 +60	+134 +60	+49 +30	+60 +30	+76 +30	+104 +30
65	80	+550 +360	+390 +200	+500 +200	+340 +150										
80	100	+600 +380	+440 +220	+570 +220	+390 +170	+174 +120	+207 +120	+260 +120	+340 +120	+126 +72	+159 +72	+58 +36	+71 +36	+90 +36	+123 +36
100	120	+630 +410	+460 +240	+590 +240	+400 +180										
120	140	+710 +460	+510 +260	+660 +260	+450 +200	+208 +145	+245 +145	+305 +145	+395 +145	+148 +85	+185 +85	+68 +43	+83 +43	+106 +43	+143 +43
140	160	+770 +520	+530 +280	+680 +280	+460 +210										
160	180	+830 +580	+560 +310	+710 +310	+480 +230										
180	200	+950 +660	+630 +340	+800 +340	+530 +240	+242 +170	+285 +170	+355 +170	+460 +170	+172 +100	+215 +100	+79 +50	+96 +50	+122 +50	+165 +50
200	225	+1030 +740	+670 +380	+840 +380	+550 +260										
225	250	+1110 +820	+710 +420	+880 +420	+570 +280										
250	280	+1240 +920	+800 +480	+1 000 +480	+620 +300	+271 +190	+320 +190	+400 +190	+510 +190	+191 +110	+240 +110	+88 +56	+108 +56	+137 +56	+186 +56
280	315	+1370 +1050	+860 +540	+1060 +540	+650 +330										

续表

公称尺寸/mm		基本偏差/μm												
		A	B	C	D				E		F			
大于	至	11	11	12	11	8	9	10	11	8	9	6	7	8	9
315	355	+1560 +1200	+960 +600	+1170 +600	+720 +360	+299 +210	+350 +210	+440 +210	+570 +210	+214 +125	+265 +125	98 +62	+119 +62	+151 +62	+202 +62
355	400	+1710 +1350	+1040 +680	+1250 +680	+760 +400										
400	450	+1900 +1500	+1160 +760	+1390 +760	+840 +440	+327 +230	+385 +230	+480 +230	+630 +230	+232 +135	+290 +135	+108 +68	+131 +68	+165 +68	+223 +68
450	500	+2050 +1650	+1240 +840	+1470 +840	+880 +480										

表 C1.2 孔公差带的极限偏差（基本偏差 G、H、JS、K） 单位：μm

公称尺寸/mm		基本偏差/μm														
		G		H							JS			K			M		
大于	至	6	7	6	7	8	9	10	11	12	6	7	8	6	7	8	6	7	8
—	3	+8 +2	+12 +2	+6 0	+10 0	+14 0	+25 0	+40 0	+60 0	+100 0	±3	±5	±7	0 −6	0 −10	0 −14	−2 −8	−2 −12	−2 −16
3	6	+12 +4	+16 +4	+8 0	+12 0	+18 0	+30 0	+48 0	+75 0	+120 0	±4	±6	±9	+2 −6	+3 −9	+5 −13	−1 −9	0 −12	+2 −16
6	10	+14 +5	+20 +5	+9 0	+15 0	+22 0	+36 0	+58 0	+90 0	+150 0	±4.5	±7	±11	+2 −7	+5 −10	+6 −16	−3 −12	0 −15	+1 −21
10	18	+17 +6	+24 +6	+11 0	+18 0	+27 0	+43 0	+70 0	+110 0	+180 0	±55	±9	±13	+2 −9	+6 −12	+8 −19	−4 −15	0 −18	+2 −25
18	30	+20 +7	+28 +7	+13 0	+21 0	+33 0	+52 0	+84 0	+130 0	+210 0	±6.5	±10	±16	+2 −11	+6 −15	+10 −23	−4 −17	0 −21	+4 −29
30	50	+25 +9	+34 +9	+16 0	+25 0	+39 0	+62 0	+100 0	+160 0	+250 0	±8	±12	±19	+3 −13	+7 −18	+12 −27	−4 −20	0 −25	+5 −34
50	80	+29 +10	+40 +10	+19 0	+30 0	+46 0	+74 0	+120 0	+190 0	+300 0	±9.5	±15	±23	+4 −15	+9 −21	+14 −32	−5 −24	0 −30	+5 −41
80	120	+34 +12	+47 +12	+22 0	+35 0	+54 0	+87 0	+140 0	+220 0	+350 0	±11	±17	±27	+4 −18	+10 −25	+16 −38	−6 −28	0 −35	+6 −48
120	180	+39 +14	+54 +14	+25 0	+40 0	+63 0	+100 0	+160 0	+250 0	+400 0	±12.5	±20	±31	+4 −21	+12 −28	+20 −43	−8 −33	0 −40	+8 −55
180	250	+44 +15	+61 +15	+29 0	+46 0	+72 0	+115 0	+185 0	+290 0	+460 0	±14.5	±23	±36	+5 −24	+13 −33	+22 −50	−8 −37	0 −46	+9 −63
250	315	+49 +17	+69 +17	+32 0	+52 0	+81 0	+130 0	+210 0	+320 0	+520 0	±16	±26	±40	+5 −27	+16 −36	+25 −56	−9 −41	0 −52	+9 −72
315	400	+54 +18	+75 +18	+36 0	+57 0	+89 0	+140 0	+230 0	+360 0	+570 0	±18	±28	±44	+7 −29	+17 −40	+28 −61	−10 −46	0 −57	+11 −78
400	500	+60 +20	+83 +20	+40 0	+63 0	+97 0	+155 0	+250 0	+400 0	+630 0	±20	±31	±48	+8 −32	+18 −45	+29 −68	−10 −50	0 −63	+11 −86

表 C1.3　孔公差带的极限偏差（N、P、S、T、U）

公称尺寸/mm		基本偏差/μm										
		N			P		R		S		T	U
大于	至	6	7	8	6	7	6	7	6	7	6	7	7
—	3	−4 −10	−4 −14	−4 −18	−6 −12	−6 −16	−10 −16	−10 −20	−14 −20	−14 −24	—	—	−18 −28
3	6	−5 −13	−4 −16	−2 −20	−9 −17	−8 −20	−12 −20	−11 −23	−16 −24	−15 −27	—	—	−19 −31
6	10	−7 −16	−4 −19	−3 −25	−12 −21	−9 −24	−16 −25	13 −28	−20 −29	−17 −32	—	—	−22 −37
10	18	−9 −20	−5 −23	−3 −30	−15 −26	−11 −29	−20 −31	−16 −34	−25 −36	−21 −39	—	—	−26 −44
18	24	−11 −24	−7 −28	−3 −36	−18 −31	−14 −35	−24 −37	−20 −41	−31 −44	−27 −48	—	—	−33 −54
24	30										−37 −50	−33 −54	−40 −61
30	40	−12 −28	−8 −33	−3 −42	−21 −37	−17 −42	−29 −45	−25 −50	−38 −54	−34 −59	−43 −59	−39 −64	−51 −76
40	50										−49 −65	−45 −70	−61 −86
50	65	−14 −33	−9 −39	−4 −50	−26 −45	−21 −51	−35 −54	−30 −60	−47 −66	−42 −72	−60 −79	−55 −85	−76 −106
65	80						−37 −56	−32 −62	−53 −72	−48 −78	−69 −88	−64 −94	−91 −121
80	100	−16 −38	−10 −45	−4 −58	−30 −52	−24 −59	−44 −66	−38 −73	−64 −86	−58 −93	−84 −106	−78 −113	−111 −146
100	120						−47 −69	−41 −76	−72 −94	−66 −101	−97 −119	−91 −126	−131 −166
120	140	−20 −45	−12 −52	−4 −67	−36 −61	−28 −68	−56 −81	−48 −88	−85 −110	−77 −117	−115 −140	−107 −147	−155 −195
140	160						−58 −83	−50 −90	−93 −118	−85 −125	−127 −152	−119 −159	−175 −215
160	180						−61 −86	−53 −93	−101 −126	−93 −133	−139 −164	−131 −171	−195 −235
180	200	−22 −51	−14 −60	−5 −77	−41 −70	−33 −79	−68 −97	−60 −106	−113 −142	−105 −151	−157 −186	−149 −195	−219 −265
200	225						−71 −100	−63 −109	−121 −150	−113 −159	−171 −200	−163 −209	−241 −287
225	250						−75 −104	−67 −113	−131 −160	−123 −169	−187 −216	−179 −225	−267 −313
250	280	−25 −57	−14 −66	−5 −86	−47 −79	−36 −88	−85 −117	−74 −126	−149 −181	−138 −190	−209 −241	−198 −250	−295 −347
280	315						−89 −121	−78 −130	−161 −193	−150 −202	−231 −263	−220 −272	−330 −382

续表

公称尺寸/mm		基本偏差/μm										
		N			P		R		S		T	U
大于	至	6	7	8	6	7	6	7	6	7	6	7	7
315	355	−26 −62	−16 −73	−5 −94	−51 −87	−41 −98	−97 −133	−87 −144	−179 −215	−169 −226	−257 −293	−247 −304	−369 −426
355	400						−103 −139	−93 −150	−197 −233	−187 −244	−283 −319	−273 −330	−414 −471
400	450	−27 −67	−17 −80	−6 −103	−55 −95	−45 −108	−113 −153	−103 −166	−219 −259	−209 −272	−317 −357	−307 −370	−467 −530
450	500						−119 −159	−109 −172	−239 −279	−229 −292	−347 −387	−337 −400	−517 −580

表 C2 基孔制配合的优先配合（摘自 GB/T 1800.1—2020）

基准孔	轴																			
	a	b	c	d	e	f	g	h	js	k	m	n	p	r	s	t	u	v	x	y	z
	间隙配合								过渡配合			过盈配合									
H6						$\frac{H6}{g5}$		$\frac{H6}{h5}$	$\frac{H6}{js5}$	$\frac{H6}{k5}$	$\frac{H6}{m5}$	$\frac{H6}{n5}$	$\frac{H6}{p5}$							
H7						$\frac{H7}{f6}$	$\frac{H7}{g6}$	$\frac{H7}{h6}$	$\frac{H7}{js6}$	$\frac{H7}{k6}$	$\frac{H7}{m6}$	$\frac{H7}{n6}$	$\frac{H7}{p6}$	$\frac{H7}{r6}$	$\frac{H8}{s6}$	$\frac{H7}{t6}$	$\frac{H7}{u6}$		$\frac{H7}{x6}$		
H8					$\frac{H8}{e7}$	$\frac{H8}{f7}$		$\frac{H8}{h7}$	$\frac{H8}{js7}$	$\frac{H8}{k7}$	$\frac{H8}{m7}$				$\frac{H8}{s7}$		$\frac{H8}{u7}$				
				$\frac{H8}{d8}$	$\frac{H8}{e8}$	$\frac{H8}{f8}$		$\frac{H8}{h8}$													
H9				$\frac{H9}{d8}$	$\frac{H9}{e8}$	$\frac{H9}{f8}$		$\frac{H9}{h8}$													
H10		$\frac{H10}{b9}$	$\frac{H10}{c9}$	$\frac{H10}{d9}$	$\frac{H10}{e9}$			$\frac{H10}{h9}$													
H11		$\frac{H11}{b11}$	$\frac{H11}{c11}$	$\frac{H11}{d10}$				$\frac{H11}{h10}$													

注：$\frac{H6}{n5}$、$\frac{H7}{p6}$ 在公称尺寸大于或等于 3mm 和 $\frac{H8}{r7}$ 在小于或等于 100mm 时为过渡配合。

表 C3 基轴制配合的优先配合（摘自 GB/T 1800.1—2020）

基准轴	孔																		
	A	B	C	D	E	F	G	H	JS	K	M	N	P	R	S	T	U	V	X	Y	Z
	间隙配合								过渡配合				过盈配合								
h5							$\frac{G6}{h5}$	$\frac{H6}{h5}$	$\frac{JS6}{h5}$	$\frac{K6}{h5}$	$\frac{M6}{h5}$	$\frac{N6}{h5}$	$\frac{P6}{h5}$								
h6						$\frac{F7}{h6}$	$\frac{G7}{h6}$	$\frac{H7}{h6}$	$\frac{JS7}{h6}$	$\frac{K7}{h6}$	$\frac{M7}{h6}$	$\frac{N7}{h6}$	$\frac{P7}{h6}$	$\frac{R7}{h6}$	$\frac{S7}{h6}$	$\frac{T7}{h6}$	$\frac{U7}{h6}$		$\frac{X7}{h6}$		
h7					$\frac{E8}{h7}$	$\frac{F8}{h7}$		$\frac{H8}{h7}$													
h8				$\frac{D9}{h8}$	$\frac{E9}{h8}$	$\frac{F9}{h8}$		$\frac{H9}{h8}$													
					$\frac{E8}{h9}$	$\frac{F8}{h9}$		$\frac{H8}{h9}$													
h9				$\frac{D9}{h9}$	$\frac{E9}{h9}$	$\frac{F9}{h9}$		$\frac{H9}{h9}$													
		$\frac{B11}{h9}$	$\frac{C10}{h9}$	$\frac{D10}{h9}$				$\frac{H10}{h9}$													

表 C4 优先配合特性及应用举例

基孔制	基轴制	优先配合特性及应用举例
$\frac{H11}{c11}$	$\frac{C11}{h11}$	间隙非常大，用于很松的、转动很慢的转动配合，要求大公差与大间隙的外露组件或要求装配方便且很松的配合
$\frac{H9}{d9}$	$\frac{D9}{h9}$	间隙很大的自由转动配合，用于精度非主要要求或有大的温度变动、高转速或大的轴颈压力时
$\frac{H8}{f7}$	$\frac{F8}{h7}$	间隙不大的转动配合，用于中等转速与中等轴颈压力的精确转动或装配较易的中等定位配合
$\frac{H7}{g6}$	$\frac{G7}{h6}$	间隙很小的滑动配合，用于不希望自由转动但可自由移动和滑动并精密定位，或要求明确的定位配合
$\frac{H7}{h6}$ $\frac{H8}{f7}$ $\frac{H9}{h9}$ $\frac{H11}{h11}$	$\frac{H7}{h6}$ $\frac{H8}{f7}$ $\frac{H9}{h9}$ $\frac{H11}{h11}$	均为间隙定位配合，零件可自由装拆，而工作时一般相对静止不动。在最大实体条件下的间隙为零，在最小实体条件下的间隙由公差等级决定
$\frac{H7}{k6}$	$\frac{K7}{h6}$	过渡配合，用于精密定位
$\frac{H7}{n6}$	$\frac{N7}{h6}$	过渡配合，允许有较大过盈的更精密定位

续表

基孔制	基轴制	优先配合特性及应用举例
$\dfrac{H7}{p6}$	$\dfrac{P7}{h6}$	过盈定位配合,过盈配合,用于定位精度特别重要时,能以最好的定位精度达到部件的刚性及对中性要求,而对内孔承受压力无特殊要求,不依靠配合的紧固性传递摩擦负荷
$\dfrac{H7}{s6}$	$\dfrac{S7}{h6}$	中等压入配合,适用于一般钢件或用于薄壁件的冷缩配合,用于铸铁件时可得到最紧的配合
$\dfrac{H7}{u6}$	$\dfrac{U7}{h6}$	压入配合,适用于可以承受大压入力的零件或不宜承受大压入力的冷缩配合

表 C5 公差等级与加工方法的关系

加工方法	公差等级(IT)																
	01	0	1	2	3	4	5	6	7	8	9	10	11	12	13	14	15	16
研磨																		
圆磨、平磨																		
金刚石车																		
金刚石镗																		
铰孔																		
车、镗																		
铣																		
刨、插																		
钻孔																		
冲压																		
压铸																		
锻造																		

表 C6.1 轴的极限偏差(基本偏差 a、b、c、d、e)

基本尺寸/mm		基本偏差/μm											
		a	b		c			d				e		
大于	至	11	11	12	9	10	11	8	9	10	11	7	8	9
—	3	−270 −330	−140 −200	−140 −240	−60 −85	−60 −100	−60 −120	−20 −34	−20 −45	−20 −60	−20 −80	−14 −24	−14 −28	−14 −39
3	6	−270 −345	−140 −215	−140 −260	−70 −100	−70 −118	−70 −145	−30 −48	−30 −60	−30 −78	−30 −105	−20 −32	−20 −38	−20 −50
6	10	−280 −370	−150 −240	−150 −300	−80 −116	−80 −138	−80 −170	−40 −62	−40 −76	−40 −98	−40 −130	−25 −40	−25 −47	−25 −61
10	14	−200 −400	−150 −260	−150 −330	−195 −138	−95 −165	−95 −205	−50 −77	−50 −93	−50 −120	−50 −160	−32 −50	−32 −59	−32 −75
14	18													

续表

基本尺寸/mm		基本偏差/μm											
		a	b		c			d				e	
大于	至	11	11	12	9	10	11	8	9	10	11	7	8	9
18	24	−300	−166	−160	−110	−110	−110	−65	−65	−65	−65	−40	−40	−40
24	30	−430	−290	−2370	−162	−194	−240	−98	−117	−149	−195	−61	−73	−92
30	40	−310	−170	−170	−120	−120	−120	−80	−80	−80	−80	−50	−50	−50
		−470	−330	−420	−182	−220	−280							
40	50	−320	−180	−180	−130	−130	−130	−119	−142	−180	−240	−75	−89	−112
		−480	−340	−430	−192	−230	−290							
50	65	−340	−190	−190	−140	−140	−140	−100	−100	−100	−100	−60	−60	−60
		−530	−380	−490	−214	−260	−330							
65	80	−360	−200	−200	−150	−150	−150	−146	−174	−220	−290	−90	−106	−134
		−550	−390	−500	−224	−270	−340							
80	100	−380	−220	−220	−170	−170	−170	−120	−120	−120	−120	−72	−72	−72
		−600	−440	−570	−257	−310	−390							
100	120	−410	−240	−240	−180	−180	−180	−174	−207	−260	−340	−107	−126	−159
		−630	−460	−590	−267	−320	−400							
120	140	−460	−260	−260	−200	−200	−200							
		−710	−510	−660	−300	−360	−450							
140	160	−520	−280	−280	−210	−210	−210	−145	−145	−145	−145	−85	−85	−85
		−770	−530	−680	−310	−370	−460	−208	−245	−305	−395	−125	−148	−185
160	180	−580	−310	−310	−230	−230	−230							
		−830	−560	−710	−330	−390	−480							
180	200	−660	−340	−340	−240	−240	−240							
		−950	−630	−800	−355	−425	−530							
200	225	−740	−380	−380	−260	−260	−260	−170	−170	−170	−170	−100	−100	−100
		−030	−670	−840	−375	−445	−550	−242	−285	−355	−460	−146	−172	−215
225	250	−820	−420	−420	−280	−280	−280							
		−1110	−710	−880	−395	−465	−570							
250	280	−920	−480	−480	−300	−300	−300	−190	−190	−190	−190	−110	−110	−110
		−1240	−800	−1000	−430	−510	−620							
280	315	−1050	−540	−540	−330	−330	−330	−271	−320	−400	−510	−162	−191	−240
		−1370	−860	−1060	−460	−540	−650							
315	355	−1200	−600	−600	−360	−360	−360	−210	−210	−210	−210	−125	−125	−125
		−1560	−960	−1170	−500	−590	−720							
355	400	−1350	−680	−680	−400	−400	−400	−299	−350	−440	−570	−182	−214	−265
		−1710	−1040	−1250	−540	−630	−760							
400	450	−1500	−760	−760	−440	−440	−440	−230	−230	−230	−230	−135	−135	−135
		−1900	−1160	−1390	−595	−690	−840							
450	500	−1650	−840	−840	−480	−480	−480	−327	−385	−480	−630	−198	−232	−290
		−2050	−1240	−1470	−635	−730	−880							

注：公称尺寸小于1mm时，基本偏差a和b均不采用。

表 C6.2 轴公差带的极限偏差（基本偏差 f、g、h）

公称尺寸/mm		基本偏差/μm												
		f					g			h					
大于	至	5	6	7	8	9	5	6	7	5	6	7	8	9	10	11
—	3	−6 −10	−6 −12	−6 −16	−6 −20	−6 −31	−2 −6	−2 −8	−2 −12	0 −4	0 −6	0 −10	0 −14	0 −25	0 −40	0 −60
3	6	−10 −15	10 −18	−10 −22	−10 −28	−10 −40	−4 −9	−4 −12	−4 −16	0 −5	0 −8	0 −12	0 −18	0 −30	0 −48	0 −75
6	10	−13 −19	−13 −22	−13 −28	−13 −35	−13 −49	−5 −11	−5 −14	−5 −20	0 −6	0 −9	0 −15	0 −22	0 −36	0 −58	0 −90
10	14	−16 −24	−16 −27	−16 −34	−16 −43	−16 −59	−6 −14	−6 −17	−6 −24	0 −8	0 −11	0 −18	0 −27	0 −43	0 −70	0 −110
14	18															
18	24	−20 −29	−20 −33	−20 −41	−20 −53	−20 −72	−7 −16	−7 −20	−7 −28	0 −9	0 −13	0 −21	0 −33	0 −52	0 −84	0 −130
24	30															
30	40	−25 −36	−25 −41	−25 −50	−25 −64	−25 −87	−9 −20	−9 −25	−9 −34	0 −11	0 −16	0 −25	0 −39	0 −62	0 −100	0 −160
40	50															
50	65	−30 −43	−30 −49	−30 −60	−30 −76	−30 −104	−10 −23	−10 −29	−10 −40	0 −13	0 −19	0 −30	0 −46	0 −74	0 −120	0 −190
65	80															
80	100	−36 −51	−36 −58	−36 −71	−36 −90	−36 −123	−12 −27	−12 −34	−12 −47	0 −15	0 −22	0 −35	0 −54	0 −87	0 −140	0 −220
100	120															
120	140	−43 −61	−43 −68	−43 −83	−43 −106	−43 −143	−14 −32	−14 −39	−14 −54	0 −18	0 −25	0 −40	0 −63	0 −100	0 −160	0 −250
140	160															
160	180															
180	200	−50 −70	−50 −79	−50 −96	−50 −122	−50 −165	−15 −35	−15 −44	−15 −61	0 −20	0 −29	0 −46	0 −72	0 −115	0 −185	0 −290
200	225															
225	250															
250	280	−56 −79	−56 −88	−56 −108	−56 −137	−56 −186	−17 −40	−17 −49	−17 −69	0 −23	0 −32	0 −52	0 −81	0 −130	0 −210	0 −320
280	315															
315	355	−62 −87	−62 −98	−62 −119	−62 −151	−62 −202	−18 −43	−18 −54	−18 −75	0 −25	0 −36	0 −57	0 −87	0 −140	0 −230	0 −360
355	400															
400	450	−68 −95	−68 −108	−68 −131	−68 −165	−68 −223	−20 −47	−20 −60	−20 −83	0 −27	0 −40	0 −63	0 −97	0 −155	0 −250	0 −400
450	500															

表 C6.3 轴公差带的极限偏差（基本偏差 js、k、m、n、p）

公称尺寸/mm		基本偏差/μm												
		js			k			m			n			p		
大于	至	5	6	7	5	6	7	5	6	7	5	6	7	5	6	7
—	3	±2	±3	±5	+4 +0	+6 +0	+10 +0	+6 +2	+8 +2	+12 +2	+8 +4	+10 +4	+14 +4	+10 +6	+12 +6	+16 +6
3	6	±2.5	±4	±6	+6 +1	+9 +1	+13 +1	+9 +4	+12 +4	+16 +4	+13 +8	+16 +8	+20 +8	+17 +12	+20 +12	+24 +12
6	10	±3	±4.5	±7	+7 +1	+10 +1	+16 +1	+12 +6	+15 +6	+21 +6	+1 +10	+19 +10	+25 +10	+21 +15	+24 +15	+30 +15
10	14	±4	±5.5	±9	+9 +1	+12 +1	+19 +1	+15 +7	+18 +7	+25 +7	+20 +12	+23 +12	+30 +12	+26 +18	+29 +18	+36 +18
14	18															
18	24	±4.5	±6.5	±10	+11 +2	+15 +2	+23 +2	+17 +8	+21 +8	+29 +8	+24 +15	+28 +15	+36 +15	+31 +22	+35 +22	+43 +22
24	30															
30	40	±5.5	±8	±12	+13 +2	+18 +2	+27 +2	+20 +9	+25 +9	+34 +9	+28 +17	+33 +17	+42 +17	+37 +26	+42 +26	+51 +26
40	50															
50	65	±6.5	±9.5	±15	+15 +2	+21 +2	+32 +2	+24 +11	+30 +11	+41 +11	+33 +20	+39 +20	+50 +20	+45 +32	+51 +32	+62 +32
65	80															
80	100	±7.5	±11	±17	+18 +3	+25 +3	+38 +3	+28 +13	+35 +13	+48 +13	+38 +23	+45 +23	+58 +23	+52 +37	+59 +37	+72 +37
100	120															
120	140	±9	±12.5	±20	+21 +3	+28 +3	+43 +3	+33 +15	+40 +15	+55 +15	+45 +27	+52 +27	+67 +27	+61 +43	+68 +43	+83 +43
140	160															
160	180															
180	200	±10	±14.5	±23	+24 +4	+33 +4	+50 +4	+37 +17	+46 +17	+63 +17	+54 +31	+60 +31	+77 +31	+70 +50	+79 +50	+96 +50
200	225															
225	250															
250	280	±11.5	±16	±26	+27 +4	+36 +4	+56 +4	+43 +20	+52 +20	+72 +20	+57 +34	+66 +34	+86 +34	+79 +56	+88 +56	+108 +56
280	315															
315	355	±12.5	±18	±28	+29 +4	+40 +4	+61 +4	+46 +21	+57 +21	+78 +21	+62 +37	+73 +37	+94 +37	+87 +62	+98 +62	+119 +62
355	400															
400	450	±13.5	±20	±31	+32 +5	+45 +5	+68 +5	+50 +23	+63 +23	+86 +23	+67 +40	+80 +40	+103 +40	+95 +68	+108 +68	+131 +68
450	500															

表 C6.4 轴公差带的极限偏差（基本偏差 r、s、t、u、v、x、y、z）

公称尺寸/mm		基本偏差/μm													
		r			s			t			u		v	x	y	z
大于	至	5	6	7	5	6	7	5	6	7	6	7	6	6	6	6
—	3	+14 +10	+16 +10	+20 +10	+18 +14	+20 +14	+24 +14	—	—	—	+24 +18	+28 +18	—	+26 +20	—	+32 +26
3	6	+20 +15	+23 +15	+27 +15	+24 +19	+27 +19	+31 +19	—	—	—	+31 +23	+35 +23	—	+36 +28	—	+43 +35
6	10	+25 +19	+28 +19	+34 +19	+29 +23	+32 +23	+38 +23	—	—	—	+37 +28	+43 +28	—	+43 +34	—	+51 +42
10	18	+31 +23	+34 +23	+41 +23	+36 +28	+39 +28	+46 +28	—	—	—	+44 +33	+51 +33	+50 +39	+51 +40 +56 +45	—	+61 +50 +71 +60
18	30	+37 +28	+41 +28	+49 +28	+44 +35	+48 +35	+56 +35	+50 +41	+54 +41	+62 +41	+54 +41 +61 +43	+62 +41 +69 +48	+60 +47 +68 +55	+67 +54 +77 +64	+76 +63 +88 +75	+86 +73 +101 +88
30	50	+45 +34	+50 +34	+59 +34	+54 +43	+59 +43	+68 +43	+59 +48 +65 +54	+64 +48 +70 +54	+73 +48 +79 +54	+76 +60 +86 +70	+85 +60 +95 +70	+84 +68 +97 +81	+96 +80 +113 +97	+110 +94 +130 +114	+128 +112 +152 +136
50	65	+54 +41	+60 +41	+71 +41	+66 +53	+72 +53	+83 +53	+79 +66	+85 +66	+96 +66	+106 +87	+117 +87	+121 +102	+141 +122	+163 +144	+191 +172
65	80	+56 +43	+62 +43	+73 +43	+72 +59	+78 +59	+89 +59	+88 +75	+94 +75	+105 +75	+121 +102	+132 +102	+139 +120	+165 +146	+193 +174	+229 +210
80	100	+66 +51	+73 +51	+86 +51	+86 +71	+93 +71	+106 +71	+106 +91	+113 +91	+126 +91	+146 +124	+159 +124	+168 +146	+200 +178	+236 +214	+280 +258
100	120	+69 +54	+76 +54	+89 +54	+94 +79	+101 +79	+114 +79	+110 +104	+126 +104	+139 +104	+166 +144	+179 +144	+194 +172	+232 +210	+276 +254	+332 +310
120	140	+81 +63	+88 +63	+103 +63	+110 +92	+117 +92	+132 +92	+140 +122	+147 +122	+162 +122	+195 +170	+210 +170	+227 +202	+273 +248	+325 +300	+390 +365
140	160	+83 +65	+90 +65	+105 +65	+118 +100	+125 +100	+140 +100	+152 +134	+159 +134	+174 +134	+215 +190	+230 +190	+253 +228	+305 +280	+365 +340	+440 +415
160	180	+86 +68	+93 +68	+108 +68	+126 +108	+133 +108	+148 +108	+164 +146	+171 +146	+186 +146	+235 +210	+250 +210	+277 +252	+335 +310	+405 +380	+490 +465
180	200	+97 +77	+106 +77	+123 +77	+142 +122	+151<
+122	+168 +122	+186 +166	+195 +166	+212 +166	+265 +236	+282 +236	+313 +284	+379 +350	+454 +425	+549 +520
200	225	+100 +80	+109 +80	+126 +80	+150 +130	+159 +130	+176 +130	+200 +180	+209 +180	+226 +180	+287 +258	+304 +258	+339 +310	+414 +385	+499 +470	+604 +575
225	250	+104 +84	+113 +84	+130 +84	+160 +140	+169 +140	+186 +140	+216 +196	+225 +196	+242 +196	+313 +284	+330 +284	+369 +340	+454 +425	+549 +520	+669 +640

续表

公称尺寸/mm		基本偏差/μm													
		r			s			t			u		v	x	y	z
大于	至	5	6	7	5	6	7	5	6	7	6	7	6	6	6	6
250	280	+117 +94	+126 +94	+146 +94	+181 +158	+290 +158	+210 +158	+241 +218	+250 +218	+270 +218	+347 +315	+367 +315	+417 +385	+507 +475	+612 +580	+742 +710
280	315	+121 +98	+130 +98	+150 +98	+193 +170	+202 +170	+222 +170	+263 +240	+272 +240	+292 +240	+382 +350	+402 +350	+457 +425	+557 +525	+682 +650	+322 +790
315	355	+133 +108	+144 +108	+165 +108	+215 +190	+226 +190	+247 +190	+293 +268	+304 +268	+325 +268	+426 +390	+447 +390	+511 +475	+626 +590	+766 +730	+936 +900
355	400	+139 +114	+150 +114	+171 +114	+233 +208	+244 +208	+265 +208	+319 +294	+330 +294	+351 +294	+471 +435	+492 +435	+566 +530	+696 +660	+856 +820	+1036 +1000
400	450	+153 +126	+166 +126	+189 +126	+259 +232	+272 +232	+295 +232	+357 +330	+370 +330	+393 +330	+530 +490	+553 +490	+635 +595	+780 +740	+960 +920	+1140 +1100
450	500	+159 +132	+172 +132	+195 +132	+279 +252	+292 +252	+315 +252	+387 +360	+400 +360	+423 +360	+580 +540	+603 +540	+700 +660	+860 +820	+1040 +1000	+1290 +1250

表 C7　标准公差数值（摘自 GB/T 1800.1—2020）　　　　　　单位：μm

公称尺寸/mm	公差等级									
	IT01	IT0	IT1	IT2	IT3	IT4	IT5	IT6	IT7	IT8
3～6	0.4	0.6	1	1.5	2.5	4	5	8	12	18
6～10	0.4	0.6	1	1.5	2.5	4	6	9	15	22
10～18	0.5	0.8	1.2	2	3	5	8	11	18	27
18～30	0.6	1	1.5	2.5	4	6	9	13	21	33
30～50	0.6	1	1.5	2.5	4	7	11	16	25	39
50～80	0.8	1.2	2	3	5	8	13	19	30	46
80～120	1	1.5	2.5	4	6	10	15	22	35	54

公称尺寸/mm	标准公差等级									
	IT9	IT10	IT11	IT12	IT13	IT14	IT15	IT16	IT17	IT18
3～6	30	48	75	120	180	300	480	750	1200	1800
6～10	36	58	90	150	220	360	580	900	1500	2200
10～18	43	70	110	180	270	430	700	1100	1800	2700
18～30	52	84	130	210	330	520	840	1300	2100	3300
30～50	62	100	160	250	390	620	1000	1600	2500	3900
50～80	74	120	190	300	460	740	1200	1900	3000	4600
80～120	87	140	220	350	540	870	1400	2200	3500	5400

附录 D 零件倒圆与倒角

表 D1 零件倒圆与倒角（摘自 GB/T 6403.4—2008）

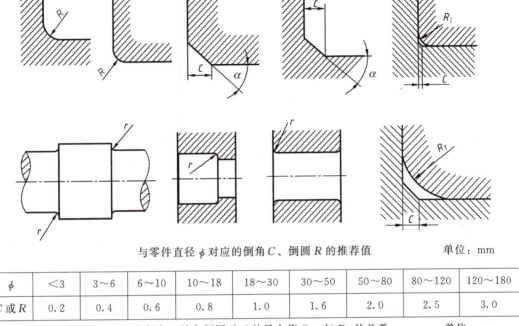

与零件直径 ϕ 对应的倒角 C、倒圆 R 的推荐值　　　　　单位：mm

ϕ	<3	3～6	6～10	10～18	18～30	30～50	50～80	80～120	120～180
C 或 R	0.2	0.4	0.6	0.8	1.0	1.6	2.0	2.5	3.0

内角倒角、外角倒圆时 C 的最大值 C_{max} 与 R_1 的关系　　　　　单位：mm

R_1	0.3	0.4	0.5	0.6	0.8	1.0	1.2	1.6	2.0	2.5	3.0	4.0
C_{max}	0.1	0.2	0.2	0.3	0.4	0.5	0.6	0.8	1.0	1.2	1.6	2.0

表 D2 零件倒圆与倒角（GB/T 6403.4—2008）

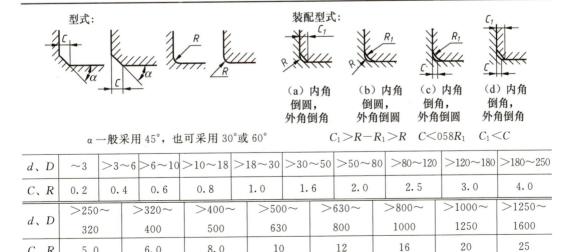

α 一般采用 45°，也可采用 30° 或 60°

(a) 内角倒圆，外角倒角　$C_1 > R - R_1 > R$
(b) 内角倒圆，外角倒圆
(c) 内角倒角，外角倒圆　$C < 0.58 R_1$
(d) 内角倒角，外角倒角　$C_1 < C$

d、D	～3	>3～6	>6～10	>10～18	>18～30	>30～50	>50～80	>80～120	>120～180	>180～250
C、R	0.2	0.4	0.6	0.8	1.0	1.6	2.0	2.5	3.0	4.0
d、D	>250～320	>320～400	>400～500	>500～630	>630～800	>800～1000	>1000～1250	>1250～1600		
C、R	5.0	6.0	8.0	10	12	16	20	25		

附录 E 砂轮越程槽

表 E 砂轮越程槽（GB/T 6403.5—2008）

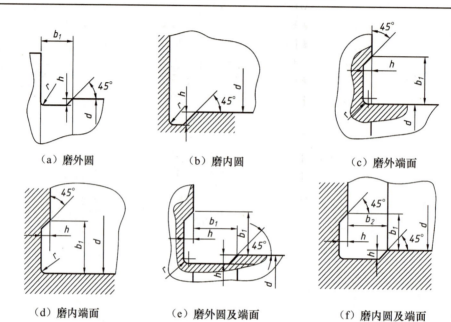

(a) 磨外圆　　(b) 磨内圆　　(c) 磨外端面

(d) 磨内端面　　(e) 磨外圆及端面　　(f) 磨内圆及端面

回转面及端面砂轮越程槽的尺寸　　　　　　单位：mm

b_1	0.6	1.0	1.6	2.0	3.0	4.0	5.0	8.0	10
b_2	2.0	3.0			4.0		5.0		8.0	10
h	0.1	0.2		0.3		0.4		0.6	0.8	1.2
r	0.2	0.5		0.8		1.0		1.6	2.0	3.0
d	<10			10～50		50～100		100	

参 考 文 献

邓飞，于冬梅，2022. 中文版 AutoCAD 工程制图：2020 版 [M]. 北京：清华大学出版社.
冯涓，杨惠英，王玉坤，2018. 机械制图：机类、近机类 [M]. 4 版. 北京：清华大学出版社.
何铭新，钱可强，徐祖茂，2016. 机械制图 [M]. 7 版. 北京：高等教育出版社.
胡建生，2021. 机械制图 [M]. 2 版. 北京：机械工业出版社.
蒋洪奎，李晓梅，2023. 机械工程图学与实践 [M]. 北京：机械工业出版社.
邢邦圣，张元越，2019. 机械制图与计算机绘图 [M]. 4 版. 北京：化学工业出版社.
邢启恩，2011. SolidWorks 三维设计一点通 [M]. 北京：化学工业出版社.
杨裕根，2021. 画法几何及机械制图 [M]. 2 版. 北京：北京邮电大学出版社.
叶军，雷蕾，佟瑞庭，2023. 机械制图 [M]. 6 版. 北京：高等教育出版社.
张闻芳，李冬梅，付卓，2020. 机械制图 [M]. 长沙：湖南大学出版社.
朱琳，2020. 机械制图 [M]. 2 版. 哈尔滨：哈尔滨工程大学出版社.